课堂案例——绘制瓢虫卡片

P032

视频位置：视频\第2章\2.1.5课堂案例——绘制瓢虫卡片.mp4

2.3.8

课堂案例——制作新春卡片

P050

视频位置：视频\第2章\2.3.8课堂案例——制作新春卡片.mp4

2.4.3

课堂案例——绘制七色闪光按钮

P060

视频位置：视频\第2章\2.4.3课堂案例——绘制七色闪光按钮.mp4

3.1.9

课堂案例——制作海上灯塔照射动画

P070

视频位置：视频\第3章\3.1.9课堂案例——制作海上灯塔照射动画.mp4

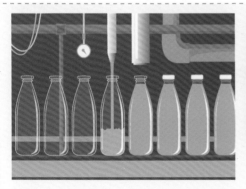 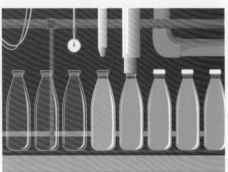

3.2.5

课堂案例——制作橙汁封装生产线动画

P077

视频位置：视频\第3章\3.2.5课堂案例——制作橙汁封装生产线动画.mp4

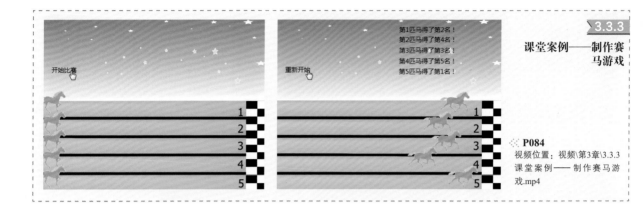

3.3.3

课堂案例——制作赛
马游戏

P084

视频位置：视频\第3章\3.3.3
课堂案例——制作赛马游
戏.mp4

4.1.6

课堂案例——制作环形
发光文字动画

P092

视频位置：视频\第4章\
4.1.6课堂案例——制作环
形发光文字动画.mp4

4.2.3

课堂案例——制作文字
放大镜动画

P097

视频位置：视频\第4章\
4.2.3课堂案例——制作文
字放大镜动画.mp4

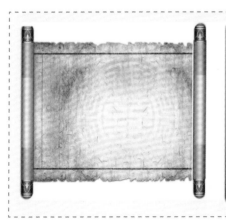

4.3.3

课堂案例——制作卷轴
字幕动画

P102

视频位置：视频\第4章\
4.3.3课堂案例——制作卷
轴字幕动画.mp4

5.1.6

课堂案例——制作动漫海报切换动画

 P112

视频位置：视频\第5章\5.1.6 课堂案例——制作动漫海报切换动画.mp4

5.2.6

课堂案例——制作圣诞节动画

P118

视频位置：视频\第5章\5.2.6课堂案例——制作圣诞节动画.mp4

6.1.5

课堂案例——制作气泡按钮

P129

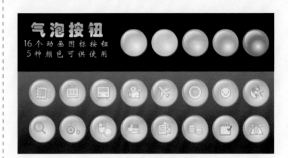

视频位置：视频\第6章\6.1.5课堂案例——制作气泡按钮.mp4

6.2.8

课堂案例——制作火柴点火动画

P136

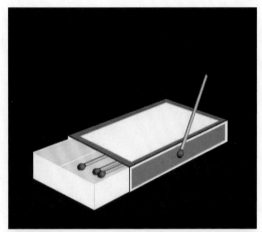

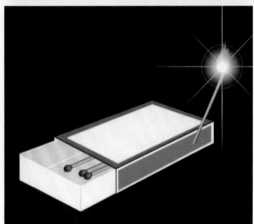

视频位置：视频\第6章\6.2.8课堂案例——制作火柴点火动画.mp4

7.1.5

课堂案例——制作水波纹进度条

P149

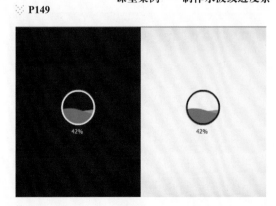

视频位置：视频\第7章\7.1.5课堂案例——制作水波纹进度条.mp4

7.2.3

课堂案例——制作花开动画

P154

视频位置：视频\第7章\7.2.3课堂案例——制作花开动画.mp4

7.3.3

课堂案例——制作写轮眼动画

❋ P163

视频位置：视频\第7章\7.3.3课堂案例——制作写轮眼动画.mp4

8.1.6

课堂案例——制作引爆炸药动画

❋ P175

视频位置：视频\第8章\8.1.6课堂案例——制作引爆炸药动画.mp4

8.2.4

课堂案例——制作日出动画

❋ P182

视频位置：视频\第8章\8.2.4课堂案例——制作日出动画.mp4

9.2.3

课堂案例——制作音乐播放器

❋ P197

视频位置：视频\第9章\9.2.3课堂案例——制作音乐播放器.mp4

10.1.6

课堂案例——制作飞机移动动画

P229
视频位置：视频\第10章\10.1.6课堂案例——制作飞机移动动画.mp4

11.1.4

课堂案例——制作
3D立体倒计时动画

P237
视频位置：视频\第11章\
11.1.4课堂案例——制作3D
立体倒计时动画.mp4

12.2.6

课堂案例——制作
爆炸效果

P251
视频位置：视频\第12章\
12.2.6课堂案例——制作爆炸
效果.mp4

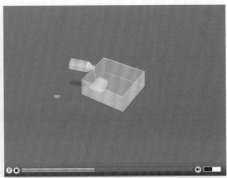
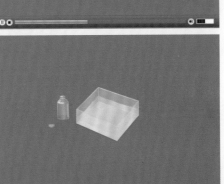

13.4.10

课堂案例——制作
倒水视频

P264

视频位置：视频\第13章\
13.4.10课堂案例——制作倒
水视频.mp4

14.1

制作新歌打榜单

P272

视频位置：视频\第14章\
14.1.3案例制作.mp4

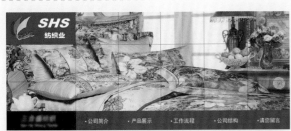

14.2

制作纺织企业网站

P283

视频位置：视频\第14章\14.2.3案例制作.mp4

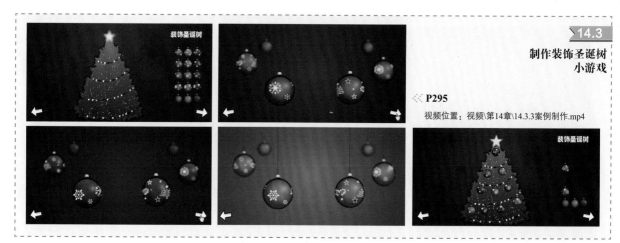

14.3

**制作装饰圣诞树
小游戏**

◈ **P295**

视频位置：视频\第14章\14.3.3案例制作.mp4

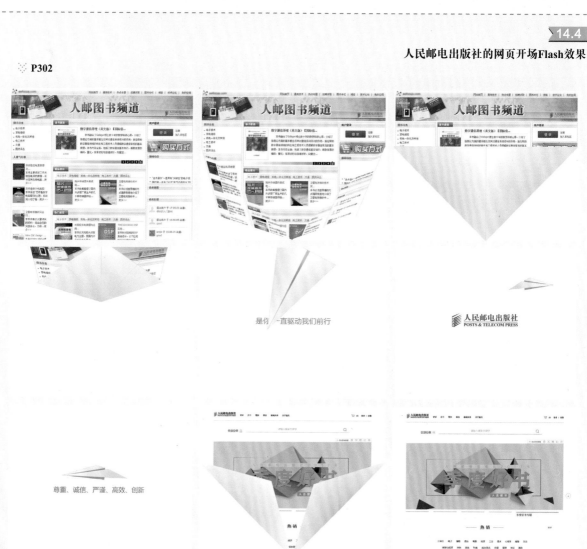

14.4

人民邮电出版社的网页开场Flash效果

◈ **P302**

视频位置：视频\第14章\14.4.3案例制作.mp4

中文版
Flash CC动画制作
实用教程

麓山文化 编著

人民邮电出版社
北京

图书在版编目（CIP）数据

中文版Flash CC动画制作实用教程 / 麓山文化编著
. — 北京 ： 人民邮电出版社，2020.2（2023.1重印）
ISBN 978-7-115-51834-7

Ⅰ．①中… Ⅱ．①麓… Ⅲ．①动画制作软件—教材
Ⅳ．①TP391.414

中国版本图书馆CIP数据核字(2019)第178711号

内 容 提 要

　　本书是一本适合初学者快速自学 Flash CC 各种基本功能和实战应用的实用教程。全书分为 14 章，内容涉及 Flash CC 基础入门、图形的绘制与编辑、对象的编辑与修饰、文本的编辑、外部素材的应用、元件和库、基本动画的制作、层与高级动画、声音素材的导入和编辑、动作脚本的应用、3D 动画效果、组件和动画预设、测试与发布，书中最后一章为商业案例实训，通过大案例来巩固全书所讲的基础知识。

　　为了帮助初学者快速掌握 Flash，本书每个知识点后安排实用练习，同时安排课堂案例和课后习题，书中实例具有很强的针对性和实用性，可以帮助读者更快、更全面地掌握 Flash 制作技术。

　　本书适合初、中级读者，以及有志于从事网页设计、游戏开发和动漫制作等工作的人员使用。本书配套资源中提供所有实例的素材文件与多媒体教学视频，同时附赠 PPT 课件、教案、教学大纲及 PNG 图片，方便老师教学、学生学习使用。

◆ 编　　著　麓山文化
　　责任编辑　张丹阳
　　责任印制　马振武
◆ 人民邮电出版社出版发行　　北京市丰台区成寿寺路 11 号
　　邮编　100164　电子邮件　315@ptpress.com.cn
　　网址　http://www.ptpress.com.cn
　　北京天宇星印刷厂印刷
◆ 开本：787×1092　1/16　　　　彩插：4
　　印张：20　　　　　　　　　2020 年 2 月第 1 版
　　字数：555 千字　　　　　　2023 年 1 月北京第 5 次印刷

定价：49.80 元

读者服务热线：(010)81055410　印装质量热线：(010)81055316
反盗版热线：(010)81055315
广告经营许可证：京东市监广登字 20170147 号

前　言

关于Flash CC

在计算机技术普及并迅速发展的今天，Flash CC 强大的动画编辑功能使得设计者可以随心所欲地设计出高品质的动画，越来越多的人选择 Flash 作为网页动画设计的工具，这与 Flash CC 具有的优点是密不可分的。Flash 使用矢量图形和流式播放技术，非常灵巧，是常用 Web 的动画形式之一。

本书内容

全书共 14 章，通过大量实例全面地介绍了使用 Flash 软件进行动画设计与制作过程中需要掌握的各种知识和技术，让读者认识并熟练掌握 Flash CC 的使用方法。

本书特色

为了使读者可以轻松自学并深入了解Flash CC软件的功能，本书在版面结构设计上尽量做到简单明了，如下图所示。

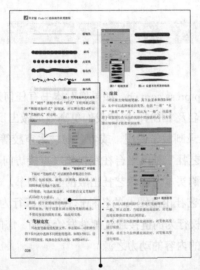
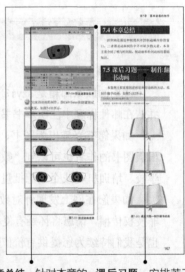

练习：针对练习各知识点，附带教学视频。

课堂案例：所有案例均来自商业动画工作中的片段，附带教学视频。

技巧与提示：针对软件中的难点及设计操作过程中的技巧进行重点讲解。

重要命令介绍：对菜单栏、选项栏、卷展栏等各种命令模块中的选项含义进行解释，部分配图说明。

本章总结：针对本章的重点内容进行回顾，与章前首尾呼应，帮助读者抓住学习重点。

课后习题：安排若干与对应章节知识点有关的习题，可以让读者在学完章节内容后继续强化所学技术。

本书作者

本书由麓山文化编著，具体参加编写和资料整理的有：陈志民、李思蕾、江涛、江凡、张洁、马梅桂、戴京京、骆天、胡丹、陈运炳、申玉秀、李红萍、李红艺、李红术、陈云香、陈文香、陈军云、彭斌全、林小群、刘清平、钟睦、刘里锋、朱海涛、廖博、喻文明、易盛、陈晶、张绍华、黄柯、何凯、黄华、陈文轶、杨少波、杨芳、刘有良、刘珊、赵祖欣、毛琼健等。

由于作者水平有限，书中疏漏之处在所难免。在感谢您选择本书的同时，也希望您能够把对本书的意见和建议告诉我们。

麓山文化

2020 年 2 月

资源与支持

本书由数艺社出品，"数艺社"社区平台（www.shuyishe.com）为您提供后续服务。

配套资源

书中案例的素材文件

高清在线教学视频

PPT 课件 + 教案 + 教学大纲

书中的 PNG 图片文件

资源获取请扫码

"数艺社"社区平台，为艺术设计从业者提供专业的教育产品。

与我们联系

我们的联系邮箱是 szys@ptpress.com.cn。如果您对本书有任何疑问或建议，请您发邮件给我们，并请在邮件标题中注明本书书名及 ISBN，以便我们更高效地做出反馈。

如果您有兴趣出版图书、录制教学课程，或者参与技术审校等工作，可以发邮件给我们；有意出版图书的作者也可以到"数艺社"社区平台在线投稿（直接访问 www.shuyishe.com 即可）。如果学校、培训机构或企业想批量购买本书或数艺社出版的其他图书，也可以发邮件联系我们。

如果您在网上发现针对数艺社出品图书的各种形式的盗版行为，包括对图书全部或部分内容的非授权传播，请您将怀疑有侵权行为的链接通过邮件发给我们。您的这一举动是对作者权益的保护，也是我们持续为您提供有价值的内容的动力之源。

关于数艺社

人民邮电出版社有限公司旗下品牌"数艺社"，专注于专业艺术设计类图书出版，为艺术设计从业者提供专业的图书、U 书、课程等教育产品。出版领域涉及平面、三维、影视、摄影与后期等数字艺术门类，字体设计、品牌设计、色彩设计等设计理论与应用门类，UI 设计、电商设计、新媒体设计、游戏设计、交互设计、原型设计等互联网设计门类，环艺设计手绘、插画设计手绘、工业设计手绘等设计手绘门类。更多服务请访问"数艺社"社区平台 www.shuyishe.com。我们将提供及时、准确、专业的学习服务。

目录 CONTENTS

目录 CONTENTS

目 录 CONTENTS

目 录 CONTENTS

第 **1** 章

Flash CC基础入门

内容摘要

  Flash是一款优秀的动画软件，利用它可以制作与传统动画相同的帧动画。从工作方法和制作流程来看，传统动画的制作方法比较烦琐。Flash动画则简化了许多制作流程，为创作者节约了更多的时间，所以，Flash动画的创作方式非常适合个人与动漫爱好者。本章将向读者介绍Flash的基本知识，为读者学习Flash动画制作打下基础。

1.1 Flash的诞生与发展历程

在正式学习Flash CC之前，首先了解一下Flash的诞生与发展历程。

1.1.1 Flash的诞生

在Flash出现以前，制作网页动画只有两条路可以选择：一种是制作成GIF动画，另一种是利用Java编程，动画的效果完全取决于程序员的编程能力，对大多数网页设计者而言，自然是一条非常艰辛的道路。

Future Wave公司研究出了一个名为Future Splash的软件，这是世界上第一个商用的二维矢量动画软件，用于设计和编辑Flash文档。1996年11月，美国Macromedia公司收购了Future Wave，并将其改名为Flash。

Flash就这样诞生了，给无数的设计爱好者带来了曙光。在发布Flash 8.0版本以后，Macromedia又被Adobe公司收购，并把Flash的功能进一步强化，让Flash这种互动动画形式成为设计者的宠儿。

1.1.2 Flash的发展历程

- 1996年，微软网络（The Microsoft Network，MSN）使用Future Wave公司的Future Splash软件设计了一个接口，以全屏幕广告动画来仿真电影，在当时连JPG与GIF图片都很少使用的时代，这是一项创举。微软的介入让业界对Future Splash软件投以高度的关注，在微软采用了Future Splash软件作为该公司网站的开发工具后，Future Wave公司顿时成为热门的并购对象。后来Macromedia公司收购了该软件，并将其改名为Flash。
- 1999年6月，Macromedia公司推出了Flash 4.0，

同时推出了Flash 4.0播放器。这一举动在现在看来，不仅给Flash带来了无限广阔的发展前景，而且使Flash成为真正意义上的交互式多媒体软件。

- 2000年8月，Macromedia公司推出了Flash 5.0，在原有的菜单命令的基础上，采用JavaScript脚本语法的规范，发展出第一代Flash专用交互语言，并命名为ActionScript 1.0。这是Flash的一项重大变革，因为在此之前，Flash只可被称为流媒体软件，而当大量的交互语言出现后，Flash才成为交互式多媒体软件，这项重大的变革对Flash后来发展的意义是相当深远的。在Flash 5.0发布时，Macromedia公司将Flash的发展与Dreamweaver和Fireworks整合在一起，它们被称为"网页三剑客"。
- 2002年3月，Macromedia公司推出了Flash MX（Flash 6.0），新增加了Freehand 10和ColdFusion MX。FreeHand是矢量绘图软件，用来弥补Flash在绘画方面的不足；而ColdFusion MX则是多媒体后台，Macromedia公司用它来补充Flash在后台方面的缺陷。因此，Flash MX称为MX Studio系列中的主打产品。
- 2003年8月，Macromedia公司推出了Flash MX 2004。从Flash MX开始，Flash就陆续集成了动态图像、动态音乐和动态流媒体等技术，并且增加了组件、项目管理以及预建数据库等功能，使Flash的功能更加完善。另一方面，Macromedia公司对Flash的ActionScript脚本语言也进行了重新的整合，摆脱了JavaScript脚本语法，采用更为专业的Java语言规范，发布了ActionScript 2.0，使Action成为一个面向对象的多媒体编程语言。
- 2005年10月，Macromedia公司又推出了Flash 8.0，扩展了SWF文件演示的舞台区域，并加强了渐变色、位图平滑、混合模式、效果滤镜以及发布界面等方面的功能。
- 2005年12月，Adobe公司完成了对Macromedia的

收购之后，又推出了新的版本——Flash CS3。与以前的版本相比，此版本具有更强大的功能和更大的灵活性。在当时，无论是创建动画、广告、短片或是整个Flash站点，Flash CS3都是较优选择。

- 2008年9月，Adobe公司推出Flash CS4。该版本一经推出，即被众多Flash专业制作人员和动画爱好者广泛应用。
- 2010年4月，Adobe公司推出Flash CS5，分为大师典藏版、设计高级版、设计标准版、网络高级版以及产品高级版5大版本，各自包含不同的组件，总共有15个独立程序和相关技术。
- 2012年4月，Adobe公司推出Flash CS6，它具有的强大功能和交互性又一次引领了动画潮流。
- 2013年6月，Adobe公司推出Flash CC。该版本为用户提供了建立动画和多媒体内容的编写环境，并让视觉效果设计师可以建立在桌面计算机和行动装置都能一致呈现的互动体验。这个版本的明显变化在于使用了64位架构（也就是说32位系统无法安装Flash CC）；增强及简化的UI；Full HD视频和音效转存；全新的程序代码编辑器；通过USB进行行动测试；改进的HTML发布；实时绘图和实时色彩预览；时间轴增强功能；无限制的绘图板大小；自定义元数据和同步设定。

1.2 Flash的应用领域

随着互联网和Flash的发展，Flash动画的运用越来越广泛。目前已经有数不清的Flash动画运用于网络世界中。

说起动漫，很多人会想到卡通、漫画书。近年来，随着Flash动画技术的迅速发展，动漫的应用领域日益扩大，如网络广告、3D高级动画片制作、建筑及环境模拟、手机游戏制作、工业设计、卡通造型、美术和音乐创作等，下面分别介绍Flash动画在相关领域的应用。

1.2.1 电子贺卡

网络发展也给网络贺卡带来了商机，越来越多的人习惯通过互联网向亲人和朋友发送贺卡。传统的图片文字贺卡太过单调，这就使得具有丰富视觉效果的Flash动画有了用武之地，如图1-1和图1-2所示。

图1-1 Flash贺卡

图1-2 Flash贺卡

1.2.2 网络广告

Flash制作的广告与传统的广告相比有着显著的优势。Flash具有制作成本少、周期短、产品多样化的优势，作为一种新兴传播媒体，Flash具有非常高的自由度与互动特性。越来越多的企业通过Flash动画广告获得了很好的宣传效果，如图1-3和图1-4所示。

图1-3 Flash网络广告

图1-4 Flash网络广告

1.2.3 音乐领域

Flash MV为唱片宣传提供了一条既保证质量又降低成本的有效途径,并且成功地将网络经营理念引入传统的唱片推广模式中,为唱片推广谋求了更大的空间,如图1-5和图1-6所示。

图1-5 Flash MV

图1-6 Flash MV

1.2.4 游戏制作

Flash强大的交互功能搭配其优良的动画能力,使得它能够在游戏领域中占有一席之地。Flash游戏可以实现内容丰富的动画效果,还能节省很多空间,如图1-7和图1-8所示。

图1-7 Flash游戏

图1-8 Flash游戏

1.2.5 电视领域

随着Flash动画的发展,Flash动画在电视领域的应用已经非常普及,不仅应用于电视节目片头、广告,而且可以制作电视动画片,并成为一种新的形式,一些动画电视台还专门开设了Flash动画的栏目,如图1-9和图1-10所示。

图1-9 Flash动画

给胡文打个电话吧！

图1-10 Flash动画

1.2.6　多媒体教学

　　随着多媒体教学的普及，Flash动画技术越来越广泛地被应用到课件制作上，使得课件功能更加完善，内容更加精彩，如图1-11和图1-12所示。

图1-11 Flash课件

图1-12 Flash课件

1.3 Flash CC新增和改进功能

　　Flash CC是一个全面更新的应用程序，具有模块化64位架构和流畅的用户界面，并增加了许多强大的功能。它还是一个Cocoa应用程序，能确保与Mac OS X未来是兼容的，这种全方位的重构在性能、可靠性以及可用性方面都带来了极大的改善。

1.3.1　Flash Professional CC和创意云

　　创意云是Adobe公司提供的云服务之一。使用Flash Professional CC，可以确保用户及时获得最新的版本，因为Flash Professional CC内置了访问每一个未来版本的权利，而且它支持云同步设置，用户可以把自己的设置和快捷方式同步在多台电脑上。

　　创意云现在已经与Behance集成，实现实时灵感和以无缝方式来分享工具进行工作。

1.3.2　64位架构

　　64位Flash Professional CC，是从头开始重新开发的，与以前的旧版本相比，更加模块化，并提供前所未有的速度和稳定性。且拥有轻松管理多个大型文件、发布更加快速、反应更加灵敏的时间轴。

1.3.3 高清导出

用户可以将制作内容导出为全高清（HD）视频和音频，即使是复杂的时间表或脚本驱动中的动画，也不丢帧。

1.3.4 改进HTML的发布

更新的CreateJS工具包增强了对HTML 5的支持，变得更有创意，并包括按钮、热区和运动曲线等新功能。

1.3.5 简化的用户界面

简化的用户界面可以让用户清晰地了解制作的内容，使对话框和面板浏览起来更直观、更容易，同时，用户界面颜色介于深色和浅色之间。

1.3.6 在移动设备上实时测试

Flash CC可通过USB把多个IOS和Android移动设备直接连接到计算机，以更少的步骤测试和调试制作的内容。

1.3.7 强大的代码编辑器

在 F l a s h Professional CC 中使用代码编辑器能够更有效地编写代码，内置开源的Scintilla库。使用新的"查找和替换"面板在多个文件中搜索，以更快地更新代码，如图1-13所示。

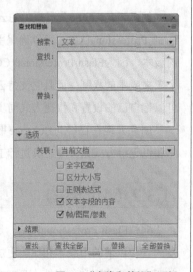

图1-13 "查找和替换" 面板

1.3.8 实时绘图

在Flash Professional CC中能够立即查看全部预览，并且可以使用任何形状工具创建具有填充和描边颜色的形状，以便更快地完成动画的制作。

1.3.9 节省时间和时间轴

用户可以在"时间轴"面板中管理多个选定图层的属性。使用Flash Professional CC的新增功能——交换多个元件和位图，可以轻松交换舞台上的多个实例、位图或图像。使用"分散到关键帧"命令，可以将所有选中元素在不改变原有属性和动画效果的情况下分发到不同的关键帧，操作简单、省时省力。

1.3.10 无限的画板大小

Flash Professional CC具有无限大的画板（在Flash Professional CC中直译为"粘贴板"）工作区，使用户可以轻松管理大型背景或定位在舞台之外的内容。

1.3.11 自定义数据API

Flash Professional CC使用一套新的JavaScript API设计布局、对话框、游戏素材或游戏关卡，在Flash Professional CC中创建这些元素时，将会为他们分配属性。

1.4 Flash CC的操作界面

Flash CC的操作界面相对于之前版本来说改进不少，文档切换更加快捷，工具的使用更加方便，图像处理界面也更加开阔了，如图1-14所示，读者可以在接下来的讲解中深深地体会到这些特点。

菜单栏
场景
舞台
时间轴
"属性"面板
工具箱

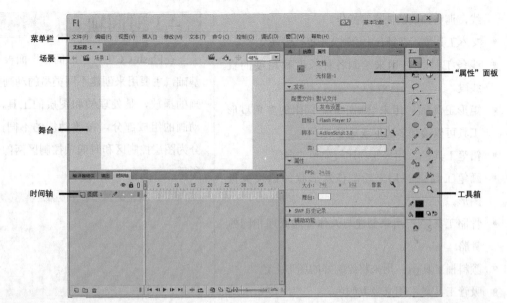

图1-14 Flash CC的操作界面

1.4.1 菜单栏

菜单栏是Flash命令的集合，几乎所有的可执行命令都可在这里直接或间接地找到。菜单栏包括"文件""编辑""视图""插入""修改""文本""命令""控制""调试""窗口""帮助"等11个菜单，如图1-15所示。单击各主菜单会弹出相应的菜单列表，有些菜单列表中还包含了下一级的子菜单。

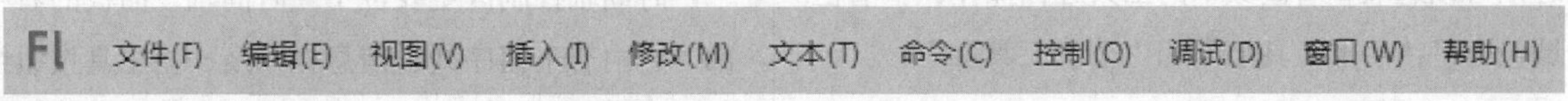

Fl
文件(F)
编辑(E)
视图(V)
插入(I)
修改(M)
文本(T)
命令(C)
控制(O)
调试(D)
窗口(W)
帮助(H)

图1-15 Flash菜单栏

1.4.2 工具箱

工具箱在制作动画的过程中是最常用的，其中包含了很多工具，能实现不同效果，所以熟悉各个工具的功能特性是学习Flash的重点。

在Flash CC中，工具箱包含了绘制和编辑矢量图形的各种工具，主要由工具、查看、颜色和选项4个区域构成，用于进行矢量图形绘制和编辑的各种操作，如图1-16所示。

工具区域
查看区域
颜色区域
选项区域

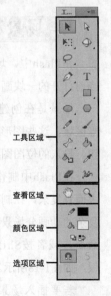

图1-16 工具箱

1. 工具区域

工具区域包含了绘图、上色和选择工具，用户在制作动画的过程中，可以根据需要选择相应的工具。

- 选择工具：选择和移动舞台中的对象，以改变对象的大小、位置或形状。
- 部分选取工具：对选择的对象进行移动、拖动和变形等操作。
- 任意变形工具：对图形进行缩放、扭曲和旋转变形等操作。
- 3D旋转工具：对选择的影片剪辑进行3D旋转或变形。
- 套索工具：在舞台中选择不规则区域或多边形。
- 钢笔工具：用来绘制更加精确、光滑的曲线，调整曲线的曲率等操作。

- 文本工具 T：在舞台中绘制文本框，输入文本。
- 线条工具 ╱：用来绘制各种长度和角度的直线段。
- 矩形工具 ▢：用来绘制矩形，同组的多角星形工具可以绘制多边形或星形。
- 铅笔工具 ✎：用来绘制比较柔和的曲线。
- 画笔工具 ✎：用来绘制任意形状的色块矢量图形。
- 骨骼工具 ✐：用来创建与人体骨骼原理相同的骨骼。
- 颜料桶工具 ◢：用来将绘制好的图形上色。
- 吸管工具 ✐：用来吸取颜色。
- 橡皮擦工具 ✐：用来擦除舞台中所创建的图像。

2. 查看区域

查看区域包含了在应用程序窗口内进行缩放和平移操作的工具，当用户需要移动或者缩放窗口时，可以选取查看区域中的工具进行操作。查看区域包含了"手形工具 ✋"和"缩放工具 🔍"。

3. 颜色区域

颜色区域用于设置工具的笔触颜色和填充颜色，在颜色区域中，各工具的作用如下。

- 笔触颜色工具 ✎■：用来设置图形的轮廓和线条的颜色。
- 填充颜色工具 ◢□：用来设置所绘制的闭合图形的填充颜色。
- 黑白工具 ▣：用来设置笔触颜色和填充颜色的默认颜色。
- 交换颜色工具 ⇄：用来交换笔触颜色和填充颜色。

4. 选项区域

选项区域包含当前所选工具的功能设置按钮，选择的工具不同，选项区中相应的按钮也不同。选项区域的按钮主要影响工具的颜色和编辑操作。

1.4.3 时间轴

在Flash CC中，"时间轴"面板是编辑动画的基础，主要用来创建不同类型的动画效果和控制动画的播放，是处理帧和图层的工具，帧和图层是动画的组成部分。按照功能的不同，可将时间轴分为图层控制区和时间轴控制区两部分，如图1-17所示。

图1-17 "时间轴"面板

1. 图层控制区

图层控制区位于"时间轴"面板的左侧，是进行图层操作的主要区域。

2. 时间轴控制区

时间轴控制区主要位于"时间轴"面板的右半部，它由若干帧序列、信息栏以及一些工具按钮组成，主要用于设置动画的运动效果。在"时间轴"面板底部的信息栏中显示了当前帧、帧速率以及预计播放时间。

1.4.4 场景和舞台

在Flash中，场景中包括了舞台，而舞台只是当前打开的一块画布。

场景是在创建Flash文档时放置图形内容的矩形区域，这些图形内容包括矢量插图、文本框、按钮、导入的位图图形或视频剪辑等。

在Flash中制作动画时，如果制作的动画比较大而且复杂，在制作时可以考虑添加多个场景，将复杂的动画分场景制作。执行"窗口"→"场景"命令，或者按Shift+F2快捷键，打开"场景"面板，如图1-18所示。

若要插入场景，执行"插入"→"场景"命

令，或者单击"场景"面板下方"添加场景"按钮 ，即可在当前场景的下方添加一个新的场景，如图1-19所示。Flash中的所有场景按照一定的顺序放置在"场景"面板中。

图1-18 "场景"面板　　　图1-19 添加场景

而舞台就是工作界面中背景为白色的区域，即动画显示的区域，用于编辑和修改动画，最终成品里只有在舞台上出现的部分才能看到。舞台相当于Photoshop中的画布，Flash中大部分的绘图、动画创建等工作都在此二维区域内进行。在输出影片时，只有白色区域内的对象被显示，因此，无论是动画或是静态的图形，都必须在舞台上创建，图1-20所示为舞台。

图1-20 舞台

1.4.5 "属性"面板

"属性"面板是动态面板，也叫"属性检查器"。新建一个ActionScript 3.0文档，执行"窗口"→"属性"命令，打开"属性"面板，如图1-21所示。它的内容根据所选择对象的不同而改变，比如选择工具箱中的"矩形工具"或"颜料桶工具"时，"属性"面板会显示相应工具的属性，如图1-22和图1-23所示。

图1-21 默认状态下的"属性"面板

图1-22 矩形工具状态下的　图1-23 颜料桶工具状态下的
　　　"属性"面板　　　　　　　"属性"面板

1.4.6 "浮动"面板

在Flash CC中，浮动面板由多种不同功能的面板组成，它将相关对象和工具的所有参数加以归类放置在不同的面板中，在制作动画的过程中，用户可以根据需要将相应的面板打开、移动或关闭。

在默认情况下只显示下列几种面板，如"库"面板、"颜色"面板、"样本"面板等，通过面板的显示、隐藏、组合、摆放，可以自定义工作界面。执行"窗口"→"隐藏\显示面板"命令，可以隐藏或显示所有面板。图1-24和图1-25所示为浮动的"库"面板和"样本"面板。

图1-24 "库"面板

图1-25 "样本"面板

1.5 Flash CC的文件操作

在使用Flash绘制图形制作动画之前，需要掌握一些最基本的操作，例如对文件进行保存或打开原有的文件进行编辑。本节将针对这方面的内容进行详细讲解，带领读者逐步认识和了解Flash动画的制作思路和流程。

1.5.1 新建文件

在制作动画之前，必须新建一个Flash文档，Flash为用户提供了多种新建文档的方法，用户不但可以自行创建空白文档，也可以基于模板创建文档。下面介绍新建文档的操作方法。

【练习1-1】 新建一个Flash文档

| 文件路径: | 无 |

视频路径：视频\第1章\练习1-1新建一个Flash文档.mp4

| 难易程度： | ★ |

01 执行"文件"→"新建"命令，如图1-26所示。

02 弹出"新建"对话框，如图1-27所示。在"新建"对话框中，可以设置文件的尺寸大小以及帧率，一般以像素为单位来设置场景的宽度和高度，常用的动画尺寸为550×400。其中在"标尺单位"下拉列表中可以设置标尺的单位，包括英寸、厘米、毫米、像素等。"帧频"用来设置每秒显示的帧的个数，默认值为24fps，即每秒显示24帧。"背景颜色"可以用来设置影片的背景颜色。

图1-26 "新建"命令

图1-27 "新建文档"对话框

03 切换至"模板"选项卡，在其中选择相应的选项，如图1-28所示。通过此界面，用户可以基于不同的模板创建不同的文档，类别包括：范例文件、演示文稿、横幅、AIR for Android、AIR for ISO、广告、动画、媒体播放等。"预览"和"描述"可以预览此选项的效果以及看到对该选项的解释和说明。

04 单击"确定"按钮，即可从模板中新建文档。在"范例文件"模板中包含了多种动画的动作方式，如嘴形同步、AIR窗口示例、Alpha遮罩层范例、SWF的预加载器等功能。可以根据提供动画的运动方式进行更改，以便能够更好地应用，图1-29所示为"嘴形同步"动画。

图1-28 "模板" 选项卡

图1-29 新建文档

1.5.2 保存文件

在Flash中可以将文件以不同的方式存储为不同用途的文件，可以将其存储为系统默认的源文件格式，也可以将其存储为模板形式以方便多次运用。

用户可以按当前名称和位置保存Flash文档，也可以另存文档。Flash默认的保存格式为fla。下面介绍保存文档的3种操作方法。

1. 动画文档的保存

在Flash CC中制作动画或对动画文档进行编辑时，为了避免意外关闭文档而导致的信息丢失，需要对文档进行保存。

执行"文件"→"保存"命令，弹出"另存为"对话框，如图1-30所示。在该对话框中可以设置文件名、文件保存格式及保存路径。

单击"保存"按钮，即可以以设置的形式保存文件。如果文件已经被保存过一次，执行该命令则会直接保存文件，不会再次弹出"另存为"对话框。或者直接按Ctrl+S快捷键，也可以保存当前文档。

图1-30 "另存为" 对话框

2. 另存为动画文档

如果用户需要将当前编辑的文档保存到其他位置或以另一个名称保存，则可以另存文档。执行"文件"→"另存为"命令，同样会弹出"另存为"对话框。该命令可以将同一个文件以不同的名称或格式存储在不同的位置。

按Shift+Ctrl+S快捷键也可以将当前的文件另存，为了保证文件的安全并避免所编辑的内容丢失，用户在使用Flash制作动画的过程中，应该多另存几个文件，这样更加安全。

3. 另存为模板

在Flash中，为了将文档中的格式直接应用到其他文档中，可以将文档另存为模板。执行"文件"→"另存为模板"命令，弹出"另存为模板警告"对话框，如图1-31所示。

单击"另存为模板"按钮，清除SWF历史记录数据，弹出"另存为模板"对话框，如图1-32所示。在该对话框中，可以对名称、类别和描述进行相应设置，单击"保存"按钮，将其保存为模板，方便以后基于此模板创建新文档。

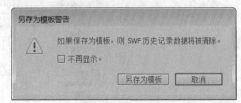

图1-31 "另存为模板警告" 对话框

图1-32 "另存为模板"对话框

对话框中各选项含义说明如下。

- 名称：所要另存为的模板名称。
- 类别：单击"类别"下拉列表右侧的下三角按钮，在弹出的下拉列表中可以选择已经存在的模板类型，也可以直接输入模板类型。
- 描述：用来描述所要另存为的模板信息，以免和其他模板混淆。
- 预览：预览舞台中的素材文件。

1.5.3 打开文件

在编辑动画文件之前，必须先打开Flash动画文档。下面详细介绍打开文档的操作方法。

【练习1-2】打开一个Flash文档

文件路径：素材\第1章\练习1-2\城市场景.fla

视频路径：视频\第1章\练习1-2打开一个Flash文档.mp4

难易程度：★★

01 执行"文件"→"打开"命令，如图1-33所示。

02 弹出"打开"对话框，选择"资源\素材\第1章\练习1-2城市场景.fla"文件，如图1-34所示，单击"打开"按钮。

图1-33 "打开"命令

图1-34 "打开"对话框

03 执行操作后，即可打开选择的文件，如图1-35所示。

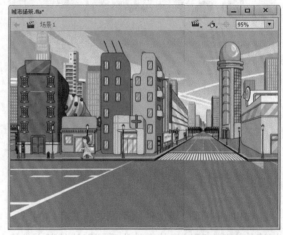

图1-35 打开选择的文件

1.6 文档属性设置

创建文档之后，在制作动画的过程中，会发现文档的一些属性不符合动画制作的要求，需要对其进行更改。下面将介绍文档属性的设置，包括文档尺寸大小、背景颜色、帧频率的设置。

1.6.1 设置文档尺寸大小

在舞台中单击鼠标右键，在弹出的快捷菜单中选择"文档"选项，如图1-36所示。弹出"文档设置"对话框，在"舞台大小"一栏中输入数值，即可设置舞台大小，如图1-37所示，也可以在"属性"面板中的"大小"一栏修改文档大小，如图1-38所示。

图1-36 选择"文档"

图1-37 设置文档尺寸大小

图1-38 "属性"面板设置尺寸

1.6.2　设置背景颜色

在"文档设置"对话框中，单击"舞台颜色"后的色块，弹出拾色器，选择的颜色即为背景颜色，如图1-39所示。也可以在"属性"面板中单击"舞台"后的色块，更改背景颜色，如图1-40所示。

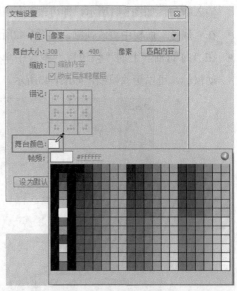

图1-39 "文档设置"对话框更改背景颜色

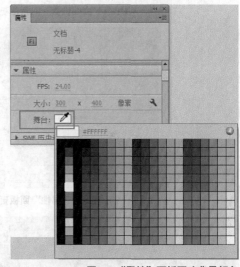

图1-40 "属性"面板更改背景颜色

1.6.3　设置帧频率

帧频是指动画播放的速度，以每秒播放的帧数（fps）为度量单位。帧频太慢会导致动画效果不够流畅，而帧频太快则会导致动画的细节变得模糊。Flash新文档默认的帧频为24fps，这个播放速度通常能够在Web上提供较好的动画效果，标准的动画速度也是24fps。设置帧频率的方法有如下3种。

• 在"文档设置"对话框中的"帧频"文本框中

输入数值，如图1-41所示，即可改变帧频。

- 在"属性"面板中更改帧频，如图1-42所示。
- 在"时间轴"上的"帧速率"参数中单击并拖动鼠标，可以更改帧频，如图1-43所示。

图1-41 "文档设置"对话框更改帧频

图1-42 "属性"面板更改帧频

图1-43 "时间轴"上更改帧频

? 技巧与提示

帧是构成动画的最基本的元素之一，在Flash中承载动画内容和用来创建动画的帧分为不同的类型，不同类型的帧发挥的作用也不相同。Flash中的帧大致分为帧、关键帧和空白关键帧3个基本类型，不同类型的帧在时间轴中的显示方式也不相同，详细介绍见第7章的7.1.1小节。

1.7 辅助工具的使用

为了使Flash动画设计制作工作更精确，Flash CC中提供了"标尺""网格"和"辅助线"等工具，这些工具具有很好的辅助作用，可以提高设计的质量和速度。

1.7.1 标尺

确定显示标尺后，它们将出现在文档的左沿和上沿。用户可以将其默认单位（像素）更改为其他单位。

使用标尺还可以在舞台上显示元件的尺寸。执行"视图"→"标尺"命令，如图1-44所示，当选中舞台中的元件时，会分别在"垂直标尺"和"水平标尺"中出现两条线，表示该元件的尺寸，如图1-45所示。

图1-44 执行"标尺"命令

使用标尺功能，有助于快速创建图形的固定单位及大小形状。

图1-45 标尺效果

1.7.2 网格

执行"网格"命令后将在文档的所有场景中显示一系列水平和垂直的线，在制作一些规范图形时，操作会变得更方便，可以提高绘制图形的精确度。

执行"视图"→"网格"→"显示网格"命令，在舞台中显示网格，效果如图1-46所示。再次执行该命令则隐藏网格。

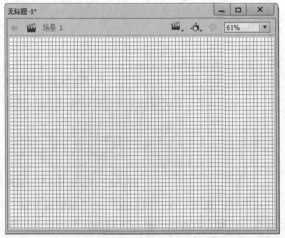

图1-46 显示网格

执行"视图"→"网格"→"编辑网格"命令，弹出如图1-47所示的对话框。通过该对话框可以对网格进行编辑。

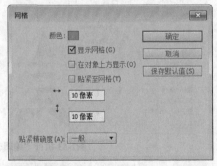

图1-47 编辑网格

对话框中各选项含义说明如下。

- 颜色：单击该按钮，在弹出的颜色面板中设置网格线的颜色。
- 显示网格：当勾选此复选框时，将在舞台中显示网格。
- 在对象上方显示：若勾选此复选框，即可在创建

的元件上显示出网格。默认情况下为取消状态。

- 贴紧至网格：用于将场景中的元件紧贴至网格。
- 水平间距 ↔：用来设置网格线的水平距离。
- 垂直间距 ↕：用来设置网格线的垂直距离。
- 贴紧精确度：设置鼠标自动贴紧网格线的距离。在此下拉菜单中包括4种类型："必须接近""一般""可以远离"和"总是贴紧"。"一般"选项表示鼠标自动贴紧网格的距离为一般，"必须接近"选项表示鼠标距离网格线很近时才自动贴紧网格线，"总是贴紧"选项表示当鼠标放到网格上时总是自动贴紧网格线，"可以远离"选项表示鼠标不会自动贴紧在网格线上。
- 保存默认值：用来将当前设置保存为默认值。

下面演示网格面板的作用。

【练习1-3】 网格的使用

文件路径： 素材\第1章\练习1-3

视频路径： 视频\第1章\练习1-3网格的使用.mp4

难易程度：★★

① 执行"文件"→"打开"命令，打开"素材\第1章\练习1-3\网站.fla"文件。

② 执行"视图"→"网格"→"显示网格"命令，在舞台中显示网格。

③ 执行"视图"→"网格"→"编辑网格"命令，弹出"网格"对话框，对网格进行编辑，如图1-48所示，方便精确移动网站图标。

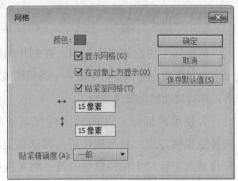

图1-48 更改网格颜色

④ 执行"文件"→"导入"→"导入到舞台"

命令，将"图标.png"素材导入到舞台，如图1-49
所示。

图1-49 贴紧至网格

05 单击鼠标并拖动图标素材，将图标移动至合
适位置。在移动图标时，图标会与网格贴紧，被限
定到网格上，舞台显示如图1-50所示。

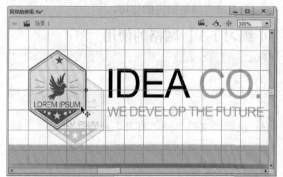

图1-50 网格横向纵向间隔

技巧与提示

"贴紧精确度"可以设置吸附的精确度，与"贴紧
至网格"功能配合使用。

1.7.3 辅助线

辅助线主要起到参考作用。在制作动画时，
如需将对象和图形在舞台中沿某一条横线或纵线对
齐，则可借助辅助线来实现。

要使用辅助线，必须启用标尺。辅助线有
两种定位的方法，显示标尺后，可以直接在垂直
标尺或水平标尺上按住鼠标左键并将其拖曳到舞
台上，即可完成辅助线的绘制，如图1-51所示。
将鼠标放置在辅助线上，双击鼠标左键，弹出图

1-52所示的对话框，修改数值，可以移动辅助线的
位置。

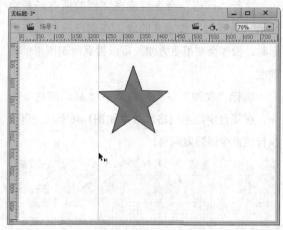

图1-51 绘制辅助线

图1-52 "移动辅助线"对话框

执行"视图"→"辅助线"→"编辑辅助线"
命令，如图1-53所示，弹出"辅助线"对话框，如
图1-54所示。可参照编辑网格的方法编辑辅助线。

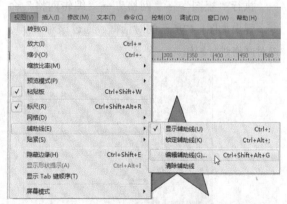

图1-53 执行"编辑辅助线"命令

图1-54 "辅助线"对话框

技巧与提示

用户可以执行"视图"→"辅助线"→"显示辅助线"/"锁定辅助线"/"清除辅助线"命令来显示（隐藏）、锁定和删除辅助线。

1.8 Flash CC的系统配置

用户可以在Flash CC中查看系统配置，比如用户界面的默认颜色、工作面板的打开形式以及绘制对象、组的边框默认颜色等系统参数，并可以对这些系统参数进行修改。

1.8.1 "首选参数"面板

在Flash中可以设置常规应用程序操作、编辑操作和剪贴板操作的首选参数。

执行"编辑"→"首选参数"命令，弹出"首选参数"对话框，在该对话框左侧的列表中选择首选参数选项，可在右侧显示的具体选项中对系统参数进行相应设置，如图1-55所示。

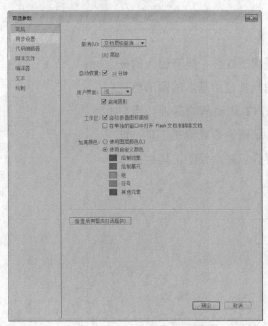

图1-55 "首选参数"对话框

1.8.2 "历史记录"面板

"历史记录"面板可以撤销或重复某一步骤。"历史记录"面板显示自创建或打开某个文档以来在该活动文档中执行的步骤的列表，列表中的数目最多为指定的最大步骤数。"历史记录"面板中的滑块默认指向当前执行的上一个步骤。

执行"窗口"→"历史记录"命令，可打开"历史记录"面板，如图1-56所示。若要返回到某一个步骤，拖动面板左侧的滑块，选择该步骤即可，如图1-57所示。

图1-56 "历史记录"面板

图1-57 返回某一步骤

1.9 本章总结

本章主要介绍了Flash CC的历史、应用领域、新增和改进功能、操作界面，以及新建文档、打开文档、保存文档、文档的属性设置、辅助工具的使用、系统配置修改的操作方法。通过对本章的学习，读者可以对Flash CC的操作方法有一定的了解和认识，并且能够运用Flash CC进行一些基本操作，为后面的深入学习奠定基础。

第**2**章

图形的绘制与编辑

内容摘要

Flash CC是基于矢量的网络动画编辑软件，具有强大的矢量图绘制和编辑功能。任何复杂的动画都是由基本的图形组成的，因此绘制理想的基本图形是制作Flash动画的基础。用户通过使用不同的绘图工具，配合多种编辑命令或编辑工具，可以制作出精美的矢量图形。本章主要介绍基本绘图工具的操作方法。

2.1 基本线条与图形的绘制

　　Flash具有强大的绘图功能，用户可以根据需要使用不同的绘图工具绘制出图形对象。本节将向读者介绍如何使用Flash常用工具绘制最基本的图形。

2.1.1 线条工具

　　在Flash软件中可以用"线条工具"绘制线条，线条是组成图形的基本元素，大部分图形中都包含了线条。

　　在工具箱中选择"线条工具"，打开"属性"面板，直线的属性如图2-1所示，可以根据需要设置线条的笔触颜色、笔触宽度、笔触样式等选项。其中，"画笔"和"大小"选项栏只有在使用"刷子工具"时才能使用。

图2-1 线条工具"属性"面板

技巧与提示

　　图2-1中的"画笔"和"大小"栏在"线条工具"中呈灰色不可用状态，这是因为在Flash中"线条"是一根线，并不是画笔，因此没有画笔、大小等特性。

1. 笔触的颜色

　　单击"笔触"后面的色块，出现图2-2所示对话框，选择颜色即可修改笔触颜色。

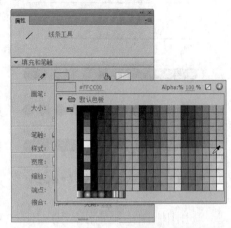

图2-2 设置笔触颜色

2. 笔触的大小

　　在"笔触"一栏中修改数值或拖动滑块，可以改变直线的粗细，设置不同笔触大小的效果如图2-3所示。

图2-3 设置不同笔触大小的效果

3. 笔触样式

　　笔触样式默认为实线，单击下拉按钮，如图2-4所示。选择不同的样式，可以绘制出不同的效果，如图2-5所示。

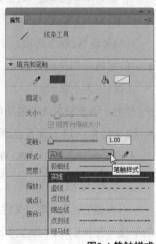

图2-4 笔触样式

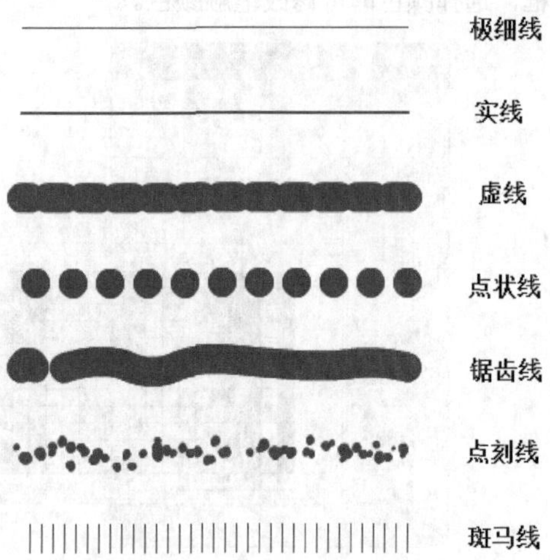

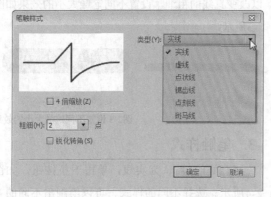

	极细线
	实线
	虚线
	点状线
	锯齿线
	点刻线
	斑马线

图2-5 不同笔触样式的效果

在"属性"面板中单击"样式"下拉列表后面的"编辑笔触样式"按钮，可以弹出图2-6所示的"笔触样式"对话框。

（图2-6 "笔触样式"对话框）

图2-6 "笔触样式"对话框

下面对"笔触样式"对话框的各参数进行介绍。

- 类型：包括实线、虚线、点状线、锯齿状、点刻线和斑马线6个选项。
- 4倍缩放：勾选此复选框，可以将自定义笔触样式以4倍大小显示。
- 粗细：用于设置线型的粗细。
- 锐化转角：用于设置在画出锐角笔触的地方，不使用预设的圆角呈现，而改用尖角。

4. 笔触宽度

可改变笔触宽度配置文件，单击鼠标，可在弹出的下拉列表中选择不同的宽度选项，如图2-7所示。设置不同的宽度，线条也会发生改变，如图2-8所示。

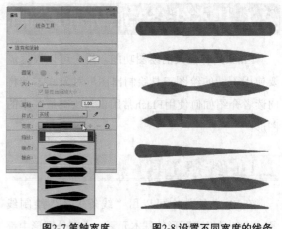

图2-7 笔触宽度　　　　图2-8 设置不同宽度的线条

5. 缩放

可以按方向缩放笔触，其下拉菜单如图2-9所示，从中可以选择缩放的类型，包括"一般""水平""垂直"和"无"，默认为"一般"。该选项用于设置图形在导出的视频中的缩放样式，只有在播出视频时才能观察到效果。

图2-9 缩放选项

- 无：当放大播放画面时，不进行笔触缩放。
- 一般：默认设置，当缩放播放画面时，对笔触高度按整体的宽高比例缩放。
- 水平：水平方向拉伸播放画面时，对笔触高度进行缩放。
- 垂直：垂直方向拉伸播放画面时，对笔触高度进行缩放。

6. 端点

设置路径端点的样式，可选择"无""圆角"和"方形"3个选项，如图2-10所示，默认选项为"圆角"。"无"与"方形"选项效果相同，如图2-11所示。

图2-10 端点样式

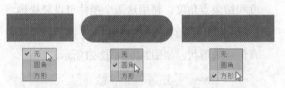

图2-11 不同端点效果

7. 接合

定义两个路径段的接合方式，可以选择"尖角""圆角"和"斜角"，如图2-12所示。每种接合效果各不相同，如图2-13所示。

图2-12 接合选项列表

图2-13 不同接合效果

2.1.2 铅笔工具

若要绘制比较随意的线条，可以使用"铅笔工具"，该工具的绘画方式与使用真实铅笔大致相同。若要绘制平滑或伸直线条，还可以为铅笔工具选择不同的绘制模式。

单击工具箱中的"铅笔工具"，在舞台中单击并拖曳光标即可绘制线条，绘制的线条就是鼠标运动的轨迹。使用铅笔工具不但可以绘制出不封闭直线、竖线和曲线3种类型的线，还可以绘制出各种规则和不规则的封闭图形。使用铅笔工具所绘制的曲线通常不够精确，但可以通过编辑曲线功能对其进行修整。

当选取工具箱中的铅笔工具后，单击工具箱底部的"铅笔模式"按钮，弹出绘图列表框，其中有3种绘图模式，如图2-14所示，各模式的主要含义如下。

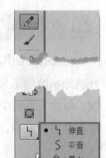

图2-14 "铅笔模式"中的3种绘图模式

- 伸直：此功能主要进行形状识别。如绘制出近似的正方形、圆、直线或曲线之后，Flash将自动调整成相应规则的几何形状，如图2-15所示。

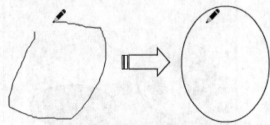

图2-15 绘制不规则图形时可以自动变化为规则图形

- 平滑：对有锯齿的笔触进行平滑处理，"属性"面板中的"平滑"选项也会被激活，该选项可以设置笔触的平滑度，如图2-16所示。

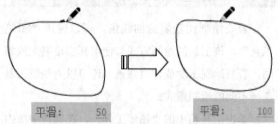

图2-16 不同平滑度的绘制效果

- 墨水 ✎：可以随意地绘制出各种线条，并且不会对笔触的大小进行任何修改，如图2-17所示。

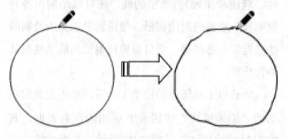

图2-17 伸直和墨水绘制效果对比

2.1.3 椭圆工具

在Flash CC中，椭圆工具和矩形工具一样属于几何形状绘制工具，用于创建各种比例的椭圆和圆。单击工具箱中的"椭圆工具 ○."，在舞台中单击并拖曳光标，即可绘制一个椭圆，如图2-18所示。

在绘制椭圆之前，可以通过"属性"面板对椭圆的相应参数进行设置，如图2-19所示。

图2-18 绘制椭圆

图2-19 "属性" 面板

面板中部分选项含义如下。

- 开始角度\结束角度：用来设置椭圆的起始点角度和结束点角度。使用这两个控件可以轻松地将椭圆和圆形的形状修改为扇形、半圆形以及其他有创意的形状，如图2-20和图2-21所示。

图2-20 开始角度为60.00

图2-21 结束角度为120.00

- 内径：用于调整椭圆的内径，可以在文本框中输入内径的数值，或单击滑块调整内径的大小。可以输入0~99之间的值，以表示删除填充的百分比。图2-22所示为设置不同内径后所绘制的图形效果。

图2-22 绘制不同内径的圆

- 闭合路径：确定椭圆的路径是否闭合（如果指定了内径，则有多条路径）。如果指定了一条开放路径，但未对生成的形状应用任何填充，则仅绘制笔触，如图2-23所示。默认情况下选择闭合路径。

图2-23 绘制开放路径的圆

- 重置：单击该按钮，"椭圆选项"各参数将恢复到系统默认状态，可重新进行设置。

2.1.4 刷子工具

"刷子工具"与"铅笔工具"的用法非常相似，唯一的区别在于"铅笔工具"绘制的是笔触，而"刷子工具"绘制的是填充属性。使用"刷子工具"可以创建包括书法效果在内的多种特殊效果。在使用"刷子工具"绘制形状时，可以选择刷子大小和形状，刷子大小不会随舞台的缩放比率而变化。

单击工具箱中的"刷子工具"，在舞台中单击并拖曳光标即可绘制形状。在工具箱的"选项"区域也会相应出现此工具的各附加选项。单击"刷子模式"按钮，在弹出的选项列表中，可以选择一种模式进行绘制。

- 标准绘画：可以对同一层的线条和填充涂色。
- 颜料填充：对填充区域和空白区域涂色，不影响线条。
- 后面绘画：在舞台上同一层的空白区域涂色，不影响线条和填充。
- 颜料选择：只能在选定区域内绘制图形。
- 内部绘画：对开始时"刷子笔触"所在的填充进行涂色，但不对线条涂色，也不允许在线条外面涂色。如果在空白区域中开始涂色，该"填充"不会影响任何现有的填充区域。

不同选项的绘制效果如图2-24所示。

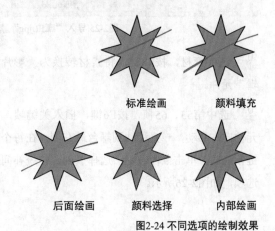

图2-24 不同选项的绘制效果

单击"刷子大小"按钮 ·，在弹出的选项列表中，可以选择合适的大小进行绘制。单击"刷子形状"按钮 ●，可以选择刷子的形状。

2.1.5 课堂案例——绘制瓢虫卡片

下面使用图形绘制工具，结合传统补间和遮罩层的方式，通过制作一个瓢虫卡片实例来巩固所学知识。

文件路径：素材\第2章\2.1.5

视频路径：视频\第2章\2.1.5课堂案例——绘制瓢虫卡片.mp4

01 启动Flash CC，选中第50帧，按F6键，插入关键帧，执行"文件"→"导入"→"导入到舞台"命令，导入"瓢虫.jpg"素材到舞台，如图2-25所示。

图2-25 导入"瓢虫.jpg"素材

02 选中素材，按F8键，将素材转换为"影片剪辑"元件。

03 选中第53、65帧，按F6键，插入关键帧，将元件向右移动，一直移动到舞台最右侧，在每个关键帧之间，单击鼠标右键，选择"创建传统补间"选项，如图2-26所示。

图2-26 创建传统补间

04 执行"文件"→"导入"→"导入到舞台"命令，继续导入"底部素材.jpg"素材到舞台，制作相同的传统补间动画，如图2-27所示。

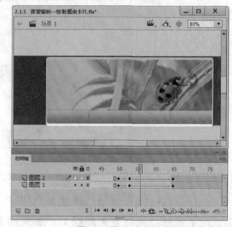

图2-27 导入"底部素材.jpg"素材

05 新建"图层3"，使用"矩形工具"在舞台最右侧绘制一个435×187的矩形，填充颜色为（#585040），如图2-28所示。

图2-28 绘制矩形

06 选中"图层3",单击鼠标右键,选择"遮罩层"选项,将下方的两个图层都拖入遮罩层中。在"时间轴"中,单击"锁定或解除锁定所有图层"按钮,锁定所有图层,效果如图2-29所示。

07 新建"图层4",选中第2帧,按F6键,插入关键帧,执行"文件"→"导入"→"导入到舞台"命令,导入"矩形背景.png"位图素材到舞台中心位置,如图2-30所示。将素材转换为元件。

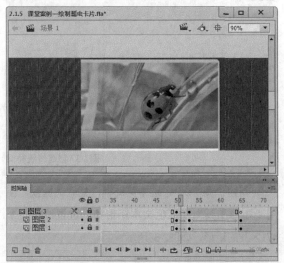

图2-29 锁定图层效果

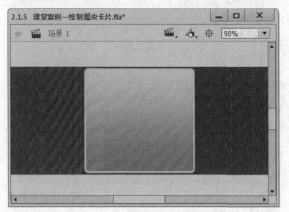

图2-30 导入"矩形背景.png"素材

08 选中第15帧,插入关键帧,选中第2帧,单击舞台中的素材元件,在"属性"面板中设置"高级"选项参数,如图2-31所示。

09 在第2~15帧之间创建传统补间,效果如图2-32所示。

10 选中第50、53、65帧,插入关键帧,将矩形素材元件向左移动,一直到舞台最左侧,同样在每个关键帧之间创建传统补间,如图2-33所示。

图2-31 设置"高级"选项参数

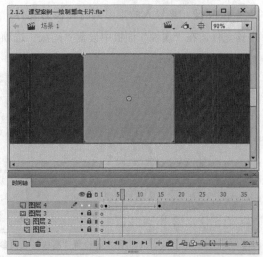

图2-32 创建传统补间

图2-33 创建传统补间

⑪ 新建"图层5"，选中第65帧，按F6键，插入关键帧，执行"文件"→"导入"→"导入到舞台"命令，导入一个位图素材到瓢虫背景靠近底部的位置，如图2-34所示。

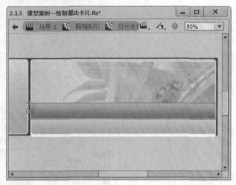

图2-34 导入素材

⑫ 按F8键，将导入的矩形素材转换为元件，单击该元件，在"属性"面板中设置"高级"选项参数，如图2-35所示。

图2-35 设置"高级"选项参数

⑬ 在调整好的红色矩形中输入文本，设置字体颜色为白色，如图2-36所示。

图2-36 输入文本

⑭ 选中第90帧，将元件向下移动到贴近底部，在第65~90帧之间创建传统补间，如图2-37所示。

图2-37 创建传统补间

⑮ 新建"图层6"，选中第65帧，插入关键帧，使用"矩形工具"在红色文本矩形相同位置绘制一个471×38的矩形，如图2-38所示。

图2-38 绘制矩形

⑯ 选中"图层6"，单击鼠标右键，选择"遮罩层"选项，并单击"锁定或解除锁定所有图层"按钮，锁定"图层5"和"图层6"，效果如图2-39所示。

⑰ 新建"图层7"，选中第15帧，插入关键帧，在"库"面板中将"绿色图标"元件插入到舞台中心，如图2-40所示。

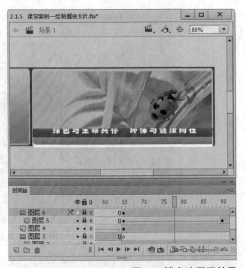

图2-39 锁定遮罩层效果

图2-40 拖入"绿色图标"元件

⑱ 选中第50、53、65帧，插入关键帧，将"绿色图标"元件向左移动，并在关键帧之间创建传统补间，如图2-41所示。

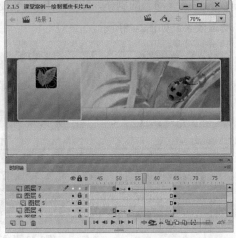

图2-41 创建传统补间

⑲ 新建"图层8"，选中第15帧，插入关键帧，在"绿色图标"下方的位置输入文本"美化环境"，字体颜色为白色。

⑳ 将文本转换为元件，并双击该元件，进入元件编辑模式，复制一次相同文本，再次将文本转换为元件，在"属性"面板设置"高级"选项参数，如图2-42所示。制作文本阴影效果，如图2-43所示。

图2-42 设置"高级"选项参数

图2-43 文本阴影效果

㉑ 选中第15帧，单击舞台中的文本元件，在"属性"面板中设置"Alpha"选项的值为0%；选中第19帧，插入关键帧，选中文本元件，设置"Alpha"选项的值为75%，并向上稍微移动。在第30帧插入关键帧，并在第15~30帧之间的关键帧创建传统补间，如图2-44所示。

㉒ 选中第50~65帧，插入关键帧，制作相同的向左移动的传统补间动画。

㉓ 新建"图层9"，选中第19帧，插入关键帧，使用相同的方法，制作文本"设计"的传统补间动画，如图2-45所示。

图2-44 创建传统补间

图2-45 创建传统补间

㉔ 新建两个图层，在"库"面板中将"露水1""露水2""露水3"和"露水4"影片剪辑元件拖入到舞台中的适当位置，如图2-46所示。

㉕ 创建两个遮罩层，并在舞台绘制遮罩矩形，如图2-47所示。

图2-46 拖入露水元件

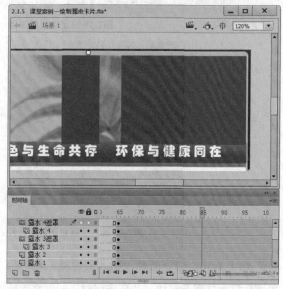

图2-47 绘制遮罩矩形

㉖ 完成该动画的制作，按Ctrl+Enter快捷键测试动画效果，如图2-48所示。

图2-48 测试动画效果

2.2 图形的绘制与选择

使用矢量图形作为动画中的元素，可以任意放大或缩小动画，而不影响动画的效果。用户还可以根据需要运用辅助绘图工具对图形进行编辑。

本章主要介绍使用矩形工具、多角星形工具、钢笔工具绘制简单的矢量图形和使用选择工具、部分选取工具、套索工具选择图形的方法。

2.2.1 矩形工具

矩形工具是几何形状绘制工具，用于创建矩形和正方形。绘制矩形的方法很简单，单击工具箱中的"矩形工具 □"，在舞台中单击并拖曳光标，即可绘制一个矩形，如图2-49所示。

图2-49 绘制矩形

在绘制矩形之前，可以通过"属性"面板对矩形的相应参数进行设置，如图2-50所示。

图2-50 "属性"面板

填充和笔触等选项与2.1.1节中所介绍的一致，此处仅介绍"矩形选项"中各选项的含义。

- 矩形选项：用于指定矩形的角半径。默认情况下，数值为0，创建的是直角矩形；输入正值，创建圆角矩形效果，如图2-51所示；输入负值，创建反半径效果，如图2-52所示。

图2-51 创建圆角矩形

图2-52 反半径效果

- 取消限制半角图标 ⊖：单击该图标后其形状变为 ⊖，即可在每个文本框中单独输入内径的数值，分别调整每个角半径，如图2-53所示。

如果要精确绘制具体尺寸的矩形，可以单击工具箱中的"矩形工具"，然后按住Alt键在舞台空白位置单击，将弹出"矩形设置"对话框，如图2-54所示。在该对话框中可以指定矩形的宽、高、边角半径以及是否从中心绘制。当宽和高数值一样时，按指定的宽高绘制正方形。

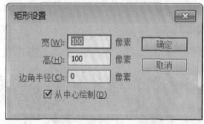

图2-54 "矩形设置"对话框

2.2.2 多角星形工具

使用该工具，用户可以根据需要绘制出不同边数和不同大小的多边形和星形。在默认情况下，绘制出的图形是正五边形。

单击工具箱中的"多角星形工具"，在舞台中单击并拖曳鼠标，即可绘制一个系统默认的正五边形，如图2-55所示。单击"属性"面板中的"选项"按钮，弹出"工具设置"对话框，如图2-56所示。在该对话框中可以设置多边形的边数及所绘图形的样式。

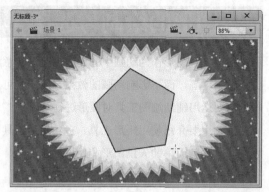

图2-55 绘制正五边形

图2-56 弹出"工具设置"对话框

对话框中各选项含义如下。

- 样式：用来设置所绘制图形的样式，在该下拉列表中包括多边形和星形两个选项，图2-57所示为绘制的星形。

图2-57 绘制星形

- 边数：用来设置所绘制图形的边数，该数值为3~32，如图2-58和图2-59所示。

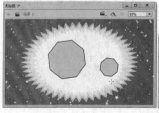

图2-58 多边形边数为8

图2-59 星形边数为6

- 星形顶点大小：输入一个0~1的数字，以指定星形顶点的深度，如图2-60和图2-61所示。

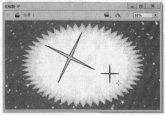

图2-60 星形顶点大小为0.1

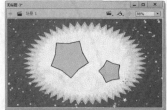

图2-61 星形顶点大小为1

2.2.3 钢笔工具

如果要绘制精确的路径，如直线或平滑流畅的曲线，可以使用"钢笔工具"。使用"钢笔工具"绘图时，单击可以创建直线段上的点，而拖动可以创建曲线段上的点。绘制完路径后，可以通过调整线条上的点来调整直线段和曲线段。

1. 绘制直线

使用"钢笔工具"可以绘制的最简单路径就是直线。在舞台上单击"钢笔工具"创建两个锚点，如图2-62所示，继续单击可创建由转角点连接的直线段组成的路径，如图2-63所示。

在绘制直线段的过程中，按住Shift键可将线段的角度限制为45°的倍数。

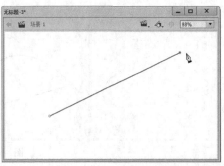

图2-62 创建两个锚点

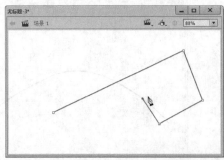

图2-63 创建直线段路径

2. 绘制曲线

如果要绘制曲线，可使用"钢笔工具"单击并拖动鼠标，拖出构成曲线的方向线，方向线的长度和斜率决定了曲线的形状，如图2-64所示。

使用尽可能少的锚点拖动曲线，可更容易地编辑曲线并且系统可更快速地显示和打印它们。使用过多的话，点还会在曲线中造成不必要的凸起。无论是绘制直线段或是曲线段，如果要闭合路径，单击第一个锚点即可，如图2-65所示；如果要保持为开放路径，可按住Ctrl键单击舞台的空白处，如图2-66所示，或是双击绘制的最后一个锚点，也可以按Esc键退出绘制。

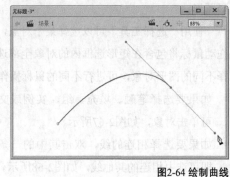

图2-64 绘制曲线

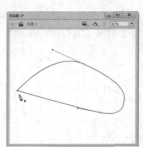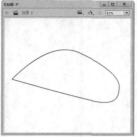

图2-65 闭合路径

图2-67 单击选择对象

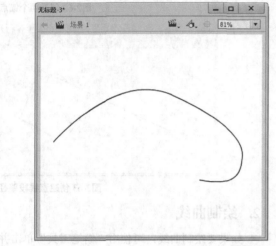

图2-66 开放路径

2.2.4 选择工具

在Flash CC中，选择工具主要用来选择和移动对象，还可以改变对象的大小，通过选取工具箱中的选择工具可以选择任意对象，包括矢量图、元件和位图。选择对象后，还可以进行移动、改变对象的形状等操作。使用"选择工具"的方法很简单，用户只需选取工具箱中的"选择工具"，将鼠标指针移至需要选择的图形上，单击鼠标左键，即可选择图形。

使用"选择工具"可以选择某个对象，也可以拖动鼠标将包含在矩形选框内的对象全部选中。选择不同的图形对象，可进行不同的鼠标操作。

- 如果要选择笔触、填充、组、实例或文本块，可单击对象，如图2-67所示。
- 如果要选择相连的线，双击其中的一条线段，即可选中相连的其他线，如图2-68所示。

图2-68 双击选择相连线段

- 如果要选择填充的形状及其笔触轮廓，双击填充区域，即可选中填充区域及其外围的封闭连线，如图2-69所示。

图2-69 双击填充可以选择填充及其外围线

- 如果要选择矩形区域内的对象，可在要选择的一个或多个对象周围拖出一个选取框，如图2-70所示。

图2-70 拖出选取框

- 接着上一个选择的矩形区域进行操作。如果要向选择框中添加内容，可在进行附加选择时按住Shift键。在刚刚选中的矩形区域左侧，继续拖出一个选取框，即可附加选择，如图2-71所示。

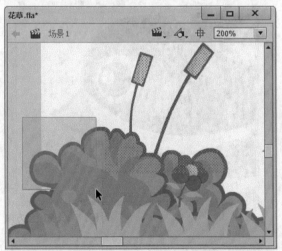

图2-71 添加内容

- 如果要选择场景每一层上的全部内容，可执行"编辑"→"全选"命令或按Ctrl+A快捷键全选。需要注意的是，不会选中被锁定、被隐藏或不在当前时间轴中的图层上的对象，如图2-72所示。

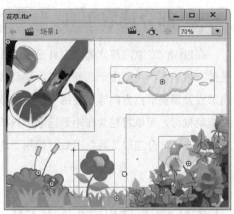

图2-72 选择全部内容

- 如果要取消选择每一层上的全部内容，可执行"编辑"→"取消全选"命令，或按Ctrl+Shift+A快捷键。
- 如果要选择一个呈现在关键帧之间的任何内容，可单击时间轴上的一个帧，如图2-73所示。
- 如果要锁定或解锁组和元件，可选择组或元件，执行"修改"→"排列"→"锁定"命令可以解锁所有锁定的组和元件，如图2-74所示。

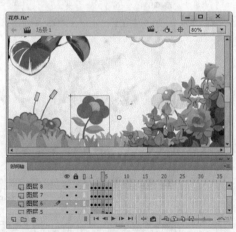

图2-73 选择关键帧全部内容

图2-74 锁定元件

2.2.5 部分选取工具

在Flash CC中，部分选取工具是修改和调整路径的有效工具，主要用于选择线条、移动线条、编辑节点及调整节点方向等。使用"部分选取工具"并拖动鼠标，可以将包含在矩形选取框内的对象全部选中。"部分选取工具"多数时候用于选择图形对象的锚点。

下面介绍使用部分选取工具的方法。

【练习2-1】使用部分选取工具

文件路径：素材\第2章\练习2-1\燕子.fla

视频路径：视频\第2章\练习2-1使用部分选取工具.mp4

难易程度：★★

⑴ 打开"素材\第2章\练习2-1\燕子.fla"素材文件。

⑵ 单击工具箱中的"部分选取工具"并单击图形对象，可显示出图像的所有锚点，如图2-75所示。

⑶ 单击其中的一个锚点将其选中，如图2-76所示。

图2-75 显示锚点

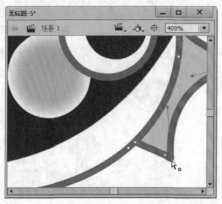

图2-76 单击锚点

⑷ 按住Shift键单击不同的锚点，可选择多个锚点，如图2-77所示。

⑸ 拖动鼠标进行调整。部分选取工具是以贝塞尔曲线的方式进行编辑，这样能方便地对路径上的控制点进行选取、拖曳调整路径方向及删除节点等操作，使图形达到理想的造型效果，如图2-78所示的燕嘴曲线。

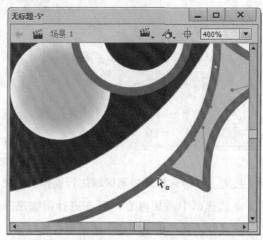

图2-77 选择多个锚点

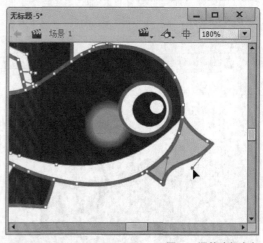

图2-78 调整路径方向

2.2.6 套索工具

"套索工具"可选取不规则的对象。选中"套索工具"后，用鼠标在画布上绘制图形，如图2-79所示；释放鼠标，完成选区操作，如图2-80所示；删除选中对象，如图2-81所示。

图2-79 绘制选区　　图2-80 绘制完毕　　图2-81 删除对象

2.2.7 多边形工具

单击"套索工具"，在下拉列表中选择"多边形工具" ，在舞台中连续单击，如图2-82所示；双击释放鼠标，完成选区操作，如图2-83所示；删除选中对象，如图2-84所示。

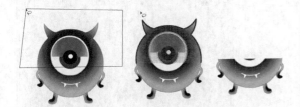

图2-82 绘制选区　　图2-83 绘制完毕　　图2-84 删除对象

2.2.8 魔术棒工具

魔术棒工具只能选取位图中相似的颜色区域。选择魔术棒工具后，其"属性"面板如图2-85所示。

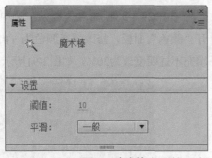

图2-85 魔术棒"属性"面板

下面介绍各个参数的作用。

- 阈值：用来调整选择颜色的范围，最小为0，最大为200。阈值越大，电脑默认的相似颜色就越接近，选取的颜色范围就越大。
- 平滑：选取边缘的平滑程度。在下拉列表中共有4个选项，如图2-86所示。

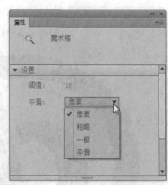

图2-86 平滑程度

2.2.9 课堂案例——绘制简单标志闪烁动画

下面使用钢笔工具，通过绘制一个简单标志的实例来巩固所学知识。

文件路径：素材\第2章\2.2.9

视频路径：视频\第2章\2.2.9课堂案例——绘制简单标志闪烁动画.mp4

01 启动Flash CC，新建文档，设置舞台背景颜色为（# 00CDFF）。使用"钢笔工具"在舞台中绘制一个标志的图形，选择工具箱中的"部分选取工具"，显示图形的锚点，如图2-87所示。

图2-87 选择"部分选取工具"

02 选取工具箱中的"颜料桶工具",设置填充颜色为(# 00CDFF),与舞台背景颜色相同,如图2-88所示。

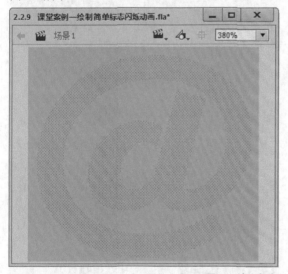

图2-88 填充颜色

技巧与提示

可以导入素材中的"素材\第2章\2.2.9\图标.png"文件。

03 选中第12帧,按F6键,插入关键帧,执行"窗口"→"颜色"命令,打开"颜色"面板,设置填充颜色为(#676EB0),其不透明度为50%,如图2-89所示。

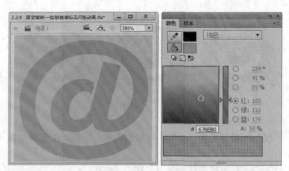

图2-89 设置填充颜色

04 在第13、28帧插入关键帧,选中第28帧,将填充颜色的不透明度调整为100%,效果如图2-90所示。

图2-90 设置不透明度

05 在第29、38帧插入关键帧,选中第38帧,打开"颜色"面板,修改填充颜色为(#1D2A63),填充不透明度改为30%,如图2-91所示。

图2-91 填充不透明度为30%

06 在第39、49帧插入关键帧，选中第49帧，将填充的不透明度修改为0%。

07 在每个关键帧之间的任意一帧单击鼠标右键，在弹出的快捷菜单中，选择"创建补间形状"选项，如图2-92所示。

图2-92 创建补间形状

08 新建"图层2"，选中第17帧，插入关键帧，复制"图层1"中的图标图形，并打开"颜色"面板，修改填充颜色（#6F8DBF），不透明度调整为50%。

09 选中第30帧，插入关键帧，使用"任意变形工具"，用鼠标拖动定界框一角，将图标图形扩大，并将填充颜色的不透明度设置为23%，如图2-93所示。

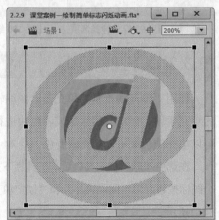

图2-93 调整图标图形

10 在第31、38帧插入关键帧，选中第38帧，将图标图形稍微扩大，修改填充颜色不透明度为0%，如图2-94所示。

11 选中第39帧，插入关键帧，将图标图形的填充不透明度修改为23%。

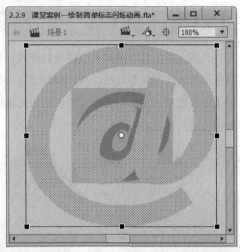

图2-94 调整图形

12 完成该动画的制作，按Ctrl+Enter快捷键测试动画效果，如图2-95所示。

图2-95 测试动画效果

2.3 图形的编辑

一幅精美的图片，少不了颜色的填充和设置，本节将主要介绍颜料桶工具、墨水瓶工具、滴管工具、渐变变形工具和橡皮擦工具的使用方法。

2.3.1 墨水瓶工具

"墨水瓶工具"用来更改线条的样式、粗细和颜色。其本身不具备绘画功能，但却可以为矢量图块添加描边线，图2-96所示为墨水瓶为矢量图块添加描边线的效果。

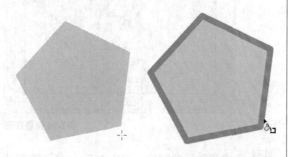

图2-96 用墨水瓶添加边线

可以在"属性"面板中调整墨水瓶工具的参数，如图2-97所示。下面对"属性"面板中的各参数进行介绍。

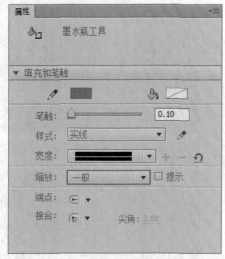

图2-97 墨水瓶"属性"面板

- 笔触颜色：单击笔触按钮后的色块即可设置墨水瓶工具笔触线条的颜色，如图2-98所示。

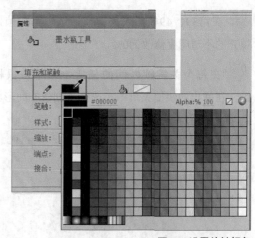

图2-98 设置笔触颜色

- 笔触：设置笔触的大小，数值越大线条越粗。
- 样式：笔触样式分为极细线、实线、虚线、点状线、锯齿线、点刻线、斑马线，选择不同的样式可以得到不同的线型效果，如图2-99所示。
- 缩放：将笔触锚记点保持为全像素可防止出现模糊线，如图2-100所示。
- 端点\接合：端点与接合选项含义与2.1.1节中所介绍的一致。

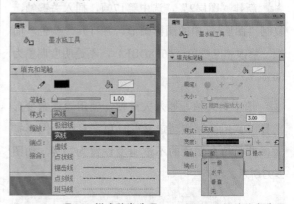

图2-99 样式种类选项　　图2-100 缩放种类选项

2.3.2 颜料桶工具

使用"颜料桶工具"填充是绘图编辑中最常用的填充手段，能对封闭区域或者色块进行填充。既可以填充纯色又可以填充渐变色。

在选中"颜料桶工具"后，工具栏下方会多出两个图标按钮，即"间隔大小"和"锁定填充"，如图2-101所示。

1. 间隔大小

"间隔大小"  指的是绘制图形时，没有闭合路径而产生的空隙的大小。当绘制的图形存在空隙时，使用颜料桶工具是无法对其填充的。有时因绘制的图形过大，不容易排查并修复空隙，那就只能借助"间隔大小"了。

单击"间隔大小"按钮，弹出的列表中包括了4个选项，如图2-102所示。下面对各选项进行介绍。

图2-101 功能按钮　　　　　图2-102 间隔大小

- 不封闭空隙：默认选项，不对绘制的路径进行任何调整。
- 封闭小空隙：选择该选项后，对较小的空隙进行封闭填充。
- 封闭中等空隙：选择该选项后，对中等空隙进行封闭填充。
- 封闭大空隙：选择该选项后，对较大空隙进行封闭填充。这里的大空隙也有一定的范围，过大的空隙也是封闭的。

2. 锁定填充

"锁定填充" 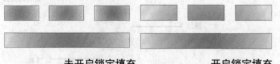 只能对渐变填充和位图填充起作用，对其大小、方向、中心进行锁定，图2-103所示为未开启与开启锁定填充的对比。

未开启锁定填充　　　　　开启锁定填充
图2-103 未开启与开启锁定填充效果对比

2.3.3 滴管工具

"滴管工具"可以吸取线条的笔触颜色、笔触

大小、笔触样式等属性，并在其他图形的笔触上完美再现，如图2-104所示。

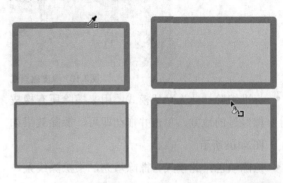

吸取线条　　　　　　　　填充线条
图2-104 滴管工具填充线条效果

同样，它也可以吸取填充的颜色、模式等属性，并在其他图形上完美再现，图2-105所示为吸取渐变色填充。

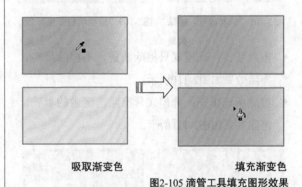

吸取渐变色　　　　　　　填充渐变色
图2-105 滴管工具填充图形效果

2.3.4 橡皮擦工具

"橡皮擦工具"是用来擦除绘制的图形和线条的。按E键或者在工具栏中选择橡皮擦工具，在工具栏中会多出3个图标按钮，如图2-106所示。

图2-106 橡皮擦功能按钮

1. 橡皮擦模式

橡皮擦模式总共有5种，如图2-107所示。每种的功能各不相同，下面对各模式进行讲解。

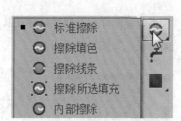

图2-107 橡皮擦模式

- 标准擦除：此为默认模式，用来擦除所有橡皮擦经过的地方，单击并拖动即可，擦除效果如图2-108所示。
- 擦除填色：此模式只擦除填充，不擦除线条，擦除效果如图2-109所示。

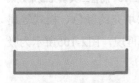 

图2-108 "标准擦除" 擦除效果　图2-109 "擦除填色" 擦除效果

- 擦除线条：此模式只擦除线条，不擦除填充，擦除效果如图2-110所示。
- 擦除所选填充：此模式只擦除选区内的填充，擦除效果如图2-111所示。

图2-110 "擦除线条" 擦除效果　图2-111 "擦除所选填充" 擦除效果

- 内部擦除：只有从填充区域内部擦除才有效，如果从外部向内部擦除，则不会擦除任何内容。这种擦除模式只能擦除填充内容，不擦除线条，擦除效果如图2-112所示。

图2-112 "内部擦除" 擦除效果

2. 水龙头

在橡皮擦功能选项里面选中"水龙头"后，可以将鼠标所选择的线条或者填充整个删掉，效果如图2-113所示。

单击前　　　　　　　　单击后

图2-113 选中"水龙头"后橡皮擦擦除线条效果

3. 橡皮擦形状

单击"橡皮擦形状"按钮即可打开修改橡皮擦大小、形状的下拉列表，"橡皮擦工具"提供了圆形和方形两种橡皮擦形状，如图2-114所示。

图2-114 橡皮擦形状

2.3.5 任意变形工具和渐变变形工具

1. 任意变形工具

在Flash CC中，使用任意变形工具可以使对象变形为自己所需的样式。选中"任意变形工具"时，工具栏下方将多出4个图标按钮，如图2-115所示。这些按钮主要用于对各种对象进行缩放、旋转、倾斜扭曲和封套等操作。

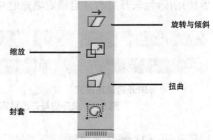

图2-115 任意变形工具功能按钮

下面对各选项进行介绍。

- 旋转与倾斜：对所选图形进行旋转或倾斜操作，如图2-116所示。

- 缩放：对所选图形进行缩放操作，如图2-117所示。

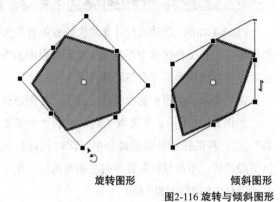

旋转图形　　　　倾斜图形

图2-116 旋转与倾斜图形

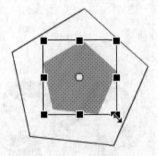

图2-117 缩放变形

- 扭曲：对所选图形进行扭曲变形，如图2-118所示。

- 封套：选择封套后，所选图形上将出现封套节点，用鼠标拖动节点可对图形进行变形操作，如图2-119所示。

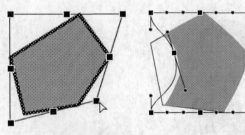

图2-118 扭曲图形　　　图2-119 封套变形

2. 渐变变形工具

渐变填充可给图形增添真实性，提高图形质量，使用"渐变变形工具" ▣ 可以调整渐变填充的大小、方向、中心点。

（1）线性渐变变形设置

按F键选择"渐变变形工具"，单击线性渐变填充图形，显示图2-120所示的变形框及控制手柄。

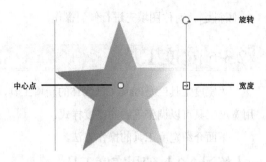

图2-120 线性渐变变形示例图

（2）径向渐变变形设置

按F键选择"渐变变形工具"，单击径向渐变填充图形，如图2-121所示。

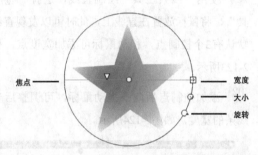

图2-121 径向渐变变形示例图

（3）位图填充变形设置

按F键选择"渐变变形工具"，单击位图填充图形，如图2-122所示。

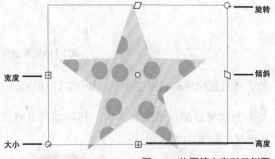

图2-122 位图填充变形示例图

下面对变形区域中的控制手柄进行介绍。

- 中心点○：用来移动渐变填充的中心位置。

- 焦点▽：调整径向渐变的焦点位置。

- 宽度⬚：用来调整渐变填充或位图填充的宽度范围，相当于拉伸渐变区域。

- 大小◯：用来改变渐变填充或位图填充的大小。

- 旋转↻：用来旋转渐变填充或位图填充。

- 倾斜 ▱：对位图填充进行倾斜操作。

2.3.6 宽度工具

"宽度工具"是Flash CC 2015的新增工具，使用宽度工具可以调整笔触的宽度样式。

下面介绍宽度工具的操作方法。

【练习2-2】使用宽度工具

文件路径：	无
视频路径：	视频\第2章\练习2-2使用宽度工具.mp4
难易程度：	★★

01 使用"线条工具"绘制直线，选择"宽度工具"，将鼠标放置在直线上，此时可以发现直线上默认有3个控制点，移动鼠标可添加宽度点，如图2-123所示。

02 添加控制点后向下拖动鼠标，可调整后半段线条的宽度，如图2-124所示。

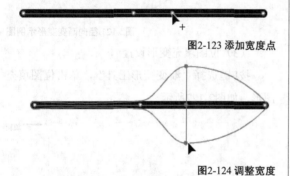

图2-123 添加宽度点

图2-124 调整宽度

03 释放鼠标后形状发生改变，如图2-125所示。

04 再次将鼠标放置在线条中，移动宽度点可改变形状，如图2-126所示。

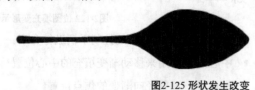

图2-125 形状发生改变

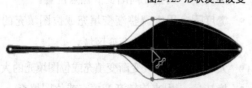

图2-126 移动宽度点

2.3.7 手形工具和缩放工具

Flash CC中，在动画尺寸非常大或者舞台放大的情况下，当工作区域中不能完全显示舞台中的内容时，可以使用手形工具移动舞台。

首先选取工具箱中的"缩放工具"，将图形放大，如图2-127所示。再选取工具箱中的"手形工具"🖐，将鼠标指针移至舞台中，此时鼠标指针呈手形形状，单击鼠标左键并向左拖曳鼠标，即可移动舞台，如图2-128所示。

图2-127 放大图形

图2-128 移动舞台

2.3.8 课堂案例——制作新春卡片

下面使用"任意变形工具"和"颜料桶工具"，通过制作新春卡片动画的实例来巩固所学知识。

文件路径：素材\第2章\2.3.8

视频路径：视频\第2章\2.3.8课堂案例——制作新春卡片.mp4

① 启动Flash CC，新建文档，设置帧频为18fps，舞台大小为800×600，舞台背景颜色为红色。

② 执行"文件"→"导入"→"导入到舞台"命令，将"新年背景.png"素材导入到舞台，如图2-129所示。

图2-129 导入"新年背景.png"素材

③ 新建"图层2"，使用"椭圆工具"在舞台中心绘制一个渐变圆形，填充颜色为白色到透明色的径向渐变，如图2-130所示。

图2-130 绘制渐变圆形

④ 单击舞台中的渐变圆形元件，在"属性"面板中设置"Alpha"值为50%，如图2-131所示。

⑤ 绘制一个渐变圆形，使两个圆形重叠。再绘制两个圆形，一大一小，并填充白色，将圆形转换

为元件，在"属性"面板中将"Alpha"值设置为6%，如图2-132所示。

图2-131 设置"Alpha"值为50%

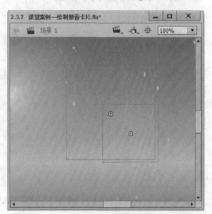

图2-132 设置"Alpha"值为6%

⑥ 选中第27帧，插入关键帧，在"库"面板中将"春字"元件拖入舞台中，如图2-133所示。

图2-133 拖入"春字"元件

07 在第63、64帧插入关键帧，选中第64帧，使用"任意变形工具"旋转并扩大"春字"元件，如图2-134所示。

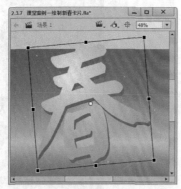

图2-134 调整"春字"元件

08 选取工具箱中的"选择工具"，单击该元件，在"属性"面板中设置"Alpha"值为83%，如图2-135所示。

图2-135 设置"Alpha"值为83%

09 在第65、68、69帧插入关键帧，使用"任意变形工具"旋转并扩大"春字"元件，然后在"属性"面板中设置"Alpha"值为0%，如图2-136所示。

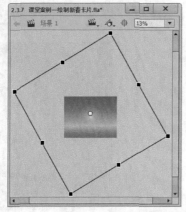

图2-136 调整"春字"元件

10 在第27~69帧每个关键帧之间创建传统补间，如图2-137所示。

图2-137 创建传统补间

11 选中第74帧，插入关键帧，使用"文本工具"在舞台右下角输入文本"恭贺新禧"，并将文本转换为元件，在第83、84帧插入关键帧。选中第74帧，在"属性"面板设置舞台中的文本元件的"Alpha"值为0%，选中第83帧，修改"Alpha"值为90%，在第74~83帧之间创建传统补间，如图2-138所示。

图2-138 创建传统补间

⑫ 新建"图层7"，选中第45帧，插入关键帧，在"库"面板中将"春字"元件拖入相同的位置，在第46、50、53、54帧插入关键帧，使用"任意变形工具"分别将每个关键帧中的"春字"元件逐渐扩大，如图2-139所示。其中第46、50、53、54帧中的元件"Alpha"值分别为78%、45%、11%、0%。

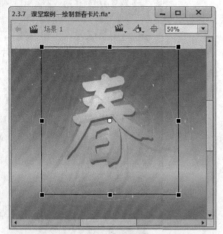

图2-139 逐渐扩大"春字"元件

⑬ 在每个关键帧之间创建传统补间，效果如图2-140所示。

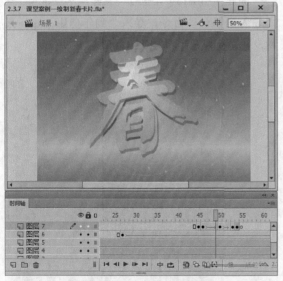

图2-140 创建传统补间

⑭ 在右下角输入相同的文本并制作相同的传统补间动画，修改文本颜色为黄色（#FFCC00），如图2-141所示。

图2-141 输入文本

⑮ 新建"图层8"，在第54~63帧中复制"图层7"中的所有帧内容，此时舞台中的效果如图2-142所示。使"春字"元件重复两次相同的动作。

图2-142 "春字"元件舞台效果

⑯ 新建"图层9"，选中第27帧，在"库"面板中将棕色的"恭贺新禧"元件拖入到"春字"元件下方，并将元件稍微放大，如图2-143所示。

图2-143 调整文字

(17) 在第63~69帧之间的每一帧插入关键帧，使用
"任意变形工具"向左旋转并逐渐扩大文本元件，
在"属性"面板中适当调整"Alpha"值，使其与
"春字"元件的传统补间动画同步，如图2-144所
示，在每个关键帧之间创建传统补间。

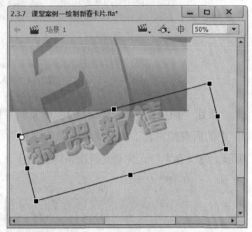

图2-144 调整文字

(18) 新建"图层11"，在"库"面板中将"新年
卡片素材1"元件拖入到舞台中，并在"属性"面
板中设置"Alpha"值为81%，如图2-145所示。

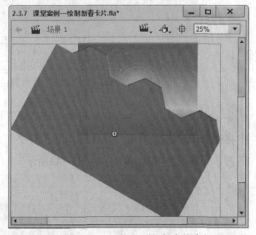

图2-145 拖入"新年卡片素材1"元件

(19) 在"库"面板中将"新年卡片素材2"元件拖
入到舞台中，如图2-146所示。

(20) 在第27、45帧插入关键帧，选中第45帧，移
动舞台中的卡片元件，使其分开，在每个关键帧
之间创建传统补间，此时舞台中的效果如图2-147
所示。

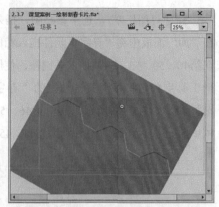

图2-146 拖入"新年卡片素材2"元件

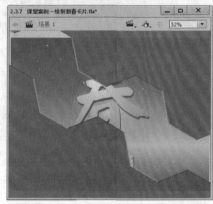

图2-147 补间动画效

(21) 新建"图层13"，执行"文件"→"导入"→
"导入到舞台"命令，导入"狗年剪影.png"素
材，并转换为元件，如图2-148所示。

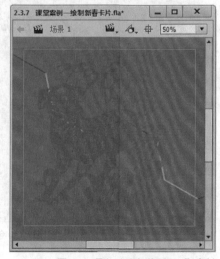

图2-148 导入"狗年剪影.png"素材

(22) 选中该元件，在"属性"面板中设置"高
级"选项参数，如图2-149所示。

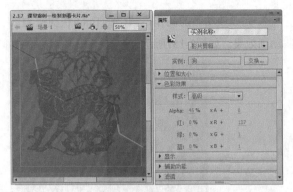

图2-149 设置"高级"选项参数

㉓　选中第45帧，设置舞台中的剪影元件的"Alpha"值为0%，在两个关键帧之间创建传统补间，如图2-150所示。

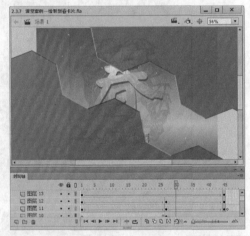

图2-150 创建传统补间

㉔　新建"图层14"，在舞台中心输入文本，并制作从大到小的传统补间动画，如图2-151所示。

图2-151 创建传统补间

㉕　输入文本"2018"，同样制作从大到小的传统补间动画，如图2-152所示。

图2-152 创建传统补间

㉖　选中"图层11"，在第63帧插入关键帧，在"库"面板中拖入"放鞭炮"影片剪辑元件，移动至舞台左上角，同样制作从大到小的传统补间动画，如图2-153所示，其中第63帧，舞台中的"放鞭炮"元件的"Alpha"值为0%。

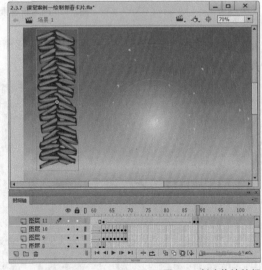

图2-153 创建传统补间

㉗　选中最顶层的图层，新建一个图层，在第69帧插入关键帧，在"库"面板中拖入"鞭炮烟气"元件，拖入到鞭炮位置，如图2-154所示。

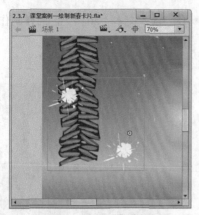

图2-154 拖入"鞭炮烟气"元件

㉘ 在舞台左下角拖入新春素材，如图2-155所示。

图2-155 拖入新春素材

㉙ 输入文本"新年好！"，并制作文字逐渐出现的传统补间动画，如图2-156所示。

图2-156 创建传统补间

㉚ 完成该动画的制作，按Ctrl+Enter快捷键测试动画效果，如图2-157所示。

图2-157 测试动画效果

2.4 图形的色彩

在Flash CC中，用户可以采用多种方法对图形颜色进行修改，其中最常用的就是在"颜色"面板中进行设置，可通过设置纯色、渐变色或位图等填充方式实现不同的效果。

2.4.1 "颜色"面板

"颜色"面板主要用来调整填充类型和颜色。执行"窗口"→"颜色"命令，即可打开"颜色"面板，如图2-158所示。"颜色"面板共有3种模式：纯色填充、渐变填充和位图填充，如图2-159所示。3种填充模式各不相同。

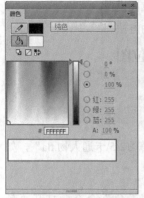 

图2-158 颜色面板   图2-159 填充模式

1. 纯色填充

纯色填充是"颜色"面板默认的填充方式，也称单色填充，即对目标区域填充一种颜色。打开"颜色"面板，在"颜色"面板中更改填充颜色的方法有多种，包括采用颜色拾取器，设置RGB值、十六进制、色相/饱和度/亮度、Alpha等，如图2-160所示。

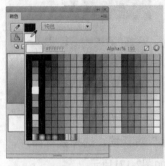 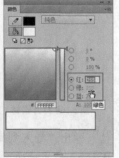

颜色拾取器   RGB值

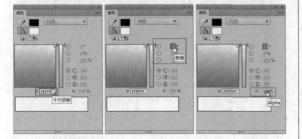

十六进制   色相\饱和度\亮度   透明度

图2-160 更改填充颜色

2. 渐变色填充

渐变填充与纯色填充相似，但渐变填充的效果

更为丰富、美观。渐变填充又可以分为线性渐变与径向渐变，如图2-161所示。

（1）线性渐变

线性渐变就是在填充颜色时，将颜色从一种颜色逐渐变化为另一种颜色，或由浅到深、由深到浅的变化。

下面介绍填充线性渐变的方法。

【练习2-3】填充线性渐变

文件路径：	无
视频路径：	视频\第2章\练习2-3填充线性渐变.mp4
难易程度：	★

01 在工具箱中选择"星形工具"，在画布中绘制星形，如图2-162所示。

图2-161 线性渐变种类   图2-162 绘制星形

02 执行"窗口"→"颜色"命令，打开"颜色"面板，在"类型"下拉菜单中选择"线性渐变"，如图2-163所示。

03 更改下方渐变条的颜色，如图2-164所示。

 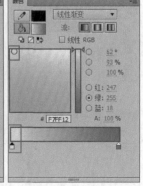

图2-163 选择"线性渐变"   图2-164 渐变颜色条

04 选择"颜料桶工具",单击星形,填充的最终效果如图2-165所示。

图2-165 填充星形效果

（2）径向渐变

径向渐变就是以一个点为中心,颜色向四周扩散,由深到浅,或者由浅到深。

下面介绍填充径向渐变的方法。

【练习2-4】填充径向渐变

文件路径: 无

视频路径: 视频\第2章\练习2-4填充径向渐变.mp4

难易程度: ★

01 选择椭圆工具,在画布中绘制一个圆形,如图2-166所示。

图2-166 绘制圆形

02 打开"颜色"面板,在"类型"下拉菜单中选择"径向渐变",如图2-167所示。

03 选择"颜料桶工具",单击圆形,填充效果如图2-168所示。

图2-167 选择"径向渐变"

图2-168 填充径向渐变

（3）位图填充

位图填充就是将导入的位图转换为填充样式,填充后目标区域将出现位图模型。

下面介绍填充位图的方法。

【练习2-5】填充位图

文件路径: 素材\第2章\练习2-5\卡通人物.fla

视频路径: 视频\第2章\练习2-5填充位图.mp4

难易程度: ★

01 打开"素材\第2章\练习2-5\卡通人物.fla",如图2-169所示。

02 执行"窗口"→"颜色"命令,打开"颜色"面板,在下拉菜单中选择"位图填充",如图2-170所示。

图2-169 打开素材　　　　图2-170 选择"位图填充"

03 弹出"导入到库"对话框,选择素材图片,单击"打开"按钮,如图2-171所示。

图2-171 选择图像

04 选择"颜料桶工具",单击目标区域进行填充,最终效果如图2-172所示。

图2-172 填充位图

2.4.2 "样本"面板

"样本"面板有很多关于色彩的设置，在"样本"面板上选择颜色后再使用"颜料桶工具"填充颜色会更加方便。执行"窗口"→"样本"命令，即可打开"样本"面板，如图2-173所示。单击"样本"面板右上角的▼≡按钮可弹出扩展菜单，如图2-174所示。

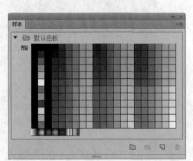

图2-173 "样本"面板

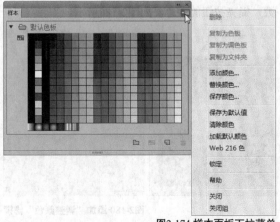

图2-174 样本面板下拉菜单

下面介绍扩展菜单中部分选项。

- 删除：删除选中的色彩。
- 复制为色板：对选中的颜色直接复制，并且复制的色彩将会显示在"样本"面板的下方。
- 添加颜色：选中此选项，将打开一个对话框，可导入外部Flash颜色设置、颜色表和Gif动画的色彩样本，如图2-175所示。

图2-175 导入颜色样式类型

- 替换颜色：与添加颜色一样，能导入外部样本，但导入的样本将替换原来的颜色样本。
- 保存颜色：把当前的颜色样本储存为Flash的默认文件（.clr）。
- 保存为默认值：将当前颜色样本储存为默认颜色样本。
- 清除颜色：清除当前颜色样本，只剩黑色与白色，如图2-176所示。
- 加载默认颜色：加载Flash默认的颜色样本。
- Web 216色：Flash自带的网络216色样本。

图2-176 清除颜色后的"样本"面板

2.4.3 课堂案例——绘制七色闪光按钮

下面使用"颜色"面板和元件滤镜，通过绘制一个七色闪光按钮实例来巩固所学知识。

文件路径：素材\第2章\2.4.3

视频路径：视频\第2章\2.4.3课堂案例——绘制七色闪光按钮.mp4

01 启动Flash CC，新建文档，设置舞台背景颜色为黑色。使用"矩形工具"在舞台上部绘制一个590×300的矩形，执行"窗口"→"颜色"命令，打开"颜色"面板，设置填充颜色为从灰色到黑色的径向渐变，如图2-177所示。

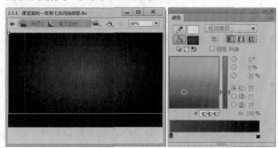

图2-177 绘制渐变矩形

02 新建"图层2"，使用"矩形工具"在舞台中绘制一个按钮形状的图形，如图2-178所示。

03 单击该按钮图形，按F8键，将图形转换为按钮元件，双击该元件，进入元件编辑模式。

04 插入按钮关键帧，选中"按下"和"点击"关键帧，修改舞台中按钮图形中心的填充颜色（#840000），阴影部分颜色为（#5B0000），如图2-179所示。

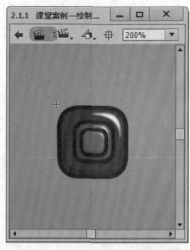

图2-178 绘制按钮图形

图2-179 插入按钮关键帧

05 返回"场景1"，在"属性"面板中的"滤镜"选项区中，添加"调整颜色"滤镜，设置参数，提亮按钮的颜色，如图2-180所示。

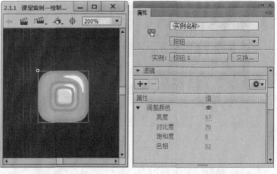

图2-180 添加"调整颜色"滤镜

06 新建图层，在"库"面板中将制作好的"按钮1"元件，拖入到舞台，移动至黄色按钮右边，并修改"调整颜色"参数，如图2-181所示。

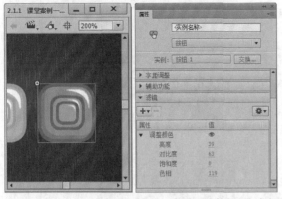

图2-181 修改"调整颜色"参数

07 使用同样的方法在黄色按钮的左边制作一个的亮度为20的红色按钮，如图2-182所示。

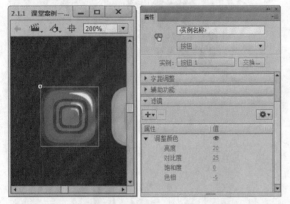

图2-182 修改"调整颜色"参数

08 制作一个蓝色按钮和一个灰色按钮，如图2-183和图2-184所示。

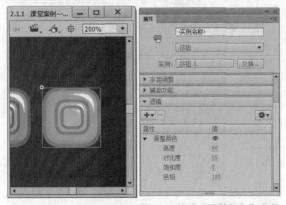

图2-183 修改"调整颜色"参数

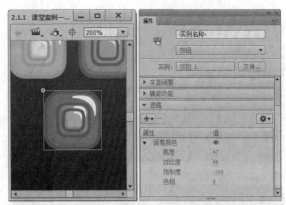

图2-184 修改"调整颜色"参数

09 制作一个黑色按钮和一个白色按钮，如图2-185所示。

图2-185 制作黑白按钮

10 完成该动画的制作，按Ctrl+Enter快捷键测试动画效果，如图2-186所示。

图2-186 测试动画效果

图2-186 测试动画效果（续）

2.5 本章总结

本章主要介绍了基本绘图工具、编辑工具、填充工具以及图形对象变形的方法，为之后更好地学习Flash CC的应用打下基础。

2.6 课后习题——制作网页片头动画

本案例主要使用了钢笔工具和椭圆工具，采用传统补间的方法，结合遮罩层、引导层及脚本代码，来制作网页片头动画，如图2-187所示。

文件路径：素材\第2章\课后习题

视频路径：视频\第2章\2.6课后习题——制作网页片头动画.mp4

图2-187 课后习题——制作网页片头动画

第 **3** 章

对象的编辑与修饰

内容摘要

Flash CC是基于矢量的网络动画编辑软件，具有强大的矢量图形编辑与修饰功能。用户通过使用不同的绘图工具，配合多种编辑命令或编辑工具，可以制作出精美的矢量图形。本章主要介绍变形图形对象、修饰图形对象的操作方法。

3.1 对象的变形

制作动画时，常常需要对绘制的对象或导入的图形进行变形操作。在Flash CC中，用户可以通过任意变形工具对图形对象进行自由变换、扭曲、缩放、封套等操作。

3.1.1 扭曲对象

在Flash CC中，用户不但可以进行简单的变形操作，还可以使图形发生本质的改变，即对对象进行扭曲变形操作。

下面介绍扭曲变形对象的操作方法。

【练习 3-1】扭曲变形对象

文件路径：	素材\第3章\练习3-1\长颈鹿.fla
视频路径：	视频\第3章\练习3-1扭曲变形对象.mp4
难易程度：	★★

01 打开"素材\第3章\练习3-1\长颈鹿.fla"素材文件，如图3-1所示。

图3-1 打开素材文件

02 选择图形对象，执行"修改"→"变形"→"扭曲"命令，在图像的周围出现变形框，拖动变形框的角点可以对图形进行变形，如图3-2所示。

03 按住Shift键拖动角点可以将扭曲限制为锥化，即该角和相邻的角沿相反方向移动相同距离，如图3-3所示。

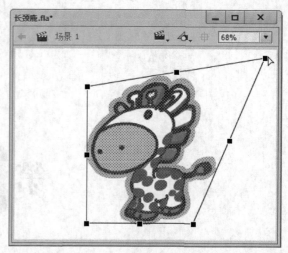

图3-2 变形图形

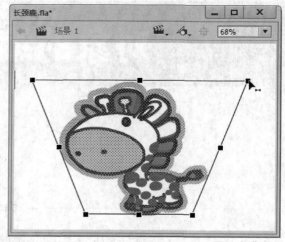

图3-3 扭曲变形

04 相邻角是指拖动方向所在轴上的角。拖动变形框的中点，可以任意移动整个边，如图3-4所示。

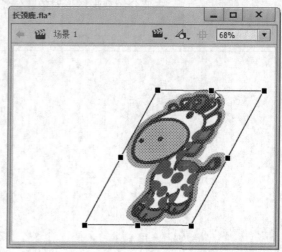

图3-4 扭曲变形

3.1.2 封套对象

在Flash CC中，封套图形对象可以对图形对象进行细微的调整，以弥补扭曲变形无法改变的某些细节部分。封套是一个边框，其中包含一个或多个对象，更改封套的形状会影响该封套内对象的形状。可以通过调整封套的点和切线手柄来编辑封套形状。

下面介绍封套对象的操作方法。

【练习3-2】封套对象

文件路径：素材\第3章\练习3-2\窗帘.fla

视频路径：视频\第3章\练习3-2封套对象.mp4

难易程度：★★

① 打开"素材\第3章\练习3-2\窗帘.fla"素材文件。

② 在舞台中选择图形对象，执行"修改"→"变形"→"封套"命令，将会在图形对象的周围出现边框，如图3-5所示。

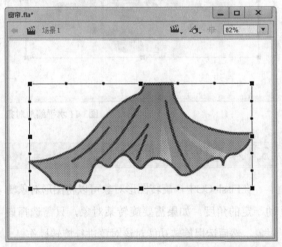

图3-5 封套图形对象

③ 变换框上存在两种变形手柄，即方形和圆形。单击并拖动方形手柄，可以直接对变换框进行变形处理，如图3-6所示，而圆形手柄则为切线手柄，如图3-7所示。

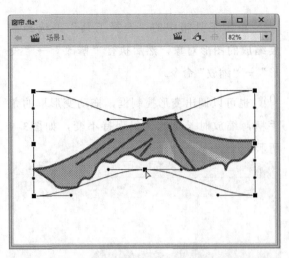

图3-6 调整方形手柄

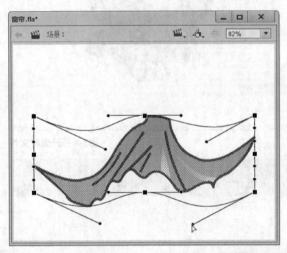

图3-7 调整圆形手柄

3.1.3 缩放对象

在Flash CC中，当图形对象的大小不适合整体画面效果时，可以通过缩放图形对象来改变图形的大小。

下面介绍缩放对象的操作方法。

【练习3-3】缩放对象

文件路径：素材\第3章\练习3-3\小熊.fla

视频路径：视频\第3章\练习3-3缩放对象.mp4

难易程度：★

① 打开"素材\第3章\练习3-3\小熊.fla"素材文件，如图3-8所示。

02 单击工具箱中的"选择工具",选择需要缩放的图形对象,然后执行"修改"→"变形"→"缩放"命令。

03 也可以调出变形控制框,拖动变形框的角手柄,缩放时长宽比例仍保持不变,如图3-9所示。

图3-8 打开素材文件

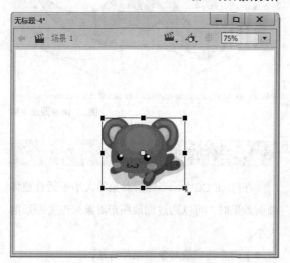

图3-9 等比例缩放对象

04 按住Shift键拖动可以进行不一致缩放,如图3-10所示。

05 拖动中心手柄可以沿水平或垂直方向缩放对象,如图3-11所示。

图3-10 自由缩放对象

图3-11 水平缩放对象

3.1.4 旋转与倾斜对象

在Flash CC中,旋转图形对象可以将图形对象转动一定的角度。如果需要旋转某对象,只需选择该对象,然后运用旋转功能对该对象进行旋转操作。

旋转对象的方法很简单,下面介绍旋转与倾斜对象的操作方法。

【练习 3-4】 旋转与倾斜对象

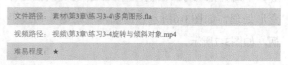

文件路径: 素材\第3章\练习3-4\多角图形.fla

视频路径: 视频\第3章\练习3-4旋转与倾斜对象.mp4

难易程度: ★

01 打开"素材\第3章\练习3-4\多角图形.fla"素材文件。

02 选取工具箱中的"任意变形工具",选择需要旋转的图形对象。

03 在下方单击"旋转与倾斜"按钮,也可以执行"修改"→"变形"→"旋转与倾斜"命令。

04 拖动角手柄旋转对象,如图3-12所示。拖动中心手柄倾斜对象,如图3-13所示。

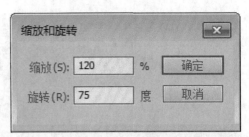

图3-14 "缩放和旋转"对话框

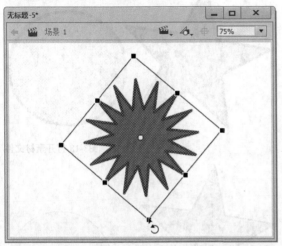

图3-12 旋转对象

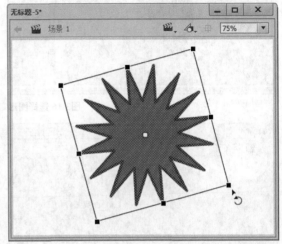

图3-15 旋转图形

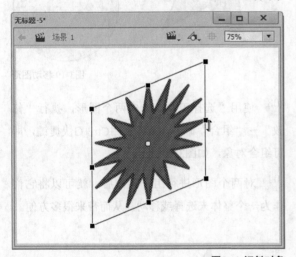

图3-13 倾斜对象

05 选择图形对象,执行"修改"→"变形"→"缩放和旋转"命令,弹出"缩放和旋转"对话框,如图3-14所示。

06 通过该对话框,可以精确控制对象的缩放比例和旋转角度,如图3-15所示。

3.1.5 翻转对象

在Flash CC中,可以使图形在水平或垂直方向上进行翻转,而不改变图形对象在舞台上的相应位置。

下面介绍翻转图形对象的操作方法。

【练习3-5】翻转图形对象

文件路径: 素材\第3章\练习3-5\儿童乐园.fla

视频路径: 视频\第3章\练习3-5翻转图形对象.mp4

难易程度: ★

01 打开"素材\第3章\练习3-5\儿童乐园.fla"素材文件。

02 选取工具箱中的"任意变形工具",选择需要旋转的图形,如图3-16所示。

03 执行"修改"→"变形"→"水平翻转"命令,即可翻转图形,如图3-17所示。

图3-16 选择图形

图3-17 翻转图形

3.1.6 组合对象

组合就是使多个图形组合在一起成为一个整体。并且可以一起进行移动、旋转、变形、缩放等操作。

下面介绍组合图形对象的操作方法。

【练习3-6】组合图形对象

文件路径：素材\第3章\练习3-6组合图形对象.fla

视频路径：视频\第3章\练习3-6组合图形对象.mp4

难易程度：★

01 打开"素材\第3章\练习3-6\组合图形对象.fla"，如图3-18所示，其中已经绘制好了一个星

形和圆形图案。

02 此时两个图形为单个分散的，单击星形图形，即可将星形移动，而旁边的圆形图案不会移动，如图3-19所示。可见两个图形不是一个整体，在移动其中一个对象时另一个无法一起移动。

图3-18 打开素材文件

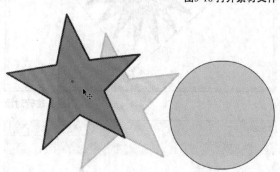

图3-19 移动图形

03 使用"选择工具"选中两个图形，执行"修改"→"组合"命令，或者使用Ctrl+G快捷键，即可组合对象，如图3-20所示。

04 对两个图形进行组合操作后，就可以将它们作为一个整体来选择或移动，从而带来很多方便。

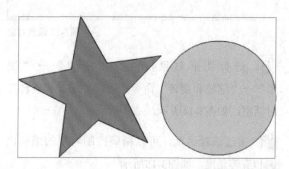

图3-20 组合图形

技巧与提示

若要取消对象的组合，可执行"修改"→"取消组合"命令，或按Ctrl+Shift+G快捷键。

3.1.7 分离对象

分离又叫打散，是指将组合、文本、位图、元件等对象分离为单独的可编辑元素，而减小对象大小。

下面介绍分离图形对象的操作方法。

【练习3-7】分离图形对象

文件路径：素材\第3章\练习3-7小鸟.fla

视频路径：视频\第3章\练习3-7分离图形对象.mp4

难易程度：★

① 打开"素材\第3章\练习3-7\小鸟.fla"素材文件，如图3-21所示。

② 鼠标单击元件，选中要分离的对象，如图3-22所示。这时素材文件为一个整体，无法对单个的图形进行编辑或移动，需要将组分离为单独的可编辑元素。

图3-21 打开素材文件

图3-22 分离前的图形

③ 执行"修改"→"分离"命令，或按Ctrl+B快捷键，即可将对象分离为单独的可编辑元素，如图3-23所示。

④ 此时，鼠标单击其中一个分离的元件，即可将元件单独移动，如图3-24所示。

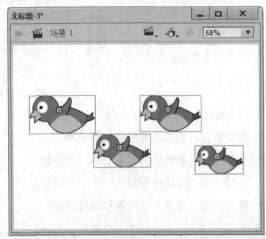

图3-23 分离图形

图3-24 单独移动图形

3.1.8 叠放对象

在同一个图层内，Flash会根据创建图形组合或元件的先后顺序来叠加对象。当多个组合放在一起的时候，可以通过"排列"子菜单中的命令调整组合的前后顺序。

选中需要更换顺序的对象，执行"修改"→"排列"命令，在弹出的子菜单中选择排列方式，如图3-25所示。

修改(M)	文本(T)	命令(C)	控制(O)	课

文档(D)... Ctrl+J
转换为元件(C)... F8
转换为位图(B)
分离(K) Ctrl+B
位图(W) ▶
元件(S) ▶
形状(P) ▶
合并对象(O) ▶
时间轴(N) ▶
变形(T) ▶
排列(A) ▶ 移至顶层(F) Ctrl+Shift+向上箭头
对齐(N) ▶ 上移一层(R) Ctrl+向上箭头
组合(G) Ctrl+G 下移一层(E) Ctrl+向下箭头
取消组合(U) Ctrl+Shift+G 移至底层(B) Ctrl+Shift+向下箭头
锁定(L) Ctrl+Alt+L
解除全部锁定(U) Ctrl+Alt+Shift+L

图3-25 排列

下面对各项命令进行介绍。

- 移至顶层：将选中的对象移到最顶层。
- 上移一层：将选中的对象上移一个位置。
- 下移一层：将选中的对象下移一个位置。
- 移至底层：将选中的对象移到最低层。

3.1.9 课堂案例——制作海上灯塔照射动画

下面使用图形绘制工具，结合传统补间和遮罩层的方式，通过制作海上灯塔照射动画实例来巩固所学知识。

文件路径：素材\第3章\3.1.9

视频路径：视频\第3章\3.1.9课堂案例——制作海上灯塔照射动画.mp4

01 启动Flash CC，执行"文件"→"新建"命令，新建一个文档（590×300），如图3-26所示。

02 执行"文件"→"导入"→"导入到舞台"命令，将素材"海上背景.png"导入到舞台，如图3-27所示。

图3-26 "新建文档"对话框

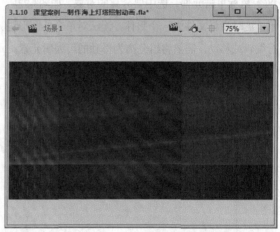

图3-27 导入素材"海上背景"

03 执行"插入"→"新建元件"命令，新建一个名为"灯塔照射"的元件，类型为"影片剪辑"。

04 使用"钢笔工具"在舞台中绘制一个三角形，执行"修改"→"变形"→"旋转与倾斜"命令，变形图形，并旋转对象，如图3-28所示。执行"窗口"→"颜色"命令，打开"颜色"面板，设置渐变颜色，由透明色到白色（255，255，255）再到透明色的线性渐变，如图3-29所示。

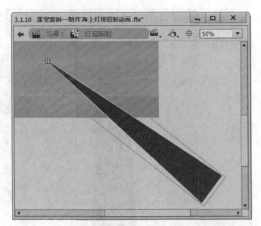

图3-28 绘制三角形

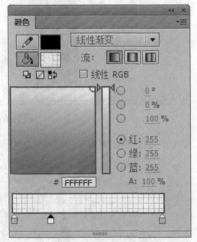

图3-29 "颜色"面板

05 使用"油漆桶工具"在三角形上单击，填充线性渐变，并使用"渐变变形工具"调整渐变位置，如图3-30所示。将图形转换为元件，并旋转扭曲图形制作光线转动的动画，如图3-31所示。

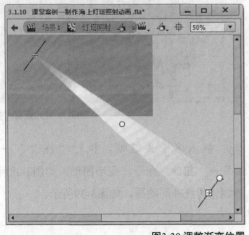

图3-30 调整渐变位置

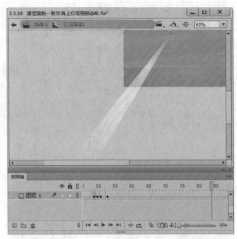

图3-31 制作光线转动动画

06 新建"图层2"，选中第29、51帧，按F6键，插入关键帧。选中第51帧，使用"椭圆工具"在舞台中绘制一个椭圆，如图3-32所示。

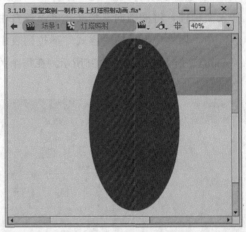

图3-32 绘制椭圆

07 打开"颜色"面板，设置由透明色为52%的白色到透明色的径向渐变，如图3-33所示。给椭圆填充渐变色，使用"渐变变形工具"调整渐变位置，如图3-34所示。

图3-33 "颜色"面板

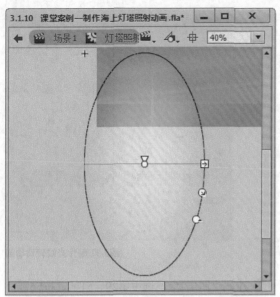

图3-34 调整渐变位置

⑧ 将椭圆转换为元件，选中第72帧，按F6键，插入关键帧，将椭圆向左移动并单击舞台中的椭圆，在"属性"面板的"样式"下拉列表中设置"Alpha"值为0%，如图3-35所示。在每个关键帧之间创建传统补间。

图3-35 椭圆元件"Alpha"值为0%

⑨ 新建"图层3"，执行"文件"→"导入"→"导入到舞台"命令，将素材"灯塔.png"导入到舞台并转换为元件，如图3-36所示。

⑩ 新建"图层4"，在"库"面板中将"护栏"元件拖入到舞台中，移动到合适的位置，如图3-37所示。

图3-36 导入素材"灯塔"

图3-37 导入素材"护栏"

⑪ 插入多个关键帧，执行"修改"→"变形"→"扭曲"命令，变形图形，如图3-38所示，并制作传统补间动画，如图3-39所示。

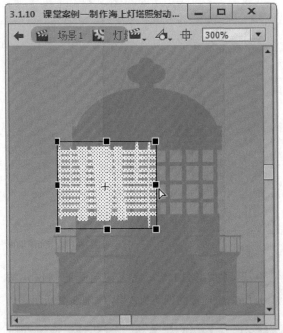

图3-38 变形图形

图3-39 传统补间动画

帧，使用同样的方法在舞台中绘制一个三角形，并填充白色到透明色的线性渐变，接着"图层1"的光线继续制作光线照射动画，如图3-41所示。

图3-40 制作遮罩

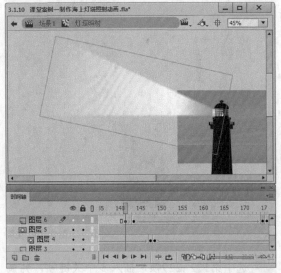

图3-41 制作光线照射动画

⑫ 新建"图层5"，单击鼠标右键，选择"遮罩层"选项，使用"矩形工具"在灯塔上绘制矩形，制作护栏的遮罩层，如图3-40所示。

⑬ 新建"图层6"，选中第142帧插入关键

⑭ 新建"图层7"，选中第172帧插入关键帧，使用"椭圆工具"在灯塔顶部绘制一个圆，打开"颜色"面板，适当设置不同透明度的径向渐变，如图3-42所示。

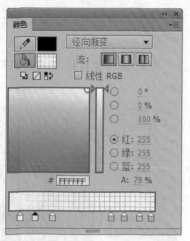

图3-42 设置径向渐变

图3-44 制作光晕动画

⑮ 给圆填充径向渐变，并在圆两侧绘制纯色的小圆，适当设置不透明度，制作光晕效果，将光晕转换为元件，如图3-43所示。

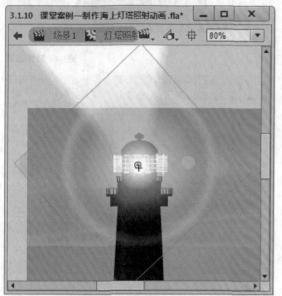

图3-43 制作光晕效果

⑯ 选中第172~229帧，插入多个关键帧，并调整光晕的不透明度和大小，在每个关键帧之间创建传统补间，制作灵活的光晕动画，如图3-44所示。

⑰ 返回"场景1"，完成该动画的制作，按Ctrl+Enter快捷键测试动画效果，如图3-45所示。

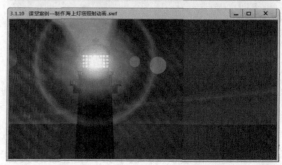

图3-45 测试动画效果

3.2 对象的修饰

在Flash中可以对已绘制的图形进行修改、调整等二次加工。除了可以对形状进行整体修改外，还可以调整形状的细节，也可以对图形进行优化处理等操作，使图形效果更加完善。

3.2.1 优化曲线

优化功能通过改进曲线和填充轮廓，减少用于定义这些元素的曲线数量来平滑曲线。优化曲线还会减小Flash文档（FLA文件）和导出的应用程序（SWF文件）的大小。Flash允许对相同元素进行多次优化。

选择文件中的树枝与树叶作为优化曲线的图形对象，如图3-46所示，执行"修改"→"形状"→"优化"命令，弹出"优化曲线"对话框，如图3-47所示。

图3-46 选择图形

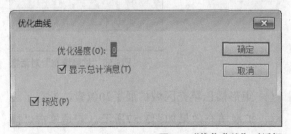

图3-47 "优化曲线"对话框

对话框中主要选项含义如下。

- 优化强度：用来设置对曲线优化的强度，可以输入0~100的数值，优化结果取决于所选的曲线。一般来说，优化会减少线段数量，会与原始轮廓稍有不同，图3-48所示为优化强度为100的效果。
- 显示总计消息：勾选该复选框，对曲线进行优化后，系统会弹出提示框，显示优化前后选定内容中的线段数，如图3-49所示。

图3-48 优化强度为100

图3-49 提示框

3.2.2 将线条转换为填充

有时基于绘制图形的需要，在一些特殊情况下，需要将笔触转换成填充，使其拥有填充属性以对其进行编辑。

下面介绍将线条转换为填充的操作方法。

【练习3-8】将线条转换为填充

文件路径：	素材\第3章\练习3-8\卡通猫.fla
视频路径：	视频\第3章\练习3-8将线条转换为填充.mp4
难易程度：	★★

01 打开"素材\第3章\练习3-8\卡通猫.fla"素材文件，选择需要将线条转换为填充的图形对象，如图3-50所示。

02 在"属性"面板中可以看到"填充颜色"无法编辑，如图3-51所示。为了方便填充图形，需要将笔触转换成填充。

图3-50 选择线条　　图3-51 "属性"面板

03 执行"修改"→"形状"→"将线条转换为填充"命令，选定的线条将转换为填充形状，如图3-52所示。

04 在"属性"面板中可观察其属性，即可修改填充颜色，如图3-53所示。

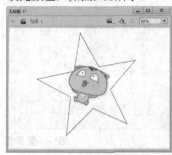

图3-52 将线条转换为填充　　图3-53 "属性"面板

3.2.3 扩展填充

扩展填充即对图形边缘进行扩展或缩小。下面介绍扩展填充的操作方法。

【练习3-9】扩展填充

文件路径：　素材\第3章\练习3-9\扩展填充.fla
视频路径：　视频\第3章\练习3-9扩展填充.mp4
难易程度：　★★

01 打开"素材\第3章\练习3-9\扩展填充.fla"素材

文件，如图3-54所示。

图3-54 打开素材文件

02 可以发现矩形有边框，此时需要扩展橘色的填充范围。选中矩形（不要选中线条），执行"修改"→"形状"→"扩展填充"命令，如图3-55所示。

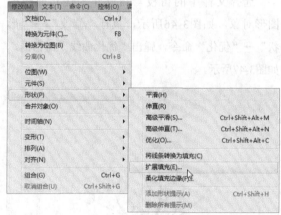

图3-55 扩展填充

03 打开"扩展填充"对话框，设置扩展填充距离，如图3-56所示。

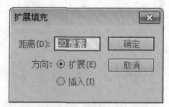

图3-56 "扩展填充"对话框

04 矩形橘色填充区域扩展了20像素，没有了边框，扩展填充效果如图3-57所示。若是单击"插入"按钮，最终效果如图3-58所示。

图3-57 扩展效果　　　　　图3-58 插入效果

3.2.4 柔化填充边缘

柔化填充边缘能对边缘进行柔化，使其更加美观。下面介绍柔化填充边缘的操作方法。

【练习3-10】柔化填充边缘

文件路径：素材\第3章\练习3-10.fla

视频路径：视频\第3章\练习3-10柔化填充边缘.mp4

难易程度：★★

01 打开"素材\第3章\练习3-10\矩形.fla"素材文件，如图3-59所示。

图3-59 打开素材文件

02 选中左侧的矩形，执行"修改"→"形状"→"柔化填充边缘"命令，打开"柔化填充边缘"对话框，在其中选择"扩展"选项，其他参数保持默认，如图3-60所示。

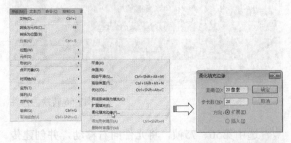

图3-60 "柔化填充边缘"对话框

03 此时左侧的矩形图形外侧边缘已经呈柔化状态，如图3-61所示的"柔化扩展"。

04 选中右侧的矩形，按上述步骤打开"柔化填充边缘"对话框，方向改为"插入"，其外侧边缘将向内进行柔化，对比效果如图3-61所示。

柔化扩展　　　　　　　　柔化插入

图3-61 柔化扩展与柔化插入对比图

3.2.5 课堂案例——制作橙汁封装生产线动画

下面使用"铅笔工具"，通过制作橙汁封装生产线动画的实例来巩固所学知识。

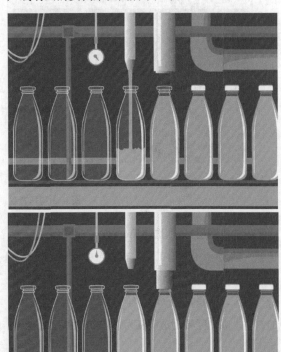

文件路径：素材\第3章\3.2.5

视频路径：视频\第3章\3.2.5课堂案例——制作橙汁封装生产线动画.mp4

01 启动Flash CC，执行"文件"→"新建"命令，新建一个文档（550×400），如图3-62所示。

02 使用绘图工具在舞台中绘制图形，制作生产背景，如图3-63所示。

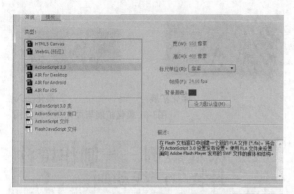

图3-62 "新建文档"对话框

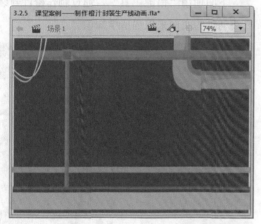

图3-63 制作背景

03 新建"图层2",选中第48帧,按F6键,插入关键帧,使用 ✐（铅笔工具）在舞台中绘制一个空瓶子,选中所有线段,执行"修改"→"形状"→"平滑"命令,使线段更平滑,绘制并填充透明度为10%的白色,高光区域为透明度为76%的白色,如图3-64所示。

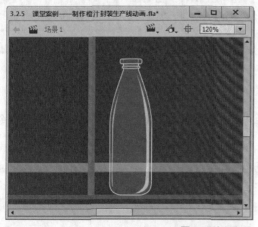

图3-64 绘制瓶子

04 绘制另一个瓶子,在瓶中填充橘色（#F49C20）,如图3-65所示。

05 选中舞台中的两个瓶子,按F8键,将两个瓶子转换为元件,如图3-66所示。

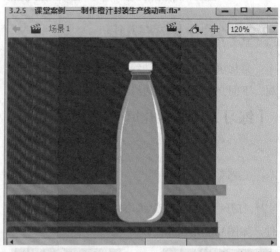

图3-65 填充颜色

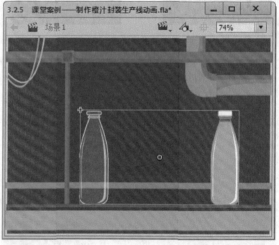

图3-66 转换为元件

06 选中第56、75帧,将元件向右移动,并创建传统补间,如图3-67所示。

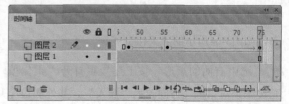

图3-67 创建传统补间

07 新建"图层3",复制"图层2"中的瓶子,并填充橘色,同样将瓶子选中,转换为元件,如图3-68所示。制作向右移动的补间动画,如图3-69所示。

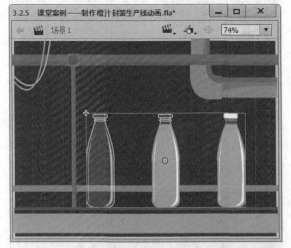

图3-68 转换为元件

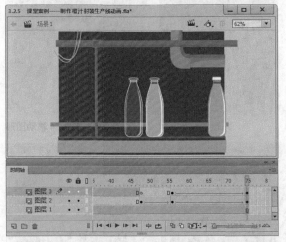

图3-69 创建传统补间

08 新建两个图层,复制一个空瓶子到舞台,插入多个关键帧,使用"铅笔工具"绘制橘色图形,执行"修改"→"形状"→"将线条转化为填充"命令,将图形的线框转换为填充,并填充相同的橘色,如图3-70所示。

09 选中第7、9帧,按F6键,插入关键帧,使用相同的方法,绘制橘色图形,如图3-71所示。

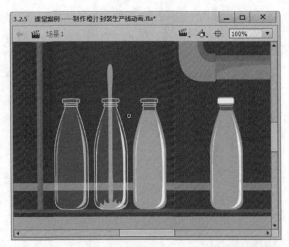

图3-70 绘制图形

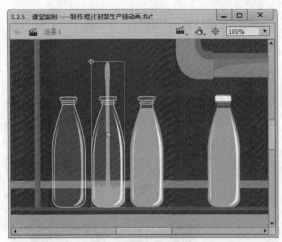

图3-71 绘制图形

10 插入关键帧,并绘制图形,制作橙汁倒入瓶中的动画,效果如图3-72和图3-73所示。

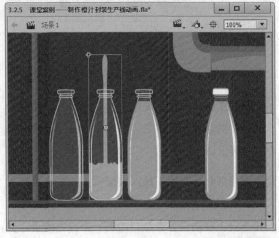

图3-72 绘制图形

079

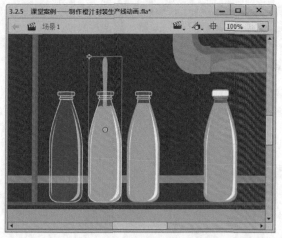

图3-73 绘制图形

⑪ 制作完橙汁倒入动画后，全选瓶子并转换为元件，同样制作向右移动的补间动画。

⑫ 新建一个图层，复制多个瓶子至舞台，移动到适当的位置，选中所有瓶子元件，执行"修改"→"组合"命令，组合所有的瓶子，如图3-74所示。制作向右移动的补间动画。

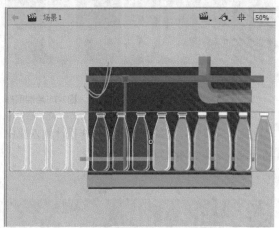

图3-74 组合图形

⑬ 新建图层，使用"矩形工具"在舞台中绘制一个矩形，并填充渐变颜色，将图形转换为元件，如图3-75所示。

⑭ 选中第41、48帧，插入关键帧，并将矩形向下移动，如图3-76所示。选中第55帧，插入关键帧，将矩形向上移动，并在瓶口绘制一个白色盖子，如图3-77所示，在所有关键帧之间创建传统补间。

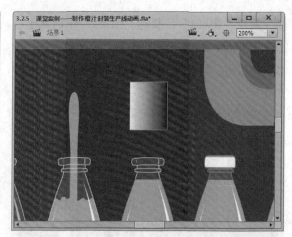

图3-75 绘制矩形

图3-76 移动图形

图3-77 绘制白色图形

⑮ 新建"图层10"，在舞台中绘制图形，制作管道，转换为元件，如图3-78所示。

⑯ 新建"图层11"，在舞台中绘制一个表盘，新

建图层"12",在舞台中绘制指针,并制作指针旋转的补间动画,如图3-79所示。

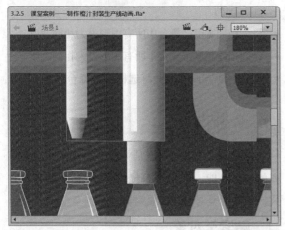

图3-78 绘制图形

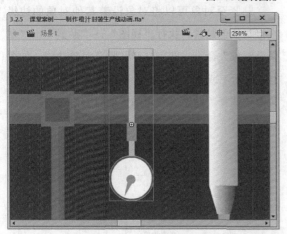

图3-79 制作补间动画

⑰ 完成该动画的制作,按Ctrl+Enter快捷键测试动画效果,如图3-80所示。

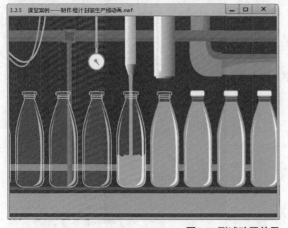

图3-80 测试动画效果

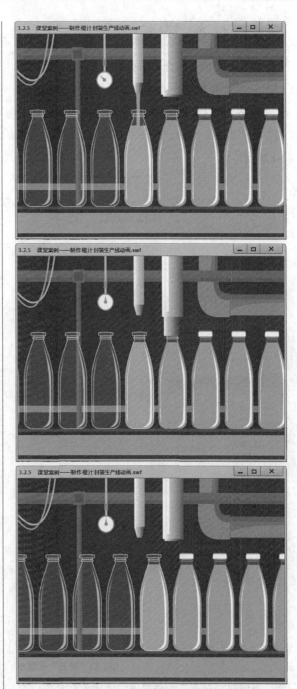

图3-80 测试动画效果(续)

3.3 "对齐"面板

在使用Flash CC创作的过程中,人为的对齐是不可能的,必须借助一些工具和命令来使作品更为整齐、美观。下面将介绍一些对齐的方法。

3.3.1 对齐

"对齐"面板综合了所有对齐命令,执行"窗口"→"对齐"命令(Ctrl+K快捷键),即可打开"对齐"面板,如图3-81所示。或者执行"修改"→"对齐"命令,打开"对齐"子菜单,如图3-82所示。

图3-81 "对齐"面板

图3-82 "对齐"子菜单

下面对"对齐"子菜单中的选项进行介绍。

- 左对齐:舞台中所有图形按左对齐排列。
- 水平居中:舞台中所有图形按水平居中排列。
- 右对齐:舞台中所有图形按右对齐排列。
- 顶对齐:舞台中所有图形按顶对齐排列。
- 垂直居中:舞台中所有图形按垂直居中排列。
- 底对齐:舞台中所有图形按底对齐排列。
- 按宽度均匀分布:舞台中所有图形按平均间隔

宽度排列。

- 按高度均匀分布:舞台中所有图形按平均间隔高度排列。
- 设为相同宽度:舞台中所有图形设为相同宽度。
- 设为相同高度:舞台中所有图形设为相同高度。
- 与舞台对齐:勾选此复选框将与舞台匹配。

3.3.2 贴紧

Flash CC的贴紧功能是将各个元素彼此自动对齐的一个功能。Flash舞台提供了3种贴紧对齐的方式,即贴紧至对象、贴紧对齐、贴紧至像素。

1. 贴紧至对象

贴紧至对象可以将对象沿着其他对象的边缘直接与他们贴紧。执行"视图"→"贴紧"→"贴紧至对象"命令,即可打开贴紧至对象功能,如图3-83所示。或者在文档中,单击鼠标右键,在快捷菜单中选择"贴紧"→"贴紧至对象"命令,如图3-84所示。

图3-83 执行菜单命令

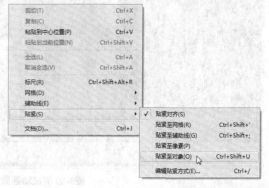

图3-84 鼠标右键菜单

打开贴紧至对象功能后，当拖动图形对象时，鼠标指针下面会出现一个黑色的小圈，如图3-85所示。当对象处于另外一个对象的紧贴距离内时，小圈会变大，表示贴紧至该对象的某一处，如图3-86所示。

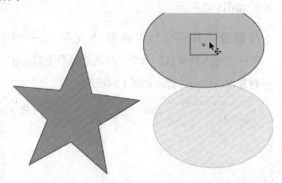

图3-85 拖动图形

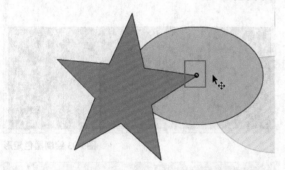

图3-86 靠近图形

2. 贴紧对齐

执行"视图"→"贴紧"→"贴紧对齐"命令，打开贴紧对齐功能，如图3-87所示。当拖动一个图形对象至另外一个对象的边缘时，会显示对齐线，如图3-88所示。

图3-87 贴紧对齐

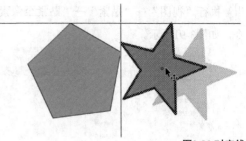

图3-88 对齐线

3. 贴紧至像素

贴紧至像素一般与贴紧至网格共用，下面介绍贴紧至像素的操作方法。

【练习3-11】贴紧至像素

文件路径：素材\第3章\练习3-11贴紧至像素.fla

视频路径：视频\第3章\练习3-11贴紧至像素.mp4

难易程度：★★

① 启动Flash CC，执行"视图"→"网格"→"显示网格"命令，显示网格，如所图3-89示。

图3-89 显示网格

② 执行"视图"→"网格"→"编辑网格"命令，弹出对话框，如图3-90所示，设置像素为1像素×1像素。

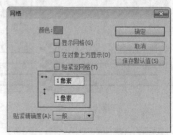

图3-90 设置参数

⓷ 执行"视图"→"贴紧"→"贴紧至像素"命令，如图3-91所示。

图3-91 贴紧至像素

⓸ 选择"矩形工具"，在画布中绘制矩形时，会发现矩形边缘自动贴紧至网格线，如图3-92所示。贴紧至像素功能就是在舞台上将对象直接与单独的像素或像素的线条贴紧。

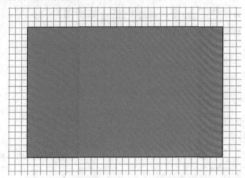

图3-92 绘制矩形

3.3.3 课堂案例——制作赛马游戏

下面使用"对齐"命令和按钮元件，通过制作赛马游戏的实例来巩固所学知识。

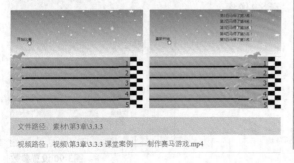

文件路径：素材\第3章\3.3.3

视频路径：视频\第3章\3.3.3 课堂案例——制作赛马游戏.mp4

⓵ 启动Flash CC，新建文档，舞台大小为550×400。

⓶ 使用"矩形工具"，填充颜色设置为黑色（#000000），在舞台底部绘制一个553×210的黑色矩形，如图3-93所示。

⓷ 新建"图层2"，执行"文件"→"导入"→"导入到舞台"命令，导入"绿色矩形.png"素材到舞台中心位置，如图3-94所示。

图3-93 绘制黑色矩形

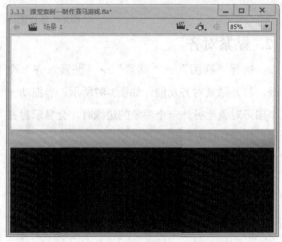

图3-94 导入"绿色矩形.png"素材

⓸ 选中导入的素材，复制多个素材到舞台，分别移动到黑色矩形位置，执行"修改"→"对齐"→"水平居中"命令，水平居中复制的所有图形，如图3-95所示。

05 使用"矩形工具"在舞台顶部绘制矩形，填充颜色为从白色（#FFFFFF）到蓝色（#1285BB）的线性渐变。使用"渐变变形工具"调整渐变位置，如图3-96所示。

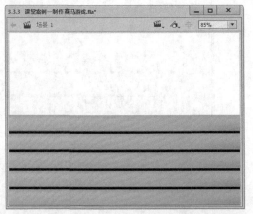

图3-95 水平居中图形

图3-96 调整渐变位置

06 使用"铅笔工具"在上方的渐变矩形中绘制多个星星形状的图形，如图3-97所示。

图3-97 绘制星星图形

07 新建"图层3"，使用"矩形工具"在舞台右下角绘制一些27×18的黑色小矩形，如图3-98所示。

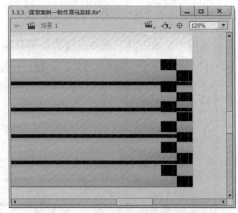

图3-98 绘制黑色小矩形

08 绘制一些相同大小的白色小矩形，制作黑白相间的终点线，如图3-99所示。

09 新建"图层4"，在"库"面板中将"马"元件拖入第一个绿色矩形的左端，如图3-100所示。

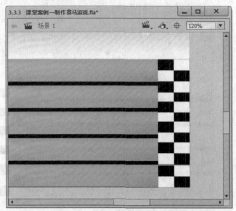

图3-99 绘制白色小矩形

图3-100 拖入"马"元件

⑩ 拖入相同的"马"元件，分别移动到所有绿色矩形的左端，执行"修改"→"对齐"→"左对齐"命令，左对齐所有"马"元件，如图3-101所示。

⑪ 使用"文本工具"在终点线的左侧分别输入数字"1""2""3""4""5"，如图3-102所示。

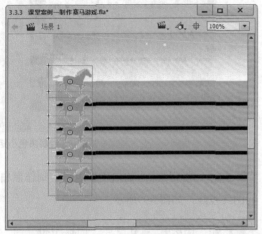

图3-101 左对齐"马"元件

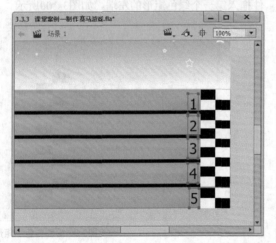

图3-102 输入数字

⑫ 新建"图层5"，使用"文本工具"在舞台中创建空白文本框，如图3-103所示。

⑬ 选中空白文本框，按F8键，将文本框转换为元件，双击该元件，进入元件编辑模式。

⑭ 新建"图层2"，在空白文本框的位置绘制一个矩形，按F8键，将矩形转换为"按钮"元件，并插入"点击"关键帧，如图3-104所示。

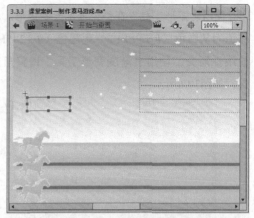

图3-103 空白文本框

图3-104 插入"点击"关键帧

⑮ 返回"场景1"，选中"图层5"，执行"窗口"→"动作"命令，打开"动作"面板，添加代码，如图3-105所示。

图3-105 添加代码

⑯完成该动画的制作，按Ctrl+Enter快捷键测试动画效果，如图3-106所示。

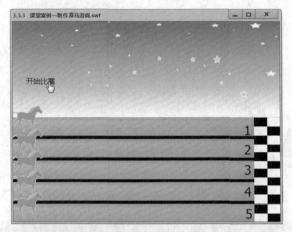

图3-106 测试动画效果

3.4 本章总结

本章主要介绍了编辑与修饰图形对象的方法，包括图形对象的变形、优化曲线、将线条转换为填充、扩展填充、柔化填充边缘、对齐图形对象等。有助于用户更深入地了解Flash CC的运用，为以后的学习打下基础。

3.5 课后习题——制作卡通表情

本案例主要使用了图形对象的修饰方法，应用基本绘图工具、填充工具，并结合传统补间动画的制作技巧，来制作卡通表情，如图3-107所示。

文件路径：素材\第3章\课后习题

视频路径：视频\第3章\3.5课后习题——制作卡通表情.mp4

图3-107 课后习题——制作卡通表情

第**4**章

文本的编辑

内容摘要

文本是制作动画必不可少的元素，它可以使动画主题更为突出，起到画龙点睛的作用。Flash中的文本功能非常完善，用户不仅可以创建静态文本、动态文本和输入文本，还可以选择字符样式和段落样式，并且可以通过"属性"面板对文本进行多重设置，使得到的文本效果更美观，更符合需求。

4.1 文本的类型及使用

文本工具是用来添加文字的基本工具。Flash作品往往需要文字的点缀才会显得丰富多彩。

4.1.1 创建文本

创建文本的方式很简单，只需要在工具箱中选择"文本工具"，然后在舞台中单击创建文本框，输入文字即可，如图4-1所示。在文本框外单击鼠标，退出文字编辑状态，即完成文本，如图4-2所示。

图4-1 输入文字　　　　图4-2 创建文本

4.1.2 文本"属性"面板

输入文本后可在"属性"面板中进行参数设置，可以更改文字的颜色、大小、字距等。

单击工具箱中的"文本工具"，即可在"属性"面板中设置文本参数，如图4-3所示。在文本"属性"面板中，打开"文本类型"下拉菜单，可以看到有3种文本类型，如图4-4所示。

图4-3 "属性"面板

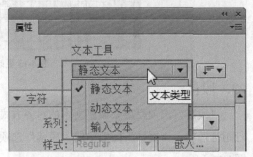

图4-4 文本类型

- 静态文本：显示不会动态更新字符的文本。
- 动态文本：显示动态更新的文本，比如测试得分、当前时间显示或者是股票报价。
- 输入文本：输入文本可用于表单或者调查表中需要输入文本的区域。

1. 文本方向

在Flash中，可以对文字的方向进行修改，比如水平排列、垂直排列、垂直从左往右排列，如图4-5所示。

图4-5 文本方向

各选项含义如下。

- 水平：输入的文本按水平方向显示，如图4-6所示。
- 垂直：输入的文本按垂直方向显示，如图4-7所示。

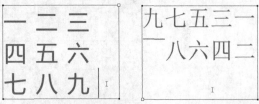

图4-6 水平排列　　　　图4-7 垂直排列

- 垂直，从左向右：输入的文本按垂直方向，从左往右排列显示，如图4-8所示。

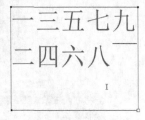

图4-8 垂直，从左向右排列

2. 字符

"字符"选项栏包含字体、样式、字体大小、字体颜色等属性。打开文本"属性"面板，其中"字符"选项栏如图4-9所示。

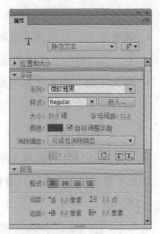

图4-9 字符

各选项含义如下。

- 系列：修改文本字体，点击下拉按钮，可以打开字体列表，如图4-10所示。
- 样式：设置字体的样式。也可执行"文本"→"样式"命令，在下拉菜单中更改样式，如图4-11所示。

图4-10 "系列"下拉菜单

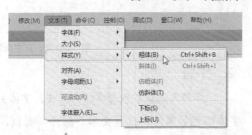

图4-11 "样式"菜单

- 大小：修改文字的大小。将鼠标放在数字上方，鼠标呈 形状时，单击并左右拖动即可改变大小，也可以直接输入数值，如图4-12所示。

图4-12 输入数字改变大小

- 字母间距：相邻两个文字的距离。数值越大，距离越远。
- 颜色：设置或改变文本的当前颜色。单击颜色按钮即可弹出色板，如图4-13所示。

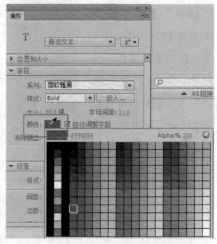

图4-13 更改颜色

3. 段落

"段落"选项栏用来调整文本的对齐方式以及行距等选项，"属性"面板中的"段落"选项栏如图4-14所示。

图4-14 段落

主要选项含义如下。

- 格式：更改文本的格式。分别为顶对齐、居中、底对齐、两端对齐。
- 间距：用于调整段落相隔距离。
- 边距：用于调整段落的左边距和右边距。

4.1.3 静态文本

静态文本在动画播放阶段文本内容不变，选择工具箱中的"文本工具"，选择文本类型为"静态文本"，文本方向有两种：水平 📝▼、垂直 🔲▼，默认状态下为水平方向。

静态文本与动态文本不同，静态文本仅仅用于输入需要显示的文字，而动态文本的内容会根据AS的指示变化而变化。

下面介绍输入静态文本的操作方法。

【练习4-1】输入静态文本

文件路径： 素材\第4章\练习4-1\童年.fla

视频路径： 视频\第4章\练习4-1输入静态文本.mp4

难易程度： ★★

01 打开"素材\第4章\练习4-1\童年.fla"素材文件。

02 选择工具箱中的"文本工具"，在"属性"面板中设置参数，如图4-15所示。

03 在舞台中，单击并拖动鼠标，可以绘制文本

框，输入文字，舞台显示如图4-16所示。

图4-15 设置文本参数

图4-16 输入文字

4.1.4 动态文本

动态文本框用来显示动态可更新的文本，如动态的显示时间和日期。在"属性"面板中，动态文本可添加实例名称或变量，方便输入代码的时候程序调用。

下面介绍输入动态文本的操作方法。

【练习4-2】输入动态文本

文件路径： 素材\第4章\练习4-2\圣诞老人.jpg

视频路径： 视频\第4章\练习4-2输入动态文本.mp4

难易程度： ★★

01 打开"素材\第4章\练习4-2\圣诞老人.jpg"素材文件。

02 选择工具箱中的"文本工具"，在"属性"面板中设置文本类型为"动态文本"，如图4-17所示。

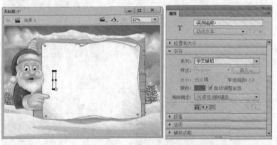

图4-17 设置文本类型

03 在舞台中单击并拖动鼠标，绘制文本框，并输入文字，如图4-18所示。

04 单击"选项"按钮 ▷ 选项 ，在"链接"文本框中输入链接的网站，如图4-19所示。

05 按Ctrl+Enter快捷键测试影片，当鼠标移至文字时，会变为手型指针，单击鼠标即可跳转至链接的页面。

图4-18 输入文字　图4-19 输入链接网站

4.1.5 输入文本

"输入文本"一般用于注册、留言簿等一些需要用户输入文本的表格页面，用户可即时输入文本。输入文本有密码输入类型，即用户输入的文本均以星号"*"表示。

下面介绍输入文本的操作方法。

【练习4-3】输入文本

文件路径：素材\第4章\练习4-3\小岛背景.jpg

视频路径：视频\第4章\练习4-3输入文本.mp4

难易程度：★★

01 打开"素材\第4章\练习4-3\小岛背景.jpg"素材

文件。

02 选择工具箱中的"文本工具"，在"属性"面板中设置文本类型为"输入文本"。

03 在"字符"选项中，单击"在文本周围显示边框"按钮▣，也可以在"段落"选项中，设置"行为"为"密码"，如图4-20所示。

图4-20 设置文本参数

❓ 技巧与提示

若选择"在文本周围显示边框"选项，则在发布SWF动画后，该字符串周围会显示边框。该项仅当设置文本类型为"动态文本"和"输入文本"时才可用。而"行为"选项则用来控制文本框如何随文本量的增加而扩展。下拉列表菜单中包括"单行""多行""多行不换行"和"密码"4个选项。

04 在舞台中单击并拖动鼠标，绘制文本框，并输入文字，如图4-21所示。

图4-21 输入文字

4.1.6 课堂案例——制作环形发光文字动画

下面采用输入静态文本、设置遮罩层和滤镜的方式，通过制作环形发光文字动画实例来巩固所学知识。

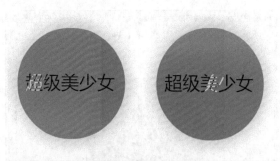

文件路径：素材\第4章\4.1.6

视频路径：视频\第4章\4.1.6课堂案例——制作环形发光文字动画.mp4

01 启动Flash CC，执行"文件"→"新建"命令，新建一个文档（550×400）。

02 选中第55帧，按F5键，插入帧。使用"椭圆工具"在舞台中绘制一个圆，填充颜色为黄色（#FFCC33），如图4-22所示，"颜色"面板如图4-23所示。

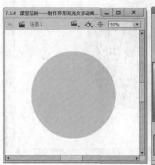 

图4-22 绘制圆   图4-23 "颜色"面板

03 选中圆形，按F8键，将圆形转换为元件，单击该元件，在"属性"面板中打开"滤镜"下拉面板，添加"发光"滤镜，设置参数，如图4-24所示，为元件添加发光效果，如图4-25所示。

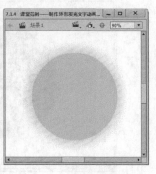

图4-24 设置"发光"参数   图4-25 发光效果

04 新建"图层2"，使用"矩形工具"在舞台中绘制一个269×377的矩形，填充颜色为红色系的线性渐变，如图4-26所示，"颜色"面板如图4-27所示。

图4-26 绘制渐变矩形   图4-27 "颜色"面板

05 将矩形转换为元件，选中第13、27、41、55帧，插入关键帧，使用"选择工具"将矩形上下移动，在每个关键帧之间创建传统补间，如图4-28所示。

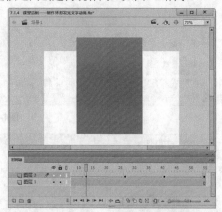

图4-28 创建传统补间

06 创建矩形的遮罩层，在舞台中绘制一个黑色圆形遮罩，如图4-29所示。

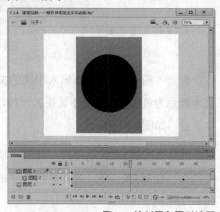

图4-29 绘制黑色圆形遮罩

07 在"时间轴"面板中，单击"图层2"和"图层3"右侧的"锁定所有图层"按钮🔒，此时舞台中发光效果如图4-30所示。

08 新建"图层4"，选取工具箱中的"文本工具"，在"属性"面板设置"静态文本"参数，在舞台中输入文本"超级美少女"，如图4-31所示，将文字转换为元件。

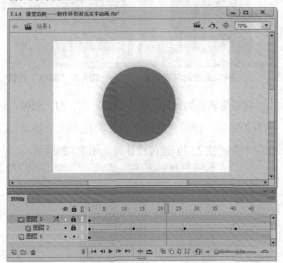

图4-30 发光效果

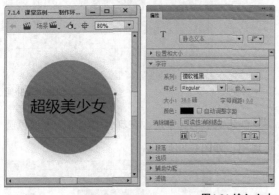

图4-31 输入文本

09 新建"图层5"，再次输入相同的文本，修改文本颜色为黄色，将该文本转换为元件，使两个文本重叠，如图4-32所示。

10 创建"图层5"的遮罩层，使用"刷子工具"在舞台中绘制3条直线，制作黄色文字的遮罩，如图4-33所示。

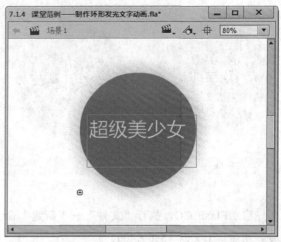

图4-32 文本重叠

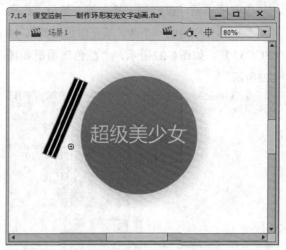

图4-33 绘制文字遮罩

11 选中第2、55帧，按F6键，插入关键帧，选中第55帧，将遮罩图形移动到文字的右下侧，如图4-34所示，在两个关键帧之间创建传统补间，如图4-35所示。

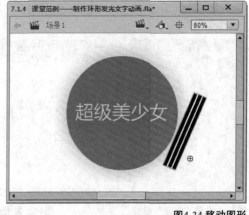

图4-34 移动图形

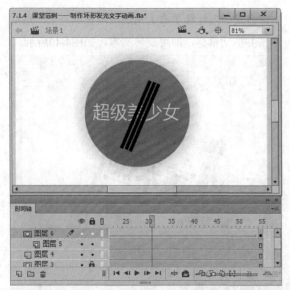

图4-35 创建传统补间

⑫ 完成该动画的制作,按Ctrl+Enter快捷键测试动画效果,如图4-36所示。

图4-36 测试动画效果

4.2 文本的转换

在Flash CC中,用户可以像变形其他对象一样对文本进行变形操作,包括缩放、旋转、倾斜和编辑等,也可以将文本对象转换为图形对象来进行编辑。

4.2.1 变形文本

1. 文本的缩放

在制作动画的过程中,对文本进行缩放可以实现文本对象在水平、垂直方向进行等比或不等比缩放变形。

下面介绍缩放文本的操作方法。

【练习4-4】缩放文本

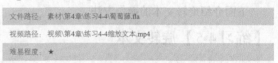

文件路径:	素材\第4章\练习4-4\葡萄藤.fla
视频路径:	视频\第4章\练习4-4缩放文本.mp4
难易程度:	★

① 打开"素材\第4章\练习4-4\葡萄藤.fla"素材文件。

② 选取工具箱中的"任意变形工具",选择需要缩放的文本,如图4-37所示。

图4-37 选择文本

③ 单击工具箱底部的"缩放"按钮将鼠标指针移至变形控制框上,单击并拖动鼠标指针即可缩放文本,并适当调整文本的位置,如图4-38所示。

图4-38 缩放文本

2. 文本的旋转

旋转就是将对象转动一定的角度，用户可以运用"任意变形工具"对文本进行旋转，也可以按顺时针或逆时针90°的角度旋转文本。

下面介绍旋转文本的操作方法。

【练习4-5】 旋转文本

文件路径：素材\第4章\练习4-5\美术课.fla	
视频路径：视频\第4章\练习4-5旋转文本.mp4	
难易程度：★	

01 打开"素材\第4章\练习4-5\美术课.fla"素材文件。

02 选取工具箱中的"任意变形工具"，选择需要旋转的文本，如图4-39所示。

图4-39 选择文本

03 将鼠标指针移至右上角的变形控制点上，然后单击并拖动鼠标，即可旋转文本，如图4-40所示。

图4-40 旋转文本

还可以通过以下6种方法旋转文本。

- 选择需要旋转的文本，执行"修改"→"变形"→"缩放和旋转"命令。

- 选择需要旋转的文本，执行"修改"→"变形"→"顺时针旋转90°"命令，顺时针90°旋转文本。

- 选择需要旋转的文本，执行"修改"→"变形"→"逆时针旋转90°"命令，逆时针90°旋转文本。

- 按Ctrl+Alt+S快捷键，调出变形控制框。

- 按Ctrl+Shift+9快捷键，即可顺时针90°旋转选择的文本对象。

- 按Ctrl+Shift+7快捷键，即可逆时针90°旋转选择的文本对象。

3. 文本的倾斜

在Flash CC中，可以对文本对象进行倾斜。

下面介绍倾斜文本的操作方法。

【练习4-6】 倾斜文本

文件路径：素材\第4章\练习4-6\儿童快乐.fla	
视频路径：视频\第4章\练习4-6倾斜文本.mp4	
难易程度：★	

01 打开"素材\第4章\练习4-6\儿童节快乐.fla"素材文件。

02 选择需要倾斜的文本,如图4-41所示。

03 执行"文本"→"样式"→"仿斜体"命令,即可倾斜文本,如图4-42所示。

图4-41 选择文本

图4-42 倾斜文本

4.2.2 填充文本

在Flash CC中,用户可以将传统文本分离,并转换为组成它的线条和填充,以将文本作为图形来编辑。

下面介绍填充文本的操作方法。

【练习4-7】填充文本

文件路径:	素材\第4章\练习4-7卡通羊.fla
视频路径:	视频\第4章\练习4-7填充文本.mp4
难易程度:	★

01 打开"素材\第4章\练习4-7\卡通羊.fla"素材文件。

02 选取工具箱中的"选择工具",选择需要编辑的文本,如图4-43所示。

03 执行"修改"→"分离"命令,即可将文本分离成图形对象,可以编辑选择的文本颜色,如图4-44所示。

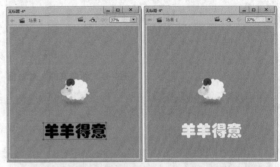

图4-43 选择文本   图4-44 编辑文本颜色

4.2.3 课堂案例——制作文字放大镜动画

下面对文本采用缩放和填充的方式,通过制作文字放大镜动画的实例来巩固所学知识。

文件路径:	素材\第4章\4.2.3
视频路径:	视频\第4章\4.2.3 课堂案例——制作文字放大镜动画.mp4

01 启动Flash CC软件，执行"文件"→"新建"命令，新建一个文档（550×400），舞台背景颜色设置为（#608F9F），如图4-45所示。

02 使用"文本工具"，在舞台中输入文本"从零开始"，字体设置为"华文琥珀"，文字颜色为黄色（#FAB316），如图4-46所示。

图4-45 "新建文档"对话框

图4-46 输入文本

03 选择文本对象，执行"修改"→"分离"命令，将文本分离成图形对象，选取工具箱中的"墨水瓶工具"，在"属性"面板中设置"样式"为"点状线"，如图4-47所示，拖动鼠标单击文本，为文本添加边线，如图4-48所示，将文本转换为元件。

04 新建"图层2"，单击鼠标右键，选择"遮罩层"选项，使用"矩形工具"在舞台中绘制一个1011×173的矩形，再使用"椭圆工具"在矩形

中心绘制一个圆，按Delete键删除圆，如图4-49所示。

图4-47 设置"墨水瓶工具"参数

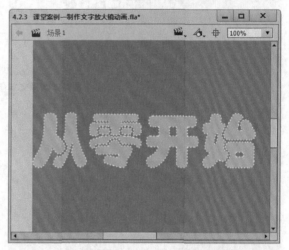

图4-48 添加边线效果

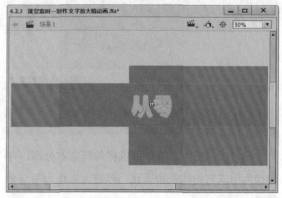

图4-49 制作遮罩图形

05 将图形转换为元件，选中第30帧，按F6键，转换为关键帧，将图形沿着文字向右移动，如图4-50

所示，在两个关键帧之间创建传统补间，制作文字遮罩层，如图4-51所示。

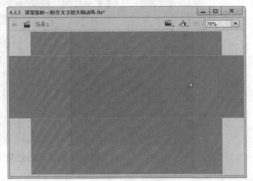

图4-50 向右移动图形

图4-51 创建传统补间

06 新建一个图层，复制"图层1"的文字元件到舞台，使用"任意变形工具"将文字放大，如图4-52所示。

图4-52 放大文字

07 新建"图层4"，单击鼠标右键，选择"遮罩层"选项，使用"椭圆工具"在舞台中绘制一个圆，如图4-53所示。

08 选中第30帧，按F6键，插入关键帧，并跟随着绿色矩形的空心圆遮罩移动，在关键帧之间创建传统补间，如图4-54所示。

图4-53 绘制圆形

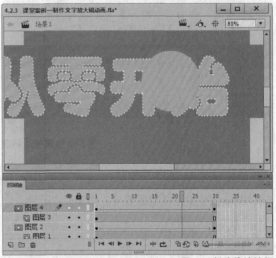

图4-54 创建传统补间

09 新建"图层5"，使用"绘图工具"在舞台中绘制一个放大镜形状的图形，图形填充颜色为（＃004E67），如图4-55所示。

10 选中第30帧，插入关键帧，向右移动放大镜图形，在两个关键帧之间创建传统补间，如图4-56所示。

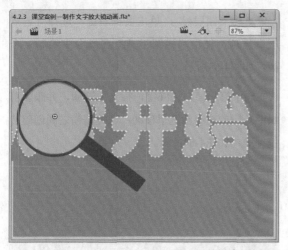

图4-55 绘制放大镜图形

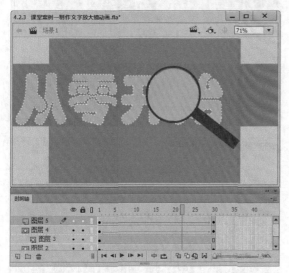

图4-56 创建传统补间

⑪ 隐藏所有遮罩层，完成该动画的制作，按
Ctrl+Enter快捷键测试动画效果，如图4-57所示。

图4-57 测试动画效果

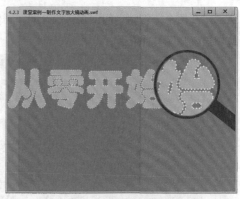

图4-57 测试动画效果（续）

4.3 文本滤镜效果

在Flash中除了可以通过将文本转换为图形来
制作特效之外，还可以采用为文本添加滤镜的方法
来实现。

4.3.1 添加滤镜

添加滤镜的方法很简单，只要在"文本工具"
的"属性"面板中打开"滤镜"选项栏，如图4-58
所示。单击"添加滤镜"下拉按钮，弹出下拉菜
单，如图4-59所示。

图4-58 "滤镜"选项栏　　**图4-59 "添加滤镜"下
拉按钮**

每个滤镜都有不同的效果供客户选择，图4-60
所示为6种不同滤镜的默认效果。

　　投影　　　　　　　　模糊

图4-60 6种滤镜效果

发光　　　　　　　　　斜角

渐变发光　　　　　　　渐变斜角
图4-60 6种滤镜效果（续）

为文本添加投影滤镜后，其"属性"面板各选项参数如图4-61所示。

图4-61 投影的参数

- 模糊：调节投影的模糊度。设置模糊X与模糊Y的数值为30，效果如图4-62所示。
- 强度：调节投影的明暗程度，数值越大投影越暗。设置强度为200，效果如图4-63所示。

图4-62 模糊为30　　　　图4-63 强度为200

- 品质：调整投影的质量级别。在下拉菜单中选择"高"，效果如图4-64所示。
- 角度：调整投影的角度。设置角度为180°，效果如图4-65所示。

图4-64 高质量 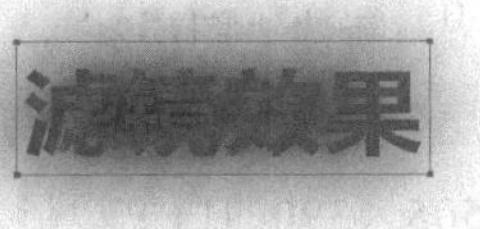　　　　图4-65 角度为180°

- 距离：设置投影与文本之间的距离。设置距离为25，效果如图4-66所示。

- 挖空：可以隐藏文本只显示投影。勾选此复选框，效果如图4-67所示。

图4-66 距离为25 　　　　图4-67 挖空

- 内阴影：使投影产生在文本内部。勾选此复选框，效果如图4-68所示。
- 隐藏对象：可以隐藏文本，只显示投影，如图4-69所示。

图4-68 内阴影 　　　　图4-69 隐藏对象

- 颜色：调整投影颜色。单击颜色按钮，弹出拾色器，如图4-70所示。选择颜色，投影效果如图4-71所示。

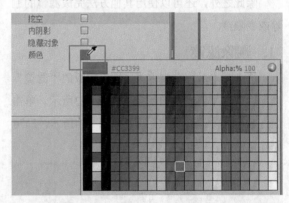

图4-70 调整投影颜色

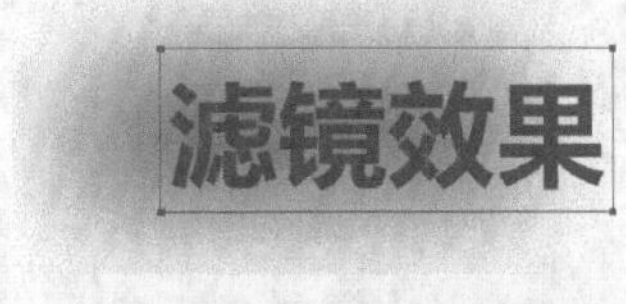

图4-71 投影颜色为淡红色

4.3.2 删除或隐藏滤镜

要对已经添加的滤镜进行删除或者隐藏，可以在"文本工具"的"属性"面板中的"滤镜"选项栏进行操作。单击"添加滤镜"下拉按钮，弹出下拉菜单，如图4-72所示。

101

图4-72 删除或隐藏滤镜

部分按钮介绍如下。

- 删除全部：即删除全部滤镜。选中文本，单击此选项可将应用在此文本上的所有滤镜全部删除。
- 启用全部：将禁用掉的所有滤镜效果重新启用。
- 禁用全部：禁用全部滤镜效果。

除此之外，还可以使用其他方法完成滤镜的删除或者隐藏。

1. 删除滤镜

选中文本后，在文本"属性"面板的"滤镜"选项栏中选中要删除的滤镜，如图4-73所示。单击上方的"删除滤镜"按钮—，如图4-74所示，即可删除该滤镜。

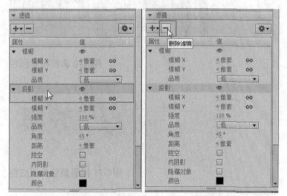

图4-73 选中投影　　　　**图4-74 删除滤镜**

2. 隐藏滤镜

选中文本后，在"滤镜"选项栏中添加的滤镜后面有个"眼睛"图标，如图4-75所示。单击"眼睛"图标即可隐藏该滤镜，再次单击可显示，

如图4-76所示。

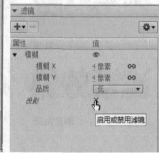

图4-75 禁用滤镜　　　　**图4-76 启用滤镜**

4.3.3 课堂案例——制作卷轴字幕动画

下面采用对文本添加滤镜的方式，结合遮罩层功能，通过制作卷轴字幕动画的实例来巩固所学知识。

文件路径：素材\第4章\4.3.3

视频路径：视频\第4章\4.3.3课堂案例——制作卷轴字幕动画.mp4

01 启动Flash CC软件，执行"文件"→"新建"命令，新建一个文档（550×400）。

02 执行"文件"→"导入"→"导入到舞台"命令，将素材"卷轴.jpg"导入舞台，如图4-77所示。

03 新建"图层2"，单击鼠标右键，选择"遮罩层"选项，使用"矩形工具"在舞台中绘制一个505×390的白色矩形，并转换为元件，如图4-78所示。

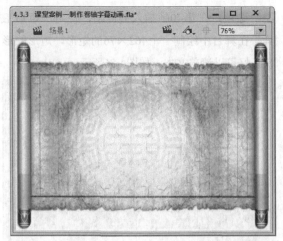

图4-77 导入素材

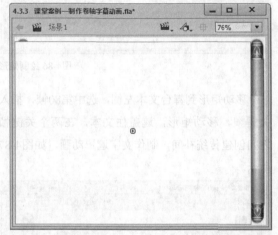

图4-78 绘制矩形

04 选中第40帧，按F6键，插入关键帧，选中第1帧，使用"任意变形工具"缩小矩形，如图4-79所示。

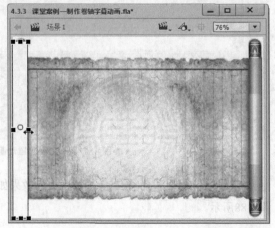

图4-79 缩小矩形

05 在两个关键帧之间创建传统补间，如图4-80所示。

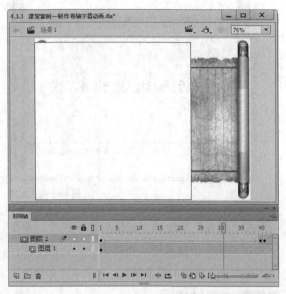

图4-80 创建传统补间

06 新建"图层3"，在"库"面板中将"卷轴手柄"元件拖入舞台左侧，如图4-81所示。

07 选中第40帧，按F6键，插入关键帧，将元件移动到卷轴右侧，在两个关键帧之间创建传统补间，制作卷轴滚动动画效果，如图4-82所示。

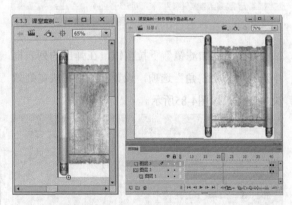

图4-81 导入素材　　　　**图4-82 制作卷轴滚动动画**

08 隐藏遮罩图层，新建"图层4"，选中第40帧，插入关键帧，使用"文本工具"，在舞台中输入文本"生活永远值得期待"，字体为"隶书"，如图4-83所示。

图4-83 输入文本

09 在"属性"面板的"滤镜"选项栏中，单击"添加滤镜"下拉按钮，在弹出的列表框中选择"渐变发光"选项，设置参数，为文本添加渐变发光效果，如图4-84所示。

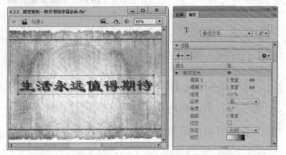

图4-84 添加渐变发光效果

10 单击"添加滤镜"下拉按钮，在弹出的列表框中选择"渐变斜角"选项，设置参数，完成霓虹效果的制作，如图4-85所示。

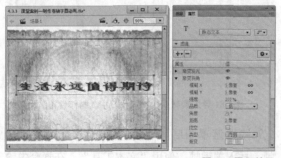

图4-85 霓虹效果

11 新建"图层5"，单击鼠标右键，选择"遮罩层"选项，在第40帧插入关键帧，使用"矩形工具"在舞台中绘制一个462×76的矩形，矩形的形状正好可以遮盖文本，如图4-86所示。

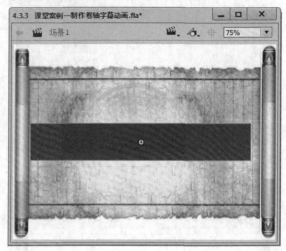

图4-86 绘制矩形

12 移动矩形到舞台文本左侧，选中第80帧，插入关键帧，移动矩形，遮盖住文本，在两个关键帧之间创建传统补间，制作文字遮罩动画，如图4-87所示。

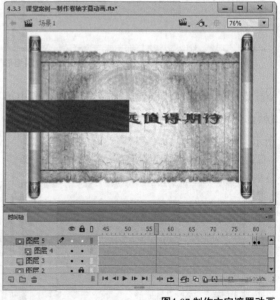

图4-87 制作文字遮罩动画

13 锁定"图层4"和"图层5"，舞台上的效果如图4-88所示。

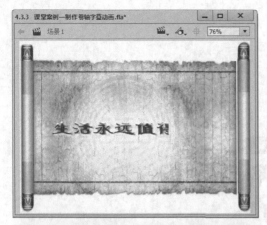

图4-88 锁定图层效果

⑭ 完成该动画的制作，按Ctrl+Enter快捷键测试动画效果，如图4-89所示。

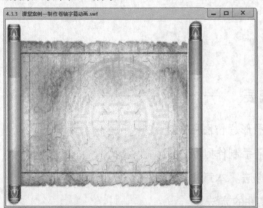

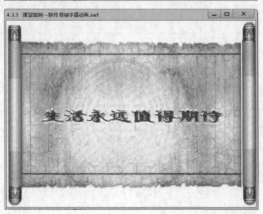

图4-89 测试动画效果

4.4 本章总结

文本是Flash动画中重要的组成部分之一，无论是MTV、网页广告还是互动游戏，都会涉及文字的应用。在Flash CC中不仅可以创建各种矢量图形，还可以创建不同风格的文本对象。本章介绍了创建和编辑文本对象的方法。

4.5 课后习题——制作闪光文字

本案例主要采用为文字添加滤镜、转换线条为填充，及创建传统补间动画的方式来制作闪光文字，如图4-90所示。

文件路径：素材\第4章\课后习题

视频路径：视频\第4章\4.5课后习题——制作闪光文字.mp4

图4-90 课后习题——制作闪光文字

第**5**章

外部素材的应用

―――――― 内容摘要 ――――――

　　一个精彩的Flash动画，矢量图形、位图图像、视频都是不
可缺少的元素。这些元素若全部亲手制作则费时费力，因此，
灵活引用外部素材是一个不错的方法。本章主要介绍导入矢量
图形和位图图像，以及应用视频文件的方法。

5.1 图像素材的应用

本节主要介绍导入矢量图形和位图至舞台、导入位图至库、导入PSD文件、设置位图图像属性以及转换位图为矢量图形的操作方法。

5.1.1 图像素材的格式

在制作动画时，有时需要插入外部图像，在特定情况下，还需要将插入的图像转换成矢量图形。

位图又称点阵图，由作为图片元素的像素点组成。常见的人物照和风景照都是位图。位图图像色彩丰富，像素点以不同的排列和色彩显示，过渡比较自然。

相对来说，位图比较大，需要占用大量空间，而且不能随意放大、缩小，当放大位图时，会看到构成整个图像的无数单像素，如图5-1和图5-2所示。

图5-1 位图

图5-2 位图放大后

矢量图又称绘图图像，是通过数学公式计算得出的图形效果。矢量文件中的图像元素称为对象，每个对象都是一个自成一体的实体，它具有颜色、形状、轮廓和大小等属性。

矢量图可以任意放大或缩小，并且不会出现图像失真的现象，如图5-3和图5-4所示。

图5-3 矢量图　　　　图5-4 矢量图放大后

5.1.2 导入矢量图形

Flash CC所提供的绘图工具和公用库内容对于制作一个大型的项目而言是不够的，这时需要从外部导入所需的素材文件。本节主要介绍导入矢量图形的方法。

Illustrator是较常用的绘制矢量图形的软件，Flash CC可以导入Illustrator文件。在导入的Illustrator文件中，所有的对象都将组合成一个组，如果要对导入的文件进行编辑，将群组打散即可。

下面介绍导入Illustrator文件的操作方法。

【练习5-1】导入Illustrator文件

文件路径：	素材\第5章\练习5-1
视频路径：	视频\第5章\练习5-1导入Illustrator文件.mp4
难易程度：	★

01 新建一个Flash文档，执行"文件"→"导入"→"导入到舞台"命令。

02 弹出"导入"对话框，在其中选择Illustrator文件，单击"打开"按钮，弹出"将'卡通长颈鹿.ai'导入到舞台"对话框，如图5-5所示。

03 单击"确定"按钮，即可导入所选的Illustrator文件，效果如图5-6所示。

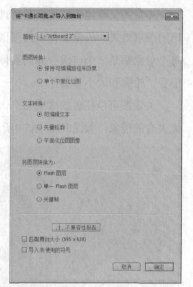

图5-5 "将'卡通长颈鹿.ai'导入到舞台"对话框

图5-6 导入Illustrator文件

5.1.3 导入位图图像

在Flash CC中除了可以导入矢量图形外，还可以导入位图图像。

1. 将位图导入到舞台

导入舞台中的位图图像将直接在舞台中显示出来。

下面介绍将位图导入到舞台的操作方法。

【练习 5-2】将位图导入到舞台

文件路径：素材\第5章\练习5-2\娃娃.jpg

视频路径：视频\第5章\练习5-2将位图导入到舞台.mp4

难易程度：★

01 新建一个文件，执行"文件"→"导入"→"导入到舞台"命令，弹出"导入"对话框，

02 在其中选择需要导入的位图图像，也可直接找到位图图像所在的文件夹，如图5-7所示。

03 将位图图像直接拖曳至舞台中，即可实现位图图像的导入，如图5-8所示。

图5-7 选择位图图像

图5-8 导入位图图像

2. 将位图导入到库

在Flash CC中，可以将位图导入库中，导入的图像只会显示在"库"面板中，并不影响舞台中内容的显示。如果用户需要将"库"面板中的位图图

像添加至舞台，只需选择该图像并将其拖曳至舞台即可。

下面介绍将位图导入到库的操作方法。

【练习5-3】将位图导入到库

文件路径：　素材\第5章\练习5-3\猫.jpg

视频路径：　视频\第5章\练习5-3将位图导入到库.mp4

难易程度：　★

01 新建一个文件，执行"文件"→"导入"→"导入到库"命令，弹出"导入到库"对话框，在其中选择位图图像。

02 单击"打开"按钮，即可将选择的位图图像导入到库中，如图5-9所示。

03 在"库"面板中选择导入的位图图像，单击鼠标左键并拖曳，可将其拖曳至舞台，如图5-10所示。

图5-9 "库"面板

图5-10 导入位图图像

3. 外部库文件的打开操作

在Flash CC中可以打开外部库文件，作为一个独立的"库"面板，"外部库"面板中显示了外部库中所有项目的名称，用户可以随时查看和调用这些元件。

下面介绍打开外部库文件的操作方法。

【练习5-4】打开外部库文件

文件路径：　素材\第5章\练习5-4\男孩踢球.fla

视频路径：　视频\第5章\练习5-4打开外部库文件.mp4

难易程度：　★

01 新建文件，执行"文件"→"导入"→"打开外部库"命令，弹出"作为库打开"对话框，在其中选择需要导入的文件。

02 单击"打开"按钮，即可将所选的外部库文件导入到库中，如图5-11所示。

03 选择该元件，单击鼠标左键并拖曳至舞台的适当位置，如图5-12所示。

图5-11 "外部库"面板

图5-12 导入素材

4. PSD文件的导入操作

在Flash CC中，还可以导入PSD文件，并可以进行分层，这样更加便于设计者交换使用素材。

下面介绍导入PSD文件的操作方法。

【练习5-5】导入PSD文件

文件路径：素材\第5章\练习5-5\音乐唱片.psd

视频路径：视频\第5章\练习5-5导入PSD文件.mp4

难易程度：★

01 新建文档，执行"文件"→"导入"→"导入到舞台"命令，弹出"导入"对话框，在其中选择PSD文件。

02 单击"打开"按钮，弹出"将'音乐唱片.psd'导入到舞台"对话框，如图5-13所示。

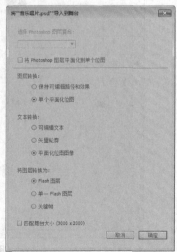

图5-13 "将'音乐唱片.psd'导入到舞台"对话框

03 单击"确定"按钮，即可导入选择的PSD文件，如图5-14所示。

图5-14 导入PSD文件

5.1.4 设置导入位图属性

在Flash CC中将位图导入到舞台后，可以进行位图图像属性的设置。

下面介绍设置导入位图属性的操作方法。

【练习5-6】设置导入位图属性

文件路径：素材\第5章\练习5-6\小熊玩偶.jpg

视频路径：视频\第5章\练习5-6设置导入位图属性.mp4

难易程度：★

01 新建一个文档，执行"文件"→"导入"→"导入到舞台"命令。

02 将所需要的位图图像导入到舞台中，如图5-15所示。

图5-15 导入位图

03 在"属性"面板中,单击"像素"按钮🔧,如图5-16所示。

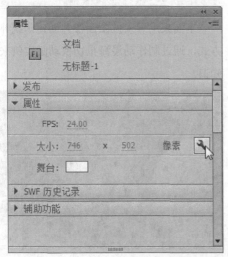

图5-16 **"属性"** 面板

04 弹出"文档设置"对话框,在"匹配"选项区中,选择"内容"选项,如图5-17所示。

05 设置位图图像的属性,如图5-18所示。

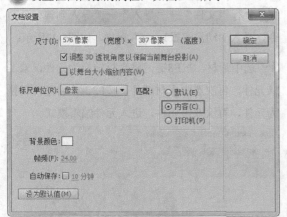

图5-17 **"文档设置"** 对话框

图5-18 位图图像属性

5.1.5 将位图转换为矢量图

　　Flash是一个基于矢量图形的软件,有些操作针对位图图像是无法实现的。尽管执行分离操作后,位图图像可以运用某些矢量图形的操作,但此时不等同于矢量图形,某些操作依然无法实现,这时可以使用矢量化命令将位图图像转换为矢量图形,然后再执行相应的操作。

　　下面介绍将位图转换为矢量图的操作方法。

【练习 5-7】将位图转换为矢量图

文件路径: 素材\第5章\练习5-7\丛林冒险.jpg

视频路径: 视频\第5章\练习5-7将位图转换为矢量图.mp4

难易程度: ★

01 打开"素材\第5章\练习5-7\丛林冒险.jpg"素材图片。

02 单击工具箱中的"选择工具",选择位图图像,如图5-19所示。

图5-19 选择位图图像

03 执行"修改"→"位图"→"转换位图为矢量图"命令。

04 弹出"转换位图为矢量图"对话框,设置参数，如图5-20所示，即可转换位图为矢量图形，如图5-21所示。

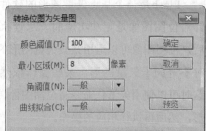

图5-20 **"转换位图为矢量图"对话框**

图5-21 **位图转换为矢量图形**

以下为"转换位图为矢量图"对话框中各项选项的含义。

- 颜色阈值：在文本框中输入一个数值，可以设置色彩容差值。
- 最小区域：可设置为某个像素指定颜色时需要考虑的周围像素的数量。
- 角阈值：选择相应的选项可确定保留较多转角还是较少转角。
- 曲线拟合：选择相应的选项可确定绘制轮廓的平滑程度。
- 预览：单击该按钮可以在舞台中预览将位图转换为矢量图的效果。

5.1.6 课堂案例——制作动漫海报切换动画

下面采用导入位图图像并创建传统补间动画的方式，通过制作动漫海报切换动画实例来巩固所学知识。

文件路径：素材\第5章\5.1.6

视频路径：视频\第5章\5.1.6课堂案例——制作动漫海报切换动画.mp4

01 启动Flash CC，执行"文件"→"新建"命令，新建一个文档（700×400）。

02 执行"文件"→"导入"→"导入到舞台"命令，导入"动漫海报1.png"素材，如图5-22所示。

03 选中素材，按F8键，将素材转换为元件，双击该元件。再次选中素材图片，按F8键，将图片转换为元件，再次双击元件，进入元件编辑模式。

图5-22 **导入"动漫海报1.png"素材**

04 选中第2帧，插入关键帧，导入素材"动漫海报2.png"到舞台，如图5-23所示。

图5-23 导入"动漫海报2.png"素材

05 选中第3帧,插入关键帧,导入素材"动漫海报3.png"到舞台,如图5-24所示。

06 选中第4帧,插入关键帧,导入素材"动漫海报4.png"到舞台,如图5-25所示。

图5-24 导入"动漫海报3.png"素材

图5-25 导入"动漫海报4.png"素材

07 选中第5帧,插入关键帧,导入"动漫海报5.png",如图5-26所示。

图5-26 导入"动漫海报5.png"素材

08 新建"图层2",执行"窗口"→"动作"命令,打开"动作"面板,添加脚本代码,如图5-27所示。

图5-27 添加脚本代码

09 返回上一个元件,选中素材,按F8键,将素材转换为元件,双击该元件,在"属性"面板中设置"Alpha"值为0%,如图5-28所示。

图5-28 设置"属性"面板

10 选中第15帧,按F6键插入关键帧,选中元件,设置样式为"无"选项,在两个关键帧之间创建传统补间,如图5-29所示。

113

图5-29 添加脚本代码

⑪ 返回上一个元件，新建"图层2"，复制"图层1"的内容到"图层2"。

⑫ 新建几个图层，并复制相同的帧内容到舞台，如图5-30所示。

图5-30 复制帧内容

⑬ 返回"场景1"，新建"图层2"，使用"铅笔工具"，在舞台左侧绘制一个箭头图形，并填充透明度为50%的灰色（#666666），如图5-31所示。

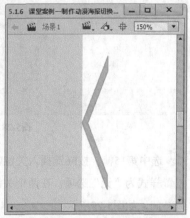

图5-31 绘制箭头图形

⑭ 在舞台右侧继续绘制箭头图形，如图5-32所示。

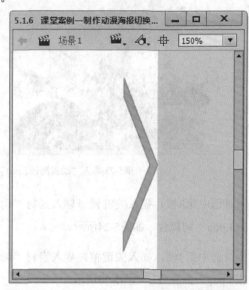

图5-32 绘制箭头图形

⑮ 选中舞台中的箭头图形，按F8键，将图形转换为按钮元件，并插入按钮关键帧，选中"指…"插入关键帧，并修改填充颜色（#0000FF），如图5-33所示。

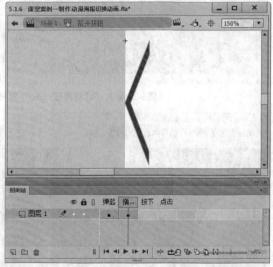

图5-33 修改填充颜色

⑯ 选中"按下"插入关键帧，修改填充颜色为红色（#FF0000），如图5-34所示。

⑰ 选中"点击"插入关键帧，并重新绘制30×150的黑色矩形，如图5-35所示。

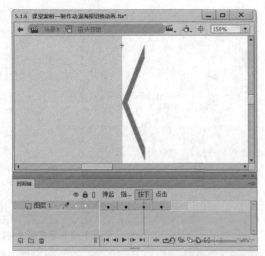

图5-34 修改填充颜色

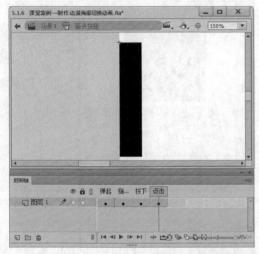

图5-35 绘制黑色矩形

⑱ 使用同样的方法，制作右侧的按钮元件。

⑲ 新建"图层3"，打开"动作"面板，添加代码，如图5-36所示。

图5-36 添加代码

⑳ 完成该动画的制作，按Ctrl+Enter快捷键测试动画效果，如图5-37所示。

图5-37 测试动画效果

5.2 视频素材的应用

在Flash CC中允许用户导入视频文件，视频文件的格式不同导入方法也不同，用户可以将包含视频的影片发布为SWF格式或MOV格式的QuickTime。本节主要介绍视频文件的应用。

5.2.1 导入视频素材

Flash CC集成了强大的视频编辑功能，用户在导入视频文件时可以通过向导设置来完成。

下面介绍导入视频素材的操作方法。

【练习5-8】导入视频素材

文件路径：素材\第5章\练习5-8\和尚与小鸟.mp4

视频路径：视频\第5章\练习5-8导入视频素材.mp4

难易程度：★

01 执行"文件"→"导入"→"导入视频"命令，弹出"导入视频"对话框，如图5-38所示。

图5-38 "导入视频"对话框

02 单击"浏览"按钮。弹出"打开"对话框，在其中选择需要导入的视频。

03 返回"导入视频"对话框，显示视频文件的路径，如图5-39所示，单击"下一步"按钮。

04 进入"设定外观"界面，如图5-40所示，单击"下一步"按钮，进入"完成视频导入"界面，如图5-41所示。

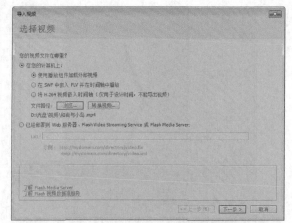

图5-39 显示视频文件路径

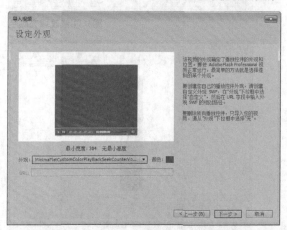

图5-40 进入"设定外观"界面

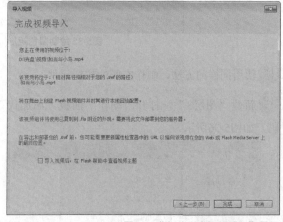

图5-41 进入"完成视频导入"界面

05 单击"完成"按钮，完成视频的导入，按Ctrl+Enter快捷键即可测试视频效果，如图5-42所示。

图5-42 测试视频效果

5.2.2 视频的属性

在Flash CC中将视频文件导入至文档后，用户就可以对视频文件的属性进行相应的设置来满足需要。如选取工具箱中的"任意变形工具"，选择舞台中的视频文件，如图5-43所示，拖曳变形控制框，可调整视频文件的大小，如图5-44所示。

图5-43 选择视频文件

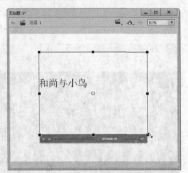

图5-44 调整视频文件大小

5.2.3 命名视频

在Flash CC中，用户可以根据需要为导入的视频文件命名。在"属性"面板中，设置"实例名称"为"视频1"，如图5-45所示。

图5-45 命名视频

5.2.4 重命名视频文件

在Flash CC中，用户可以根据需要重命名导入的视频文件。重命名视频文件的方法很简单，用户只需选择视频文件，在"属性"面板中的"实例名称"文本框中输入文件名即可重命名视频文件，如图5-46所示。

图5-46 重命名视频文件

5.2.5 视频文件的导出方法

在Flash CC中，如果需要对编辑完的视频文件进行保存，可以将其导出，导出的格式由用户自行设置。导出视频文件的方法很简单，用户只需执行"文件"→"导出"→"导出影片"命令，弹出"导出视频"对话框，如图5-47所示，在其中设置保存路径、名称以及保存类型，单击"导出"按钮，即可导出视频文件。

图5-47 "导出视频"对话框

117

5.2.6 课堂案例——制作圣诞节动画

下面应用导出SWF格式文件的方法，通过制作圣诞节动画的实例来巩固所学知识。

文件路径：素材\第5章\5.2.6

视频路径：视频\第5章\5.2.6课堂案例——制作圣诞节动画.mp4

01 启动Flash CC，执行"文件"→"新建"命令，新建一个文档（800×500）。

02 使用"矩形工具"，在舞台中绘制一个830×515的渐变矩形，填充颜色为蓝色的线性渐变，如图5-48所示，"颜色"面板如图5-49所示。

图5-48 绘制渐变矩形

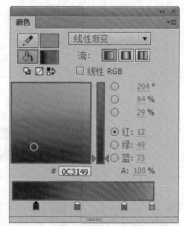

图5-49 "颜色"面板

03 选中矩形图形，按F8键，转换为元件，单击该元件，在"属性"面板中设置"色调"选项参数，如图5-50所示。此时舞台中的元件效果如图5-51所示。

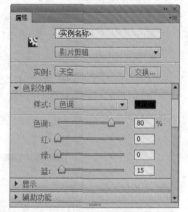

图5-50 设置"色调"参数

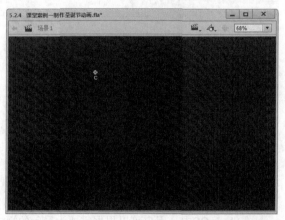

图5-51 舞台中矩形效果

04 新建"图层2"，使用"铅笔工具"，在舞台中绘制雪山，并填充蓝色的线性渐变，"颜色"面板如图5-52所示，绘制的雪山如图5-53所示。

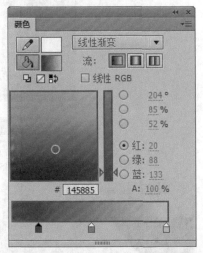

图5-52 **"颜色"面板**

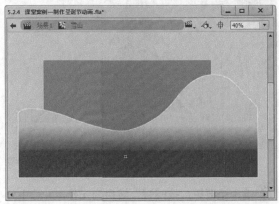

图5-53 **绘制雪山图形**

05 选中雪山图形，按F8键，转换为元件，并双击该元件，进入元件编辑模式。

06 新建"图层2"，绘制雪地图形，填充颜色为从深蓝色（#2183DC）到浅蓝色（#8ADAFF）的线性渐变，如图5-54所示，雪地图形如图5-55所示。

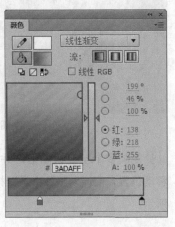

图5-54 **"颜色"面板**

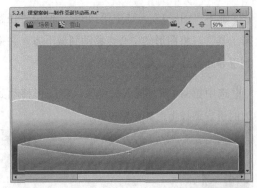

图5-55 **绘制雪地图形**

07 新建"图层3"，选中第140帧，按F6键，插入关键帧，在"库"面板中将"圣诞老人剪影"拖入到雪山顶部位置，如图5-56所示。

图5-56 **移动图形**

08 选中"图层3"，单击鼠标右键，在弹出的快捷菜单中，选择"添加传统运行引导层"选项，并使用"铅笔工具"沿着雪山顶部绘制一条曲线，制作运动引导层，如图5-57所示。

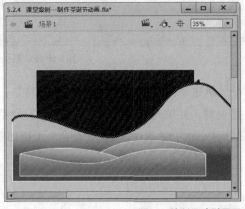

图5-57 **绘制运动引导层**

119

09 选中"图层3",选中第140帧,使用"任意变形工具",将图形的中心点移动到最下方,并拖动到引导路径线上,如图5-58所示。

10 选中第379帧,插入关键帧,将图形移动到左边的引导路径上,如图5-59所示。

图5-58 移动中心点

图5-59 移动到引导路径

11 新建"图层4",使用"铅笔工具",绘制圣诞树,并填充从深绿色(#095D33)到草绿色(#0FA30F)的线性渐变,"颜色"面板如图5-60所示,圣诞树效果如图5-61所示。

图5-60 "颜色"面板

图5-61 填充线性渐变

12 选中圣诞树,按F8键,转换为元件,并选中元件,在"属性"面板中设置"色调"选项参数,如图5-62所示。

图5-62 调整"色调"参数

13 复制多个圣诞树图形,并适当调整其大小,移动位置,同样调整各个圣诞树的色调,如图5-63所示。

⑭ 新建"图层5"，使用"铅笔工具"在舞台中绘制一个雪人形状的图形，如图5-64所示。

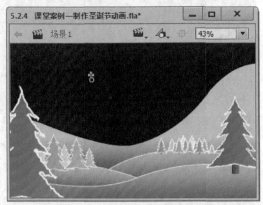

图5-63 复制多个圣诞树图形

图5-64 绘制雪人图形

⑮ 将雪人图形转换为元件，并双击该元件，进入元件编辑模式。

⑯ 新建"图层2"，绘制雪人的帽子，如图5-65所示。

图5-65 绘制雪人的帽子

⑰ 绘制雪人的两只手，并调整手图形的中心点，如图5-66所示。

图5-66 调整手的中心点

⑱ 选中第24帧，使用"任意变形工具"，向上旋转两个手图形，如图5-67所示。

⑲ 选中第48帧，将手图形调整到原来的位置。在每个关键帧之间创建传统补间，如图5-68所示。

图5-67 旋转两只手图形

图5-68 创建传统补间

⑳ 新建"图层6",使用"椭圆工具",在舞台中绘制一个星星图形,如图5-69所示。

㉑ 选中第24帧,插入关键帧,调整图形大小,如图5-70所示。

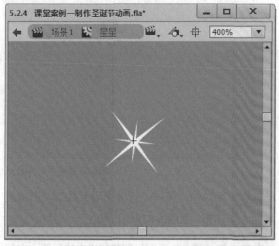

图5-69 绘制星星图形

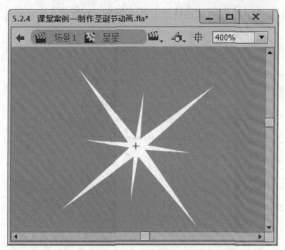

图5-70 调整图形大小

㉒ 选中第48帧,插入关键帧,再次调整为原来的大小。在每个关键帧之间创建补间形状,如图5-71所示。

㉓ 返回"场景1",单击绘制的星星元件,在"属性"面板"滤镜"选项区中,添加"模糊"滤镜,设置滤镜参数,如图5-72所示。

图5-71 创建补间形状

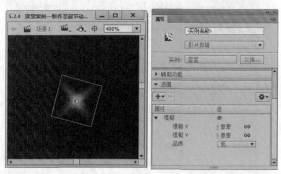

图5-72 添加"模糊"滤镜

㉔ 使用同样的方法,在舞台上方绘制多个星星元件,如图5-73所示。

图5-73 绘制多个星星元件

㉕ 新建"图层7",使用"铅笔工具"在舞台中绘制一个月亮,填充颜色为浅紫色(＃92B3FE),如图5-74所示。

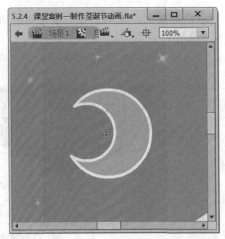

图5-74 绘制月亮图形

㉖ 将月亮图形转换为元件，在"属性"面板设置"色调"选项参数，如图5-75所示。

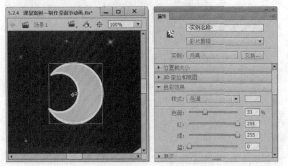

图5-75 设置"色调"参数

㉗ 在"属性"面板中添加"模糊"滤镜，设置参数，如图5-76所示。

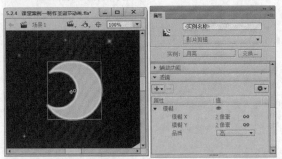

图5-76 设置"模糊"滤镜参数

㉘ 使用"椭圆工具"，在月亮图形的位置绘制一个黑色圆形，如图5-77所示。

㉙ 将圆形转换为元件，并在"属性"面板中添加"投影"滤镜，并设置参数，如图5-78所示。

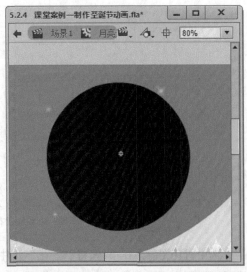

图5-77 绘制黑色圆形

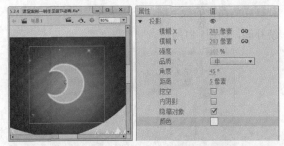

图5-78 设置"投影"滤镜

㉚ 新建"图层8"，在"库"面板中拖入"雪花"元件，如图5-79所示。

㉛ 新建一个"引导层"，并使用"铅笔工具"绘制雪花路径，如图5-80所示。

图5-79 在"库"面板中拖入"雪花"元件

123

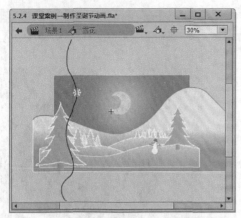

图5-80 绘制雪花路径

㉜ 选中雪花图层，在第1帧将"雪花"元件移动到路径的最上端，在第240帧插入关键帧，并将雪花移动到路径的最下端，在两个关键帧之间创建传统补间，如图5-81所示。

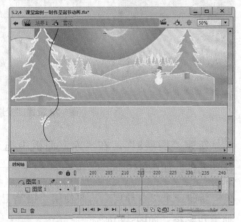

图5-81 创建传统补间

㉝ 使用相同的方法，绘制不同的引导路径，制作雪花飘落动画，如图5-82所示。

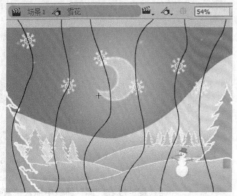

图5-82 绘制不同引导路径

㉞ 新建图层，绘制更多的雪花飘落动画，如图5-83所示。

图5-83 绘制雪花飘落动画

㉟ 新建"图层12"，使用"椭圆工具"在舞台中绘制一个雪花图形，如图5-84所示。

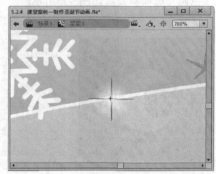

图5-84 绘制另一个雪花图形

㊱ 制作放大缩小的传统补间动画，如图5-85所示，并绘制多个相同的雪花传统补间动画。

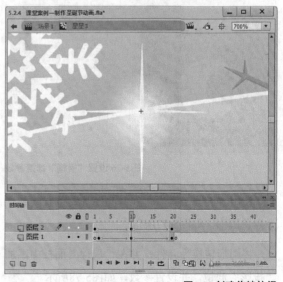

图5-85 创建传统补间

㊲ 新建图层,选中第400帧,打开"动作"面板,添加代码"gotoAndPlay("loop");",如图5-86所示。

图5-86 添加代码

㊳ 完成该动画的制作,按Ctrl+Enter快捷键测试动画效果,如图5-87所示。

图5-87 测试动画效果

5.3 本章总结

本章主要介绍了导入矢量图形和位图图像,以及应用视频文件的方法,为读者更深入地学习Flash打下基础。

5.4 课后习题——制作图片缩放

本案例主要采用导入图片和添加脚本代码的方式,来实现图片缩放,如图5-88所示。

文件路径:素材\第5章\课后习题

视频路径:视频\第5章\5.4课后习题——制作图片缩放.mp4

图5-88 课后习题——制作图片缩放

第6章

元件和库

—————————— 内容摘要 ——————————

很多矢量图形可以直接用于创建动画，但是其动画效果是有限的。要想制作复杂的动画，还需要借助元件。无论所创作出来的元件是什么类型，都统一存放在"库"面板中，灵活管理"库"面板，合理地选择及使用这些资源，作品才能达到理想效果。本章将讲解元件、库和实例的相关知识。

6.1 元件与"库"面板

创建好的元件可以重复使用,元件的便捷就在于此。对于所创建的元件,在舞台中进行任何操作,即便是删除也丝毫不会对"本体"产生任何影响。更改文件唯一的方法是通过"库"面板进行操作。

6.1.1 创建图形元件

图形元件是Flash动画中最常见的元件,主要用于建立和储存独立的图形内容,也可以用来制作动画。但是图形元件不能添加滤镜。

下面介绍创建图形元件的操作方法。

【练习6-1】创建图形元件

文件路径:素材\第6章\练习6-1

视频路径:视频\第6章\练习6-1创建图形元件.mp4

难易程度:★

01 启动Flash CC,执行"插入"→"新建元件"命令,或按Ctrl+F8快捷键,弹出"创建新元件"对话框,如图6-1所示。

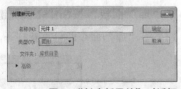

图6-1 "创建新元件"对话框

02 在"类型"下拉列表中选择"图形"选项,创建"元件1"图形元件。

03 单击工具箱中的"多角星形工具",即可在舞台中心位置绘制一个星形,如图6-2所示。

图6-2 绘制图形

6.1.2 创建按钮元件

按钮元件是用来响应鼠标单击、指针经过或其他动作的交互式按钮。可以定义与各种状态关联的图形,然后将动作指定给按钮实例。

下面介绍创建按钮元件的操作方法。

【练习6-2】创建按钮元件

文件路径:无

视频路径:视频\第6章\练习6-2创建按钮元件.mp4

难易程度:★

01 选中素材,执行"插入"→"新建元件"命令,如图6-3所示。

02 打开"创建新元件"对话框,如图6-4所示。

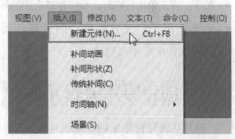

图6-3 单击"新建元件"命令

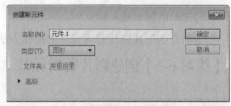

图6-4 "创建新元件"对话框

03 在"类型"下拉列表中选择"按钮"选项,如图6-5所示,单击"确定"按钮即可创建。

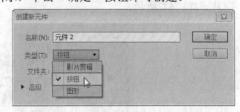

图6-5 选择"按钮"选项

04 按钮元件创建好后,时间轴发生变化,如图6-6所示。

图6-6 按钮元件时间轴

4个状态帧在时间轴中分别为"弹起""指针经过""按下"和"点击"。当然，每个状态帧的功能是不一样的。

- 弹起：表示指针没有经过按钮时该按钮在舞台中的状态。
- 指针经过：表示当指针滑过按钮时，按钮在舞台中的状态。
- 按下：表示单击按钮时，按钮在舞台中的外观。
- 点击：用于定义鼠标单击的区域。此区域在SWF文件中是不可见的。

6.1.3 创建影片剪辑元件

影片剪辑元件用来创建动画片段，可以重复使用。影片剪辑在自己内部拥有多帧时间轴，这些时间轴与主时间轴是相互独立的。

下面介绍创建影片剪辑元件的操作方法。

【练习6-3】创建影片剪辑元件

文件路径：素材\第6章\练习6-3\卡通动物.jpg

视频路径：视频\第6章\练习6-3创建影片剪辑元件.mp4

难易程度：★

01 导入"素材\第6章\练习6-3\卡通动物.jpg"素材图片，如图6-7所示。

图6-7 导入素材

02 执行"插入"→"新建元件"命令，如图6-8所示，打开"创建新元件"对话框，在"类型"下拉列表中选择"影片剪辑"选项，如图6-9所示。

03 单击"确定"按钮，即可完成影片剪辑的创建。

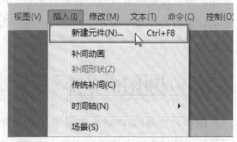

图6-8 选择"新建元件"选项

图6-9 "创建新元件"对话框

6.1.4 "库"面板的组成

"库"面板默认在工作区的右侧，若关闭了"库"面板，按Ctrl+L快捷键，或者执行"窗口"→"库"命令即可重新打开，如图6-10所示。

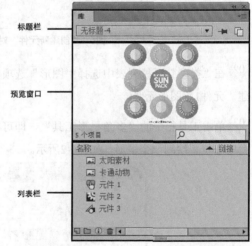

图6-10 "库"面板

1. 标题栏

标题栏中显示当前Flash文档的名称。单击最右端的"隐藏"按钮▤，弹出下拉菜单可以执行一些新的命令，如图6-11所示。

2. 预览窗口

通过预览窗口可以快速找到自己想要的元素。在"库"面板中选中的元件，在预览窗口中会显示出相应的图像效果。比如元件、位图，显示的是其默认状态下的图像，如图6-12所示。如果选中的是声音，则显示的是声波纹路，如图6-13所示。

图6-11 按钮菜单　　　**图6-12 预览元件效果**

图6-13 预览声音效果

3. 列表栏

列表栏里列着所有的动画元素，并且每个元素的名称是独一无二的。我们可以更改元素的名称，

便于我们快速准确地找到所需的动画元素。

6.1.5 课堂案例——制作气泡按钮

下面采用创建按钮元件、改变实例的颜色与透明度、为元件添加滤镜的方式，通过制作气泡按钮实例来巩固所学知识。

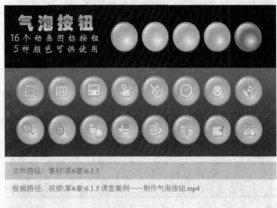

文件路径：素材\第6章\6.1.5

视频路径：视频\第6章\6.1.5 课堂案例——制作气泡按钮.mp4

01 启动Flash CC，执行"文件"→"新建"命令，新建一个文档（590×300），如图6-14所示。

图6-14 "新建文档"对话框

02 使用"矩形工具"在舞台下部绘制一个688×244的矩形，并填充从深蓝色（# 011E47）到浅蓝色（# 3B87AD）的线性渐变颜色，如图6-15所示。

03 在舞台上半部绘制一个688×176的黑色矩形，如图6-16所示。

04 选中两个矩形图形，按F8键，将图形转换为一个元件，命名为"背景"。

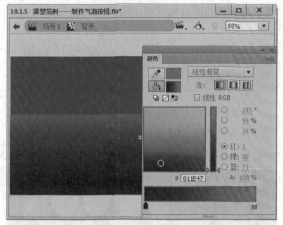

图6-15 绘制渐变矩形

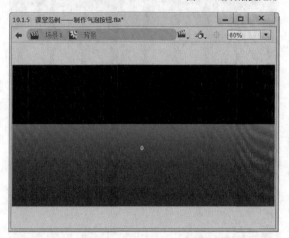

图6-16 绘制黑色矩形

05 新建图层，改名为"按钮"，使用"椭圆工具"在舞台下半矩形的左上角绘制一个圆形，填充浅蓝色（#B3C6D7）到透明色的径向渐变颜色，调整渐变条的滑块，如图6-17所示。

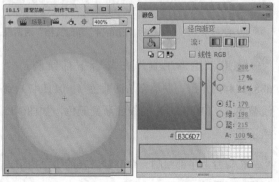

图6-17 绘制渐变圆形

06 将圆形转换为元件，双击元件，进入元件编辑

模式。

07 新建"图层2"，绘制一个椭圆，填充从白色到浅蓝色（#8BE2FE）到深蓝色（#0182B8）的径向渐变，如图6-18所示。

08 新建"图层3"，绘制一个从透明色到蓝色（#228FFD）的径向渐变，调整球形的色调效果，如图6-19所示。

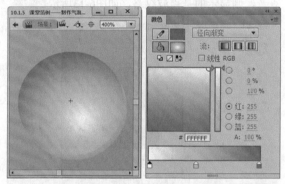

图6-18 绘制径向渐变椭圆

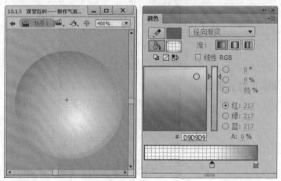

图6-19 绘制渐变椭圆

09 新建图层，绘制小圆形并填充从透明色到白色的径向渐变，使用"渐变变形工具"调整渐变色的位置，如图6-20所示。

10 返回上一个元件，新建"图层2"，使用"绘图工具"在舞台中绘制一个信封图形，如图6-21所示。

11 将图形转换为元件，并双击该图形，进入元件编辑模式，选中第31、37、38帧，插入关键帧，使用"任意变形工具"将图形稍微旋转，如图6-22所示。

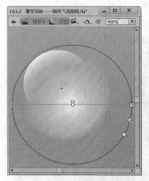

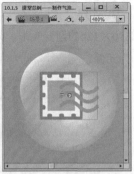

图6-20 调整渐变位置　　图6-21 绘制信封图形

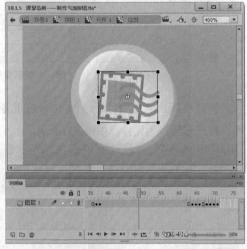

图6-22 旋转图形

⑫ 返回上一个元件，新建"图层3"，使用"铅笔工具"，设置笔触大小为10，笔触颜色及透明度为10%的黑色（#000000），在舞台中绘制一个圆框，如图6-23所示。

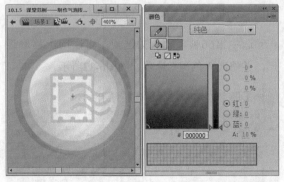

图6-23 绘制圆形边框

⑬ 使用"椭圆工具"绘制一个从浅蓝色（#B3C6D7）到透明色的径向渐变圆形，如图6-24所示。

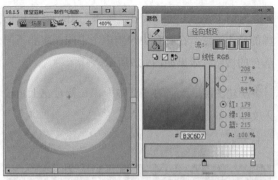

图6-24 绘制径向渐变圆形

⑭ 选中绘制的圆形，按F8键，将图形转换为按钮元件，并插入"点击"关键帧，如图6-25所示。

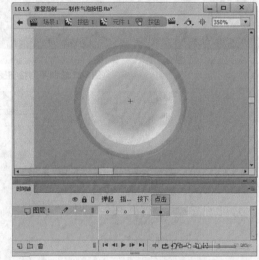

图6-25 插入"点击"关键帧

⑮ 返回上一个元件，此时舞台中的图形效果如图6-26所示。

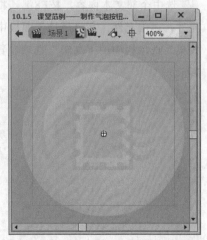

图6-26 图形效果

131

(16) 返回"场景1",选中"按钮"图层,使用同样的操作方法,在舞台中绘制多个不同图案和不同颜色的按钮,效果如图6-27所示。

(17) 新建图层,改名为"文本",在舞台左上角输入文本,如图6-28所示。

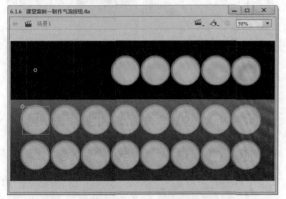

图6-27 绘制不同按钮图形

图6-28 输入文本

(18) 选中全部文本内容,按F8键,将文本转换为元件,单击元件,在"属性"面板中设置"色彩效果"选项栏中的"高级"选项参数,如图6-29所示。

图6-29 调整"高级"选项

(19) 新建"图层2",在文本上方绘制一个390×126的渐变矩形,如图6-30所示,将矩形转换为元件。

图6-30 绘制渐变矩形

(20) 新建"图层3",绘制一个566×81的渐变矩形,将图形转换为元件,如图6-31所示。

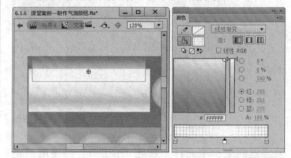

图6-31 绘制渐变矩形

(21) 选中第34帧,按F6键,插入关键帧,将图形向下移动,并在"属性"面板中调整"色调"参数,如图6-32所示。

(22) 选中第66帧,插入关键帧,再次向上移动矩形,并修改"色调"选项,如图6-33所示。

(23) 在每个关键帧之间创建传统补间。

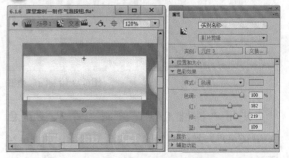

图6-32 调整"色调"参数

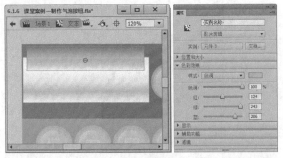

图6-33 调整"色调"参数

㉔ 新建"图层4"，选择文本图层，选中原始文本，单击鼠标右键，选择"复制"选项，再选中"图层4"，执行"编辑"→"粘贴到当前位置"命令，复制文本到舞台，如图6-34所示。

图6-34 复制文本列舞台

㉕ 在"图层4"中单击鼠标右键，选择"遮罩层"选项，创建"图层2"和"图层3"的遮罩，隐藏所有遮罩层，此时舞台中的文字效果如图6-35所示。

图6-35 文字效果

㉖ 完成该动画的制作，按Ctrl+Enter快捷键测试动画效果，如图6-36所示。

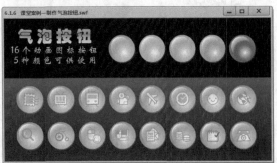

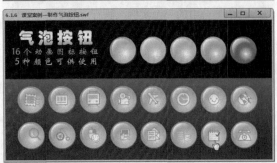

图6-36 测试动画效果

6.2 实例的创建与应用

　　元件实例是指位于舞台上或嵌套在另一个元件内的元件副本。

　　实例可以与其父元件在颜色、大小和功能方面有差别，编辑元件会更新它的所有实例。元件在Flash中起着很大的作用，文档中的任何地方都可以创建元件实例。

6.2.1 建立实例

　　将"库"面板中的元件拖曳到舞台中，就可以创建一个实例。执行"文件"→"打开"命令，打开"库"面板，将元件拖曳到舞台中创建实例，如图6-37所示。

图6-37 建立实例

6.2.2 转换实例的类型

选中舞台中的一个实例，执行"窗口"→"属性"命令，打开"属性"面板，在"类型"下拉列表中选择需要修改成的类型即可，如图6-38所示。

图6-38 转换实例类型

打开"库"面板，使用鼠标右键单击元件，执行"属性"命令，在弹出的"元件属性"对话框中修改其类型也可以改变实例的类型。

6.2.3 替换实例引用的元件

替换元件实例可以在设计时将原有实例替换为其他实例，使用交换实例可以将原实例的所有属性应用于新实例上，而不必在替换实例后重新对属性进行编辑。

6.2.4 改变实例的颜色和透明效果

在Flash中，可以为元件设置不同的色彩效果。选择实例，进入"属性"面板，在"色彩效果"选项栏单击"样式"按钮，打开下拉菜单，如

图6-39所示。

图6-39 "样式"下拉列表

下面分别介绍主要选项的功能与用法。

● 亮度：拖动滑块或者输入 – 100~100的值来调节图像的亮度，如图6-40所示。

图6-40 亮度对比

● 色调:使用色调调整元件色彩。设置色调从透明到完全饱和，可将色调滑块拖动至合适位置，

或者输入数值，如图6-41所示。还可以拖动红、绿、蓝颜色滑块调整颜色，或者直接在颜色选择器中选取颜色，如图6-42所示。

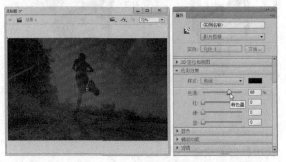

图6-41 拖动色调滑块

图6-42 选取颜色

- 高级:分别调节实例的红、绿、蓝和透明度。Alpha控件可以按指定的百分比降低颜色或者透明度，如图6-43所示。其他控件可以按

常数降低或增大颜色或透明度值，如图6-44所示。

图6-43 调整"Alpha"值

图6-44 调整颜色控件

- Alpha：通过拖动滑块或者直接输入数值可以调节元件的透明度，100为正常显示，0为完全透明，如图6-45所示。

图6-45 透明度对比

图6-45 透明度对比（续）

图6-48 分离元件

6.2.5 为元件添加滤镜

Flash中有3类元件，除了图形元件无法添加滤镜外，其他两种均可添加。选择元件实例，其"属性"面板中出现"滤镜"选项栏，如图6-46所示。单击"添加滤镜"按钮，弹出下拉菜单，如图6-47所示。

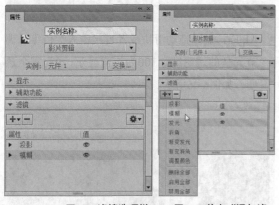

图6-46 滤镜选项栏　　图6-47 单击"添加滤镜"按钮

6.2.6 分离实例

要断开一个实例与一个元件之间的链接，并将该实例放入组合形状和线条集合中，可以分离该实例。

选中舞台中的一个实例，执行"修改"→"分离"命令，该实例被分离成几个图形元素，如图6-48所示。

分离之后，可以对图像的局部进行修改，例如使用涂色和绘画工具。

6.2.7 元件编辑模式

在"库"面板中可以修改元件的名称，右击元件，执行"重命名"命令，如图6-49所示。或者直接在元件名称上双击，输入名称即可，如图6-50所示。注意若在元件图形上双击，则会进入该元件的编辑界面。

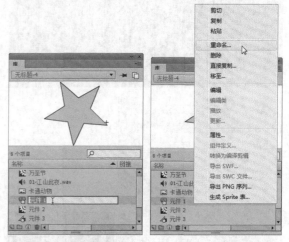

图6-49 执行"重命名"命令　　图6-50 双击元件名称

6.2.8 课堂案例——制作火柴点火动画

下面采用导出创建实例、进入元件编辑模式的方式，通过制作火柴点火动画的实例来巩固所学知识。

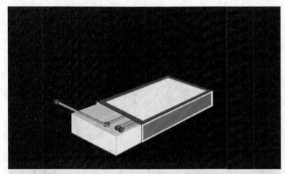

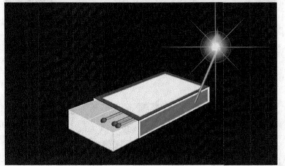

文件路径：素材\第6章\6.2.8

视频路径：视频\第6章\6.2.8 课案案例——制作火柴点火动画.mp4

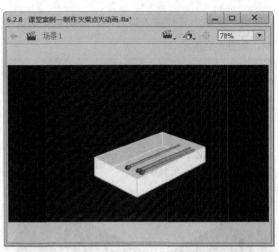

图6-52 导入"火柴盒"素材

① 启动Flash CC，执行"文件"→"新建"命令，新建一个文档（550×320），如图6-51所示。

图6-51 "新建文档"对话框

② 在"库"面板中将"火柴盒"拖入舞台中，调整到适当位置，如图6-52所示。

③ 选中第31帧，按F6键，插入关键帧，移动至舞台左下角，在两个关键帧之间创建传统补间，如图6-53所示。

④ 新建"图层2"，在"库"面板中选择"火柴"元件，如图6-54所示。

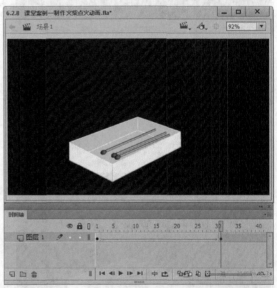

图6-53 创建传统补间

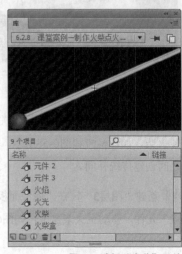

图6-54 选择"火柴"元件

137

05 将"火柴"元件拖入舞台中，移动至火柴盒里面，如图6-55所示。

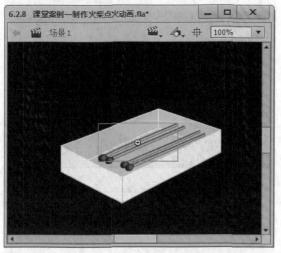

图6-55 拖入"火柴"元件

06 选中第31帧，按F6键，插入关键帧，使用"任意变形工具"，旋转并移动火柴元件，与火柴盒移动同步，如图6-56所示。

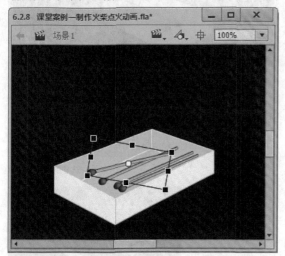

图6-56 调整元件

07 分别选中第40、50帧，插入关键帧，移动并旋转火柴，如图6-57和图6-58所示，并在每个关键帧之间创建传统补间。

08 新建"图层3"，在"库"面板中拖入"火柴盒盖"元件，移动至火柴盒上，如图6-59所示。

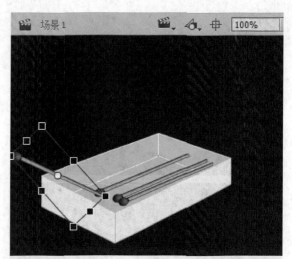

图6-57 调整元件

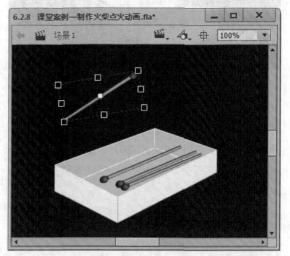

图6-58 调整元件

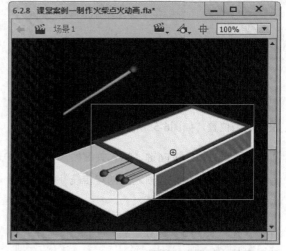

图6-59 拖入"火柴盒"元件

09 新建图层，选中第60帧，插入关键帧，使用"铅笔工具"，在"属性"面板中设置笔触样式为"点刻线"选项，在火柴盒上绘制一条线，笔触颜色为（#333333），如图6-60所示。

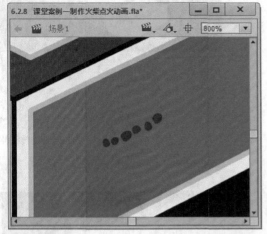

图6-60 绘制点刻线

10 选中64帧，插入关键帧，重新绘制一条线，填充颜色为（#FF6633），如图6-61所示。

图6-61 绘制点刻线

11 在第60~64帧之间的任意一帧，单击鼠标右键，选择"创建补间形状"选项，如图6-62所示。

12 新建"图层6"，选中第63帧，插入关键帧，使用"刷子工具"，在工具箱中设置刷子形状为正方形，在火柴盒上绘制一条曲线，并填充从白色到黑色的线性渐变颜色，透明度都设置为49%，如图6-63所示。

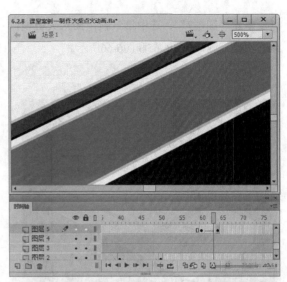

图6-62 创建补间形状

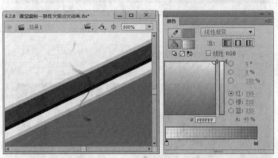

图6-63 绘制曲线

13 选中第70帧，插入关键帧，使用"任意变形工具"拉长曲线图形，并在第63~70帧之间创建补间形状，制作烟飘动的动画效果，如图6-64所示。

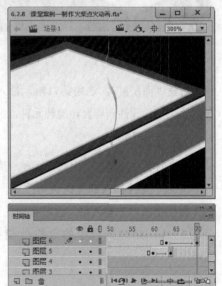

图6-64 制作补间形状动画

139

⑭ 新建"图层7",选中第51帧,插入关键帧,制作火柴动画,如图6-65和图6-66所示。

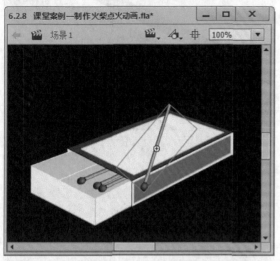

图6-65 火柴动画效果

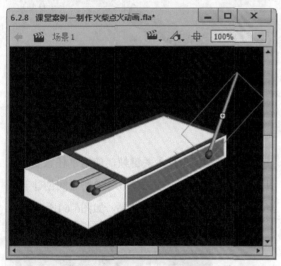

图6-66 火柴动画效果

⑮ 新建"图层8",选中第71帧,插入关键帧,导入"火柴"元件到舞台,旋转元件,并创建传统补间,如图6-67所示。

⑯ 新建图层,改名为"火焰",在"库"面板中将"火焰"元件插入到火柴头的位置,设置"属性"面板中的"色彩效果"选项栏中的"Alpha"值为39%,此时舞台中的火焰效果如图6-68所示。

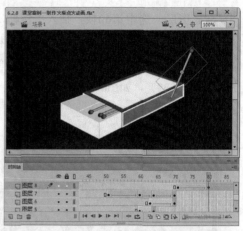

图6-67 创建传统补间

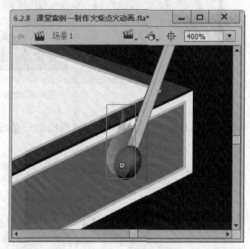

图6-68 火焰效果

⑰ 选中第80帧,插入关键帧,调整元件的位置和大小,单击"火焰"元件,设置"Alpha"值为55%,如图6-69所示。

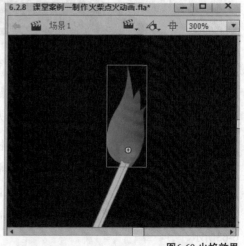

图6-69 火焰效果

⑱ 在第70~80帧之间创建传统补间。

⑲ 选中"火焰"图层,单击鼠标右键,选择"添加传统运动引导层"选项。使用"钢笔工具"绘制一条路径,如图6-70所示。

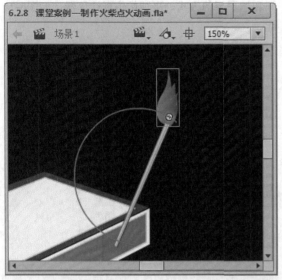

图6-70 绘制路径

⑳ 复制一层"火焰"图层和其引导层,并稍微调整位置,使其产生叠影,如图6-71所示。

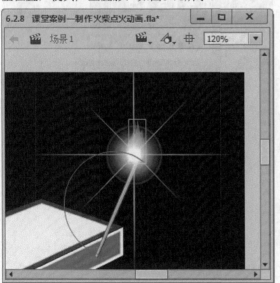

图6-71 叠影效果

㉑ 隐藏所有引导层。新建图层,改名为"闪光",使用"椭圆工具"在舞台中绘制一个光

亮的图形,并添加传统运动引导层,如图6-72所示。

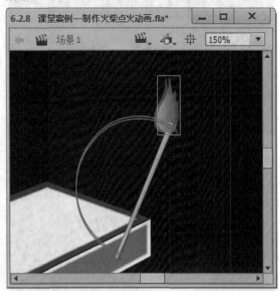

图6-72 制作闪光动画

㉒ 完成该动画的制作,按Ctrl+Enter快捷键测试动画效果,如图6-73所示。

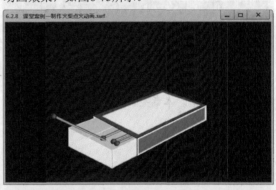

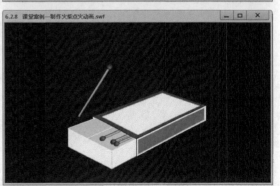

图6-73 测试动画效果

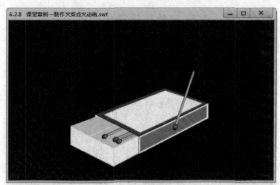

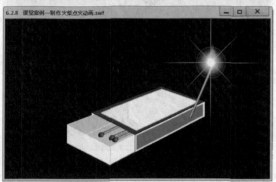

图6-73 测试动画效果（续）

6.3 本章总结

在创建和编辑Flash动画时，时刻都离不开元件、实例和库，它们在Flash动画的制作过程中发挥着重要的作用。本章主要介绍了应用库、元件和实例的方法。

6.4 课后习题——制作仿真计算器

本案例主要采用创建按钮元件、添加脚本代码和遮罩层的方式，来制作仿真计算器，如图6-74所示。

文件路径：素材\第6章\课后习题

视频路径：视频\第6章\6.4课后习题——制作仿真计算器.mp4

图6-74 课后习题——制作仿真计算器

第 **7** 章

基本动画的制作

───────────── 内容摘要 ─────────────

　　时间轴包括图层和帧，在关键帧之间可以创建补间动画，
补间的运用使动画的制作效率更高，步骤更简洁。帧显示在时
间轴中，不同的帧对应不同的时刻，画面随着时间的推移逐个
出现，就形成了动画。

7.1 帧与时间轴

在制作动画的过程中，可以在Flash中根据不同的需要插入不同类型的帧，以制作出不同的动画效果。时间轴基本操作包括编辑多个帧、设置时间轴样式等。

7.1.1 动画中帧的概念

帧是进行Flash动画制作的最基本的单位，每一个精彩的Flash动画都是由很多个精心雕琢的帧构成的，在时间轴上的每一帧都可以包含需要显示的所有内容，包括图形、声音、素材和其他多种对象。

- 关键帧：顾名思义，有关键内容的帧。用来定义动画变化、更改状态的帧，即可对舞台上的实例对象进行编辑的帧。
- 空白关键帧：空白关键帧是没有包含舞台上的实例内容的关键帧。
- 普通帧：在时间轴上能显示实例对象，但不能对实例对象进行编辑操作的帧。

7.1.2 帧的显示形式

帧包括空白关键帧、关键帧、普通帧。在时间轴的帧上，可以按F5键插入普通帧，按F6键插入关键帧，按F7键插入空白关键帧。各帧的含义介绍如下。

1. 关键帧和空白关键帧

关键帧是动画变化的关键点，补间动画的起点和终点以及逐帧动画的每一帧都是关键帧。空心圆点表示无内容的关键帧，即空白关键帧，如图7-1所示。实心圆点表示有内容的关键帧，即实关键帧，如图7-2所示。

图7-1 空白关键帧

图7-2 实关键帧

2. 普通帧

普通帧在时间轴中显示为一个矩形单元格，在舞台中不能进行编辑，但是可以显示。有内容的普通帧为灰色，如图7-3所示，无内容的普通帧为白色，如图7-4所示。

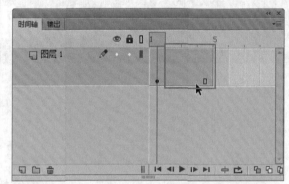

图7-3 有内容的普通帧

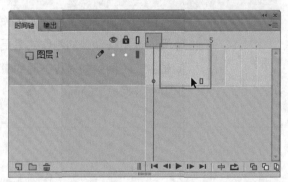

图7-4 无内容的普通帧

3. 帧的模式

单击时间轴右上方的"面板菜单"按钮 ，打开菜单，如图7-5所示。

下面对下拉菜单中各选项进行介绍。

- 很小：选择此项可以最大程度地缩短时间轴中帧的宽度，从而显示更多的帧，如图7-6所示。

图7-5 下拉菜单

图7-6 帧的宽度处于最低

- 小：缩短时间轴中帧的宽度，以狭窄的方式显示，如图7-7所示。

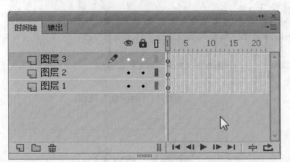

图7-7 帧的宽度比较小

- 一般：帧的默认模式，以默认的宽度显示，如图7-8所示。

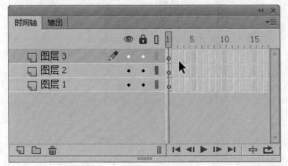

图7-8 帧的宽度一般大小

- 中：选择此项可以加宽时间轴中帧的宽度，如图7-9所示。

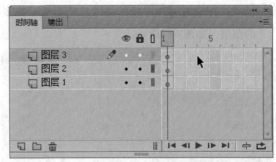

图7-9 帧的宽度中等大小

- 大：使时间轴上的帧以最大宽度显示，如图7-10所示。
- 预览：选择此项，将在每个关键帧中显示该帧内元素的缩略图，如图7-11所示。

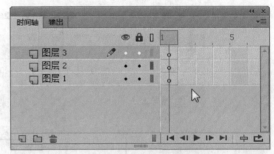

图7-10 帧的宽度处于最大

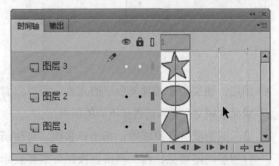

图7-11 "预览"模式

- 关联预览：选择此项，将在每个关键帧中显示该帧内元素状态及位置的缩略图，如图7-12所示。

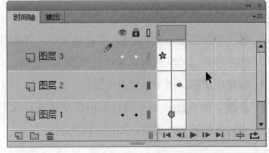

图7-12 "关联预览"模式

145

- 较短：缩短时间轴中帧的高度，从而显示更多
  的图层，如图7-13所示。

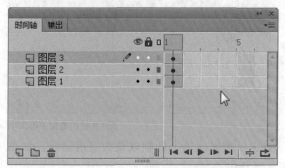

图7-13 图层的高度较短

7.1.3 "时间轴"面板

时间轴在Flash动画制作中非常重要，它主要是由帧、层和播放指针组成，用户可以改变时间轴的位置，可以将时间轴停靠在程序窗口的任意位置，图层信息显示在"时间轴"面板的左侧空间，帧和播放指针显示在右侧空间，在时间轴的底部有一排工具，使用这些工具，可以编辑图层，也可以改变帧的显示方式。

执行"窗口"→"时间轴"命令，打开"时间轴"面板，如图7-14所示。时间轴从形式上可以分为两部分，左侧的图层操作区和右侧的帧操作区。

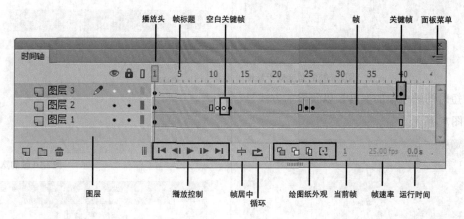

图7-14 "时间轴"面板

- 图层：图层用于管理舞台中的元素，可以将背景元素和文字元素放置在不同的层中。
- 显示或隐藏所有图层👁：单击该按钮，可使所有图层均不可见，再次单击该按钮可重新显示所有图层中的内容。
- 锁定或解除锁定所有图层🔒：单击该按钮，可锁定所有图层，此时图层将不可操作，再次单击该按钮即可解除锁定。
- 将所有图层显示为轮廓□：单击该按钮，图层中的内容会以轮廓的形式显示，如图7-15所示。
- 新建图层🖹：用于创建新的图层。
- 新建文件夹📁：用于新建图层组文件夹，文件夹可以放置多个图层，如图7-16所示。

图7-15 轮廓显示

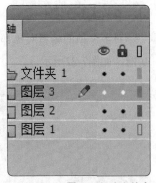

图7-16 新建文件夹

- 删除 🗑: 用于删除指定的图层或文件夹等对象。
- 播放头: 用于指示当前播放位置或编辑的位置, 可以对其进行单击或拖动操作。
- 帧标题: 位于时间轴的顶部, 用于指示帧编号。
- 帧: 帧是Flash影片的基本组成部分, 每个层中包含的帧显示在该层名称右侧的一行中。Flash影片播放的过程就是每一帧的内容按顺序呈现的过程。帧放置在图层上, Flash按照从左到右的顺序来播放帧。
- 空白关键帧: 为了在帧中插入要素, 首先必须创建空白关键帧。
- 关键帧: 在空白关键帧中插入要素后, 该帧就变成了关键帧, 将从白色的圆变为黑色的圆。
- 面板菜单: 单击该按钮弹出面板菜单, 该菜单提供了更改时间轴位置和帧大小的命令, 这些命令可以方便用户更好地对时间轴进行管理和操作。
- 帧居中: 单击该按钮, 可以自动将选定的帧显示于时间轴可视区域中的中间位置。
- 循环: 单击该按钮可循环播放指定的帧, 可以通过移动帧标题上的帧括号来指定用于循环播放的范围, 如图7-17所示。
- 当前帧: 用于显示播放头所在位置的帧编号。
- 帧速率: 用于显示1秒内显示的帧的个数, 默认为24帧\秒, 即1秒显示24个帧。
- 运行时间: 用于显示播放头所处位置为止动画的播放时间。帧的速率不同, 动画的插入时间也会不同。

- 绘图纸外观: 单击该按钮, 可在场景中同时显示多帧要素, 便于在操作时查看帧的运动轨迹, 如图7-18所示。

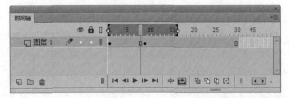

图7-17 循环播放范围

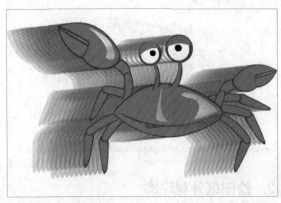

图7-18 运动轨迹

- 播放控制: 用于控制动画的播放, 从左到右依次为: 转到第一帧、后退一帧、播放、前进一帧和转到最后一帧。

7.1.4 绘图纸功能

默认情况下, Flash在舞台中一次只显示一个帧的内容, 这是有局限的, 有时我们需要前后对比才能判断当前帧内容的最佳位置。为了更好地定位和编辑动画, 可以利用"绘图纸外观"功能, 开启此功能能在舞台中同时显示多个帧的内容。图7-19所示为绘图纸外观的各选项。

图7-19 绘图纸外观各选项

下面我们来一起了解绘图纸外观。

1. 绘图纸外观

在一个帧中显示多个帧的内容，如图7-20所示。但只能修改编辑当前帧的内容，无法编辑其他帧的内容。

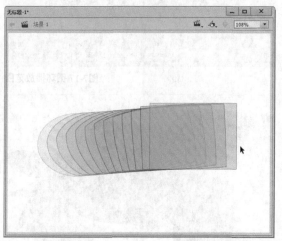

图7-20 绘图纸外观

2. 绘图纸外观轮廓

在一个帧中显示多个帧的轮廓。仅显示外轮廓线有助于正确地定位，如图7-21所示。

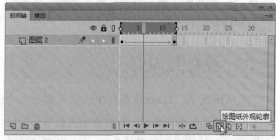

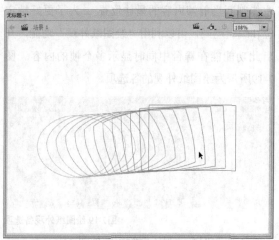

图7-21 绘图纸外观轮廓

3. 编辑多个帧

对多个帧的编辑对象都进行修改时需要用这个功能，如图7-22所示。

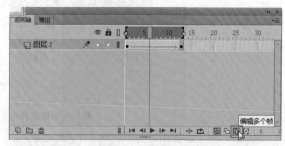

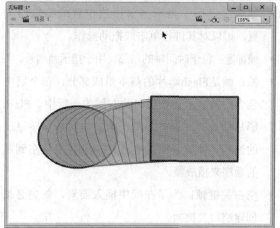

图7-22 编辑多个帧

4. 修改标记

主要用于修改当前绘图纸的标记，通常情况下，移动播放指针的位置，绘图纸的位置也会随之变化。单击该按钮弹出下拉菜单，如图7-23所示。

图7-23 修改标记

下面对这些选项进行介绍。

- 始终显示标记：选择此选项，不管是否打开绘图纸功能，都会在时间轴上显示绘图纸。
- 锚定标记：固定绘图纸标记，使其不再跟随播放头的移动而发生位置改变。
- 标记范围2：以当前帧为中心的前后2帧范围内

以绘图纸外观显示。

- 标记范围5：以当前帧为中心的前后5帧范围内以绘图纸外观显示。
- 标记所有范围：将所有的帧以绘图纸外观显示。

7.1.5 课堂案例——制作水波纹进度条

下面采用创建关键帧的方式，通过制作水波纹进度条实例来巩固所学知识。

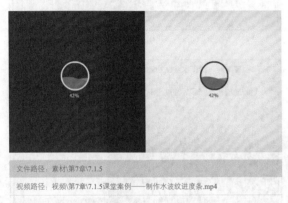

文件路径：素材\第7章\7.1.5

视频路径：视频\第7章\7.1.5课堂案例——制作水波纹进度条.mp4

① 启动Flash CC，执行"文件"→"新建"命令，新建一个文档（590×300）。

② 使用"矩形工具"在舞台左侧绘制一个295×300的黑色矩形，如图7-24所示。同样在舞台右侧绘制相同大小的白色矩形。

③ 新建"图层2"，使用"矩形工具"绘制一个590×300的绿色（#33FF66）矩形，按F8键，转换为元件，如图7-25所示。

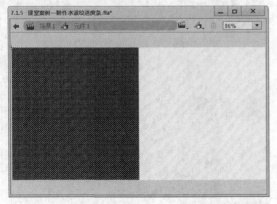

图7-24 绘制矩形

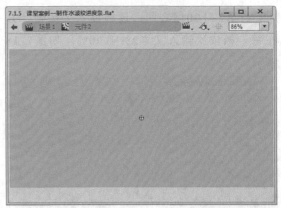

图7-25 绘制绿色矩形

④ 选中绿色矩形元件，在"属性"面板中设置"高级"选项参数，如图7-26所示。

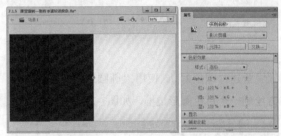

图7-26 设置"高级"参数

⑤ 新建"图层3"，使用"文本工具"，在黑色矩形位置输入"1%"，选中文本，按F8键，转换为元件，并双击元件，进入元件编辑模式，如图7-27所示。

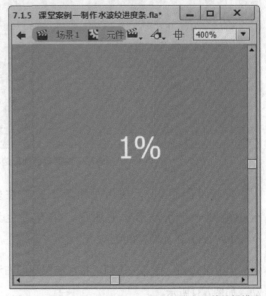

图7-27 进入元件编辑模式

06 在第2~100帧之间，逐帧插入关键帧，并在每一帧依次输入文本2%~100%，如图7-28所示。

图7-28 插入关键帧

07 新建"图层2"，使用"椭圆工具"在文本上方绘制一个白色圆形边框，如图7-29所示。

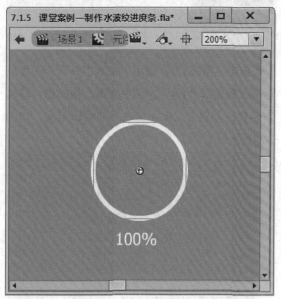

图7-29 绘制白色圆形边框

08 新建"图层3"，使用"铅笔工具"在舞台中绘制一个水波形状的图形，填充颜色为（#5E8CD9），如图7-30所示。

09 选中第30帧，插入关键帧，将水波图形向右移动，如图7-31所示。

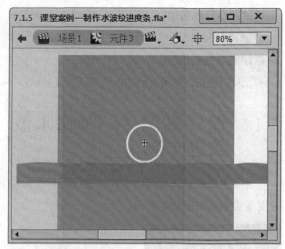

图7-30 绘制水波形状

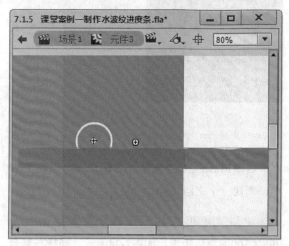

图7-31 移动图形

10 选中第31、60、61、90、91、99、100帧，插入关键帧，在每个关键帧移动水波图形至圆形边框位置处，如图7-32所示。

图7-32 移动图形

⑪ 选中第101帧，使用"任意变形工具"放大水波图形，并移动到圆形边框上方，如图7-33所示。

⑫ 在每个关键帧之间创建传统补间，如图7-34所示。

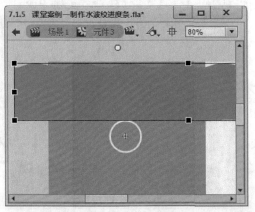

图7-33 放大图形

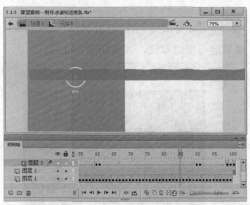

图7-34 创建传统补间

⑬ 新建"图层4"，使用"铅笔工具"绘制另一个水波图形，填充颜色为（＃376CA8），如图7-35所示。

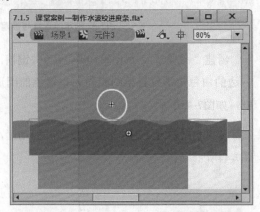

图7-35 绘制水波图形

⑭ 使用相同的方法制作同样的水波图形向上移动的传统补间动画，如图7-36所示。

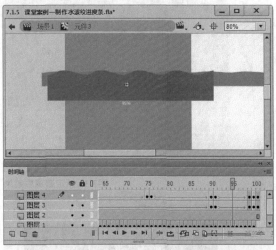

图7-36 创建传统补间

⑮ 新建"图层5"，使用"椭圆工具"在圆形边框的位置绘制一个大小相同的圆形，如图7-37所示。

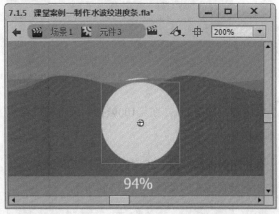

图7-37 绘制圆形

⑯ 选中"图层5"，单击鼠标右键，选择"遮罩层"选项。锁定所有遮罩层与被遮罩层，效果如图7-38所示。

⑰ 返回"场景1"，选中"图层3"，在第100、111、122帧插入关键帧。

⑱ 选中第111帧，单击舞台中的圆形元件，在"属性"面板设置"Alpha"值为8%。选中第112帧，修改"Alpha"值为0%，在第100~122帧之间创建传统补间，如图7-39所示。

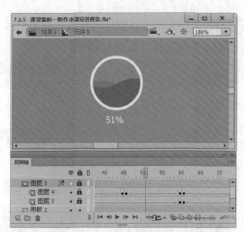

图7-38 锁定遮罩层效果

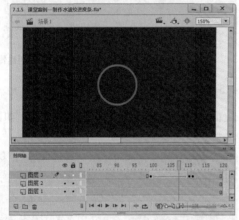

图7-39 创建传统补间

⑲ 新建"图层4"，在第100帧插入关键帧，绘制水波图形。

⑳ 使用同样的方法在相同的位置插入关键帧，制作相同的传统补间动画，如图7-40所示。

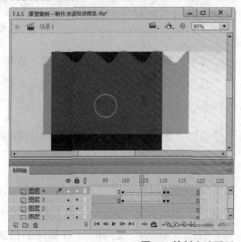

图7-40 绘制水波图形

㉑ 新建"图层5"，单击鼠标右键，选择"遮罩层"选项，选中第100帧，插入关键帧，绘制一个圆形遮罩，如图7-41所示。

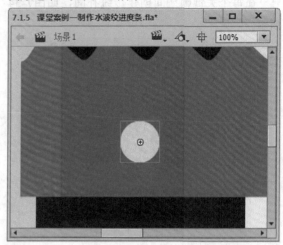

图7-41 绘制圆形遮罩

㉒ 选中遮罩层，制作相同的传统补间动画，锁定遮罩层与被遮罩层，效果如图7-42所示。

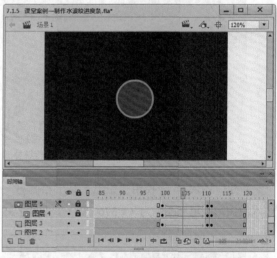

图7-42 锁定遮罩层与被遮罩层

㉓ 新建"图层6"，选中第100帧插入关键帧，在右边的白色矩形位置绘制相同大小黑色的圆形边框，如图7-43所示。

㉔ 使用相同的方法制作水波进度条补间动画，如图7-44所示。

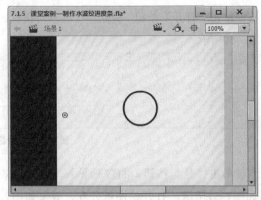

图7-43 绘制黑色圆形边框

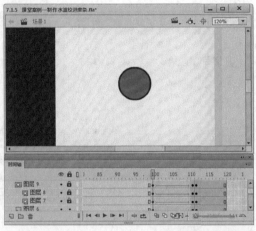

图7-44 创建传统补间

㉕ 完成该动画的制作，按Ctrl+Enter快捷键测试动画效果，如图7-45所示。

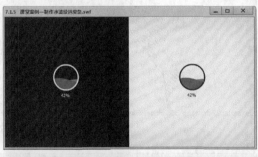

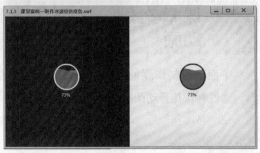

图7-45 测试动画效果

7.2 帧动画

创建逐帧动画需要将每一帧都定义为关键帧，每个帧都在前一帧内容的基础上产生细微的变化，使其连续起来构成一个动作。

7.2.1 认识逐帧动画

逐帧动画，顾名思义即一帧一帧地播放而产生的动画，每一帧都有实实在在的内容，如图7-46所示。在传统的动画制作中，大多是采用这种形式。

逐帧动画是在时间轴中逐个建立具有不同内容属性的关键帧，在这些关键帧中的图形将保持大小、形状、位置、色彩的连续变化，可以在播放过程中形成连续变化的动画效果。图7-47所示为汽车开动到停止的连续变化。

图7-46 逐帧动画帧效果

图7-47 汽车开动到停止的连续变化

逐帧动画灵活性比较强，适合表现细腻的动画以及画面变化较大的复杂动画。但是因为逐帧动画需要绘制每一帧的内容，所以逐帧动画的工作量非常大。

7.2.2 导入逐帧动画

导入逐帧动画，只需要导入图像序列的开始帧，其他的就自动导入到舞台了。下面讲解导入逐帧动画的操作方法。

【练习 7-1】导入逐帧动画

文件路径：素材\第7章\练习7-1

视频路径：视频\第7章\练习7-1导入逐帧动画.mp4

难易程度：★

01 执行"文件"→"导入"→"导入到舞台"命令，如图7-48所示。

图7-48 执行"导入到舞台"命令

02 弹出"导入"对话框，选择要导入的图片，如图7-49所示。

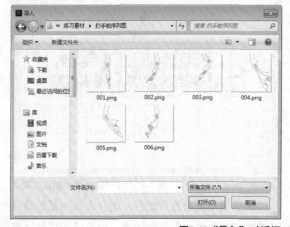

图7-49 "导入"对话框

03 单击"打开"按钮，弹出一个提示对话框，如图7-50所示。

图7-50 提示对话框

04 单击"是"按钮，将序列导入，时间轴效果如图7-51所示，打开绘图纸外观，效果如图7-52所示。

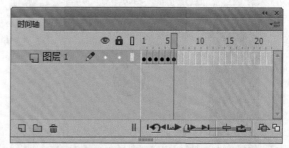

图7-51 时间轴效果

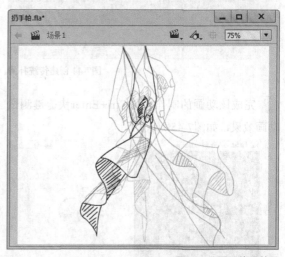

图7-52 绘图纸外观效果

7.2.3 课堂案例——制作花开动画

下面采用制作逐帧动画的方式，应用绘图工具，通过制作花开动画实例来巩固所学知识。

154

文件路径：素材\第7章\7.2.3

视频路径：视频\第7章\7.2.3课堂案例——制作花开动画.mp4

⑴ 启动Flash CC，执行"文件"→"新建"命令，新建一个文档（590×300），如图7-53所示。

图7-53 "新建文档"对话框

⑵ 执行"文件"→"导入"→"导入到舞台"命

令，导入背景素材"树林场景.jpg"到舞台，如图7-54所示。

图7-54 导入背景素材

⑶ 新建"图层2"，使用"铅笔工具"绘制一个草丛，如图7-55所示。

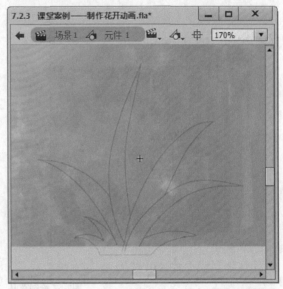

图7-55 绘制草丛

⑷ 使用"填充工具"填充叶子颜色，其中阴影部分颜色为（＃203629），光照部分颜色为（＃244F33），并转换为元件，如图7-56所示。

⑸ 新建"图层3"，同样绘制一个草丛，阴影的填充颜色修改为（＃17323B），如图7-57所示。

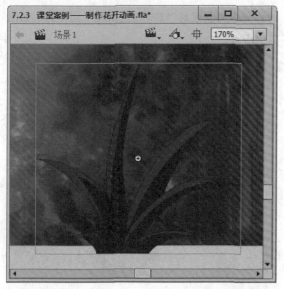

图7-56 填充颜色

 技巧与提示

　　可以导入素材中的"素材\第7章\7.2.3\草丛.png"文件。

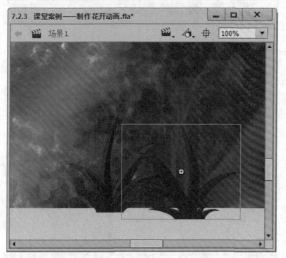

图7-57 绘制草丛

06 新建"图层4"，使用"铅笔工具"在舞台中绘制一朵闭合的花，如图7-58所示。

 技巧与提示

　　可以导入素材中的"素材\第7章\7.2.3\草丛2.png"文件。

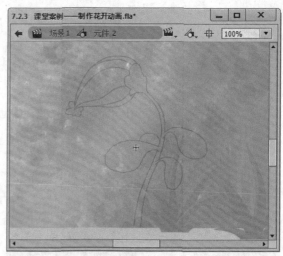

图7-58 绘制花

07 给花填充颜色（#EAEEEB），花的阴影部分填充颜色为（#BDCAC0），如图7-59所示。

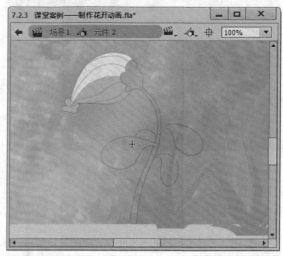

图7-59 填充颜色

08 填充叶子和根的颜色（#44643F），其中阴影部分颜色为（#），如图7-60所示。

09 插入关键帧，在第1~20帧之间每一帧都插入关键帧，绘制花茎慢慢伸直的逐帧动画，如图7-61所示。

 技巧与提示

　　可以导入素材中的"素材\第7章\7.2.3\花\花0001.png"文件。

图7-60 填充颜色

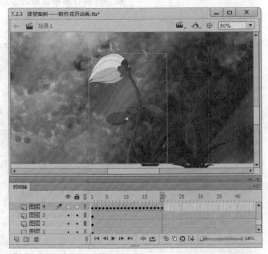

图7-61 绘制花

⑩ 选中第23帧，插入关键帧，使用"刷子工具"在舞台中点一点，绘制小花瓣，如图7-62所示。

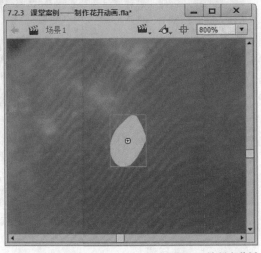

图7-62 绘制小花瓣

⑪ 新建"图层4"的引导层，绘制一条路径，如图7-63所示。

⑫ 选中"图层4"，插入多个关键帧，将花瓣图形慢慢沿着路径移动，逐渐移动到路径最下端，如图7-64所示。

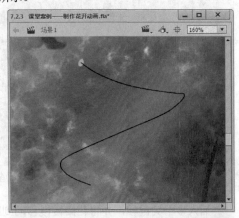

图7-63 绘制路径

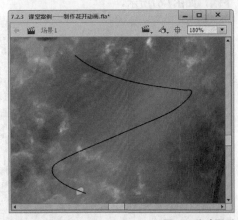

图7-64 移动图形

⑬ 在每个关键帧之间创建传统补间，如图7-65所示。

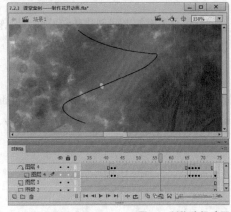

图7-65 制作路径动画

⑭ 新建图层和引导层，使用同样的方法绘制多条花瓣路径，如图7-66所示。

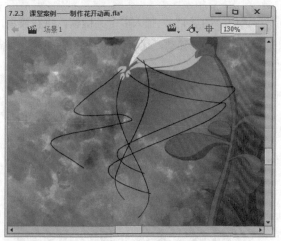

图7-66 绘制多条路径

⑮ 插入多个关键帧，并将花瓣慢慢移动到路径最下端，如图7-67所示。

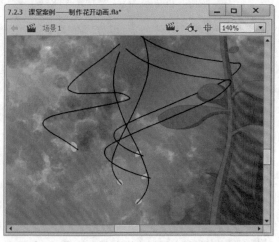

图7-67 沿着路径移动图形

⑯ 在每个关键帧之间创建传统补间，制作多条花瓣路径动画，如图7-68所示。

⑰ 隐藏所有的引导层，新建一个图层，命令为"花开"，在第21~66帧中的每一帧都插入关键帧，制作花慢慢绽开的逐帧动画，如图7-69和图7-70所示。

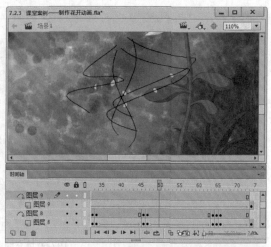

图7-68 制作多条花瓣路径动画

图7-69 制作逐帧动画

图7-70 制作逐帧动画

⑱ 绘制草丛，使画面更加丰富，如图7-71所示。

图7-71 绘制草丛

⑲ 完成该动画的制作，按Ctrl+Enter快捷键测试动画效果，如图7-72所示。

图7-72 测试动画效果

图7-72 测试动画效果（续）

7.3 补间动画

Flash中的基本动画包括逐帧动画、形状补间动画、传统补间动画和补间动画，本节将介绍传统补间动画和形状补间动画制作的基本内容，使用户可以熟练运用Flash制作比较简单的动画效果。

7.3.1 传统补间动画

传统补间动画的创建过程是比较复杂的，它要求作用的两个对象必须是元件或者组合图形，而且只能改变其位置、大小、角度，无法对形状、颜色、透明度等属性进行动画衍变。

确定好起始帧和结束帧后，在中间任意位置右击，在快捷菜单中选择"创建传统补间"选项，即可创建传统补间动画，如图7-73所示。选择补间动画中的任意一帧，"属性"面板中将显示传统补间动画的属性参数，如图7-74所示。

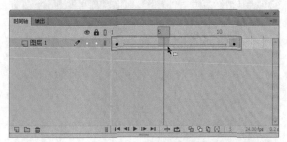

图7-73 创建传统补间动画

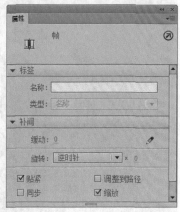

图7-74 补间属性

下面介绍各选参数的作用。

- 名称：即帧标签，仅限于关键帧。
- 类型：标签的类型，在修改了名称之后才会激活。单击下拉列表，共有3种选项，如图7-75所示。"名称"用于标识时间轴中的关键帧名称，在动作脚本中定位帧时，使用帧的名称，时间轴上效果如图7-76所示；"注释"表示注释类型的帧标签，只对所选中的关键帧加以注释和说明，文件发布为Flash影片时不包含帧注释的标识信息，所以不会增加导出SWF文件的大小，时间轴效果如图7-77所示。锚记可以使用浏览器中的"前进"和"后退"按钮，从一个帧跳到另一个帧，或是从一个场景跳到另一个场景，从而使得Flash动画的导航变得简单，时间轴效果如图7-78所示。将文档发布为SWF文件时，文件内部会包括帧名称和帧锚记的标识信息，文件会相应增大。

图7-75 标签名称类型

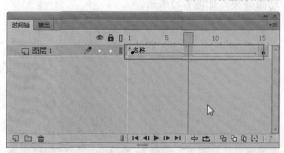

图7-76 时间轴名称显示效果

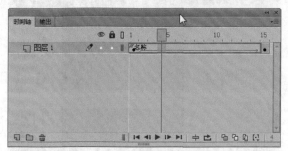

图7-77 注释时间轴显示效果

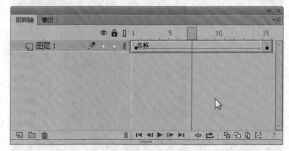

图7-78 锚记时间轴显示效果

- 缓动：设置缓入缓出的速度。设置好参数，如图7-79所示。在其后面有个"铅笔"图形，点击打开，即可打开自定义缓入和缓出，如图7-80所示。

图7-79 设置缓动为50

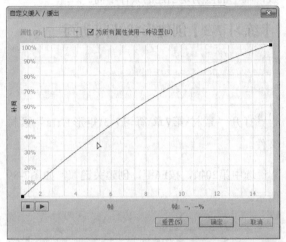

图7-80 自定义缓入/缓出面板

- 旋转：使对象发生旋转。打开下拉菜单，可以更改旋转的方向，如图7-81所示。后面有个参数，可以自动调节旋转次数，直接输入数值即可，如图7-82所示。

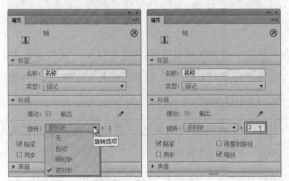

图7-81 更改旋转方向　　图7-82 调节旋转次数

下面通过一个简单的传统补间动画来了解缓动与旋转的作用及效果。

【练习7-2】创建传统补间动画

文件路径：素材\第7章\练习7-2

视频路径：视频\第7章\练习7-2创建传统补间动画.mp4

难易程度：★

①① 打开"素材\第7章\练习7-2\矩形.fla"素材文件。

②② 选中第10帧，按下F6键，创建关键帧，如图7-83所示。

③③ 将第10帧的矩形往右移动一段距离。右击中间的任意一帧，选择"创建传统补间"选项，如图7-84所示。

图7-83 创建关键帧

图7-84 执行"创建传统补间"命令

④④ 在时间轴中打开"绘图纸外观"功能，如图7-85所示。此时，舞台上所产生的效果，如图7-86所示。

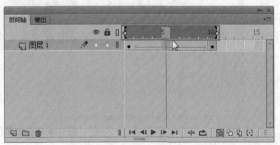

图7-85 打开"绘图纸外观"

161

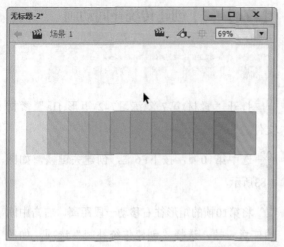

图7-86 绘图纸外观的效果

05 选中中间任意一帧，在帧"属性"面板中修改补间参数，如图7-87所示。此时，舞台所产生的效果如图7-88所示。

图7-87 修改参数

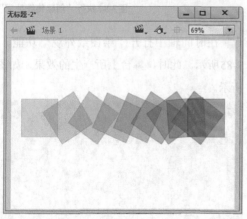

图7-88 舞台效果

7.3.2 形状补间动画

传统补间的出现确实让Flash的制作变得简单，尽管如此，还是存在局限性。可以执行传统补间动画的条件是同一个图形，只是发生位置、大小及角度的变化。而对于形状、颜色等无法进行转换。形状补间动画主要针对的是两个关键帧中图形在位置、大小、角度、形状、颜色及透明度方面的变化效果，且不需要是同一个图形。

创建形状补间动画的步骤与传统补间动画一致，唯一的区别是创建的条件不同。

【练习7-3】创建形状补间动画

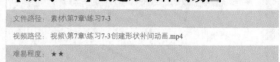

01 打开"素材\第7章\练习7-3\矩形1.fla"素材文件。

02 选中第20帧，按F6键，创建关键帧，如图7-89所示。

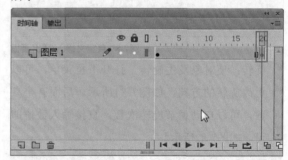

图7-89 在第20帧创建关键帧

03 选中第20帧的矩形将其往右移动一段位置，并选择"任意变形工具"将其逆时针旋转90°，并放大，如图7-90所示。

04 修改填充颜色为灰色，并将其透明度设置为30%，如图7-91所示。

05 使用"选择工具"修改其形状，如图7-92所示。

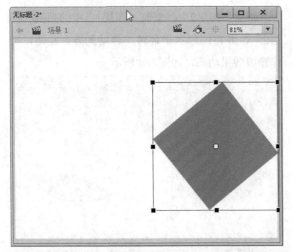

图7-90 旋转90°

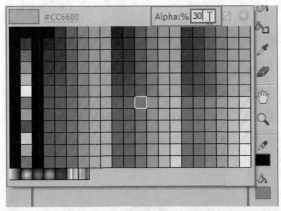

图7-91 将透明度设置为30%

图7-92 改变形状

06 选中中间任意一帧右击，在快捷菜单中选择"创建补间形状"选项，如图7-93所示。打开"绘图纸外观"，效果如图7-94所示。

图7-93 选择"创建补间形状"选项

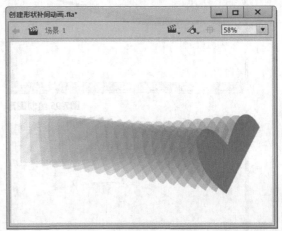

图7-94 打开绘图纸外观的舞台效果

7.3.3 课堂案例——制作写轮眼动画

下面采用制作传统补间动画、形状补间动画的操作方法，通过制作写轮眼动画的实例来巩固所学知识。

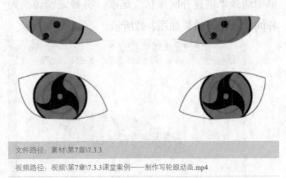

文件路径：素材\第7章\7.3.3

视频路径：视频\第7章\7.3.3课堂案例——制作写轮眼动画.mp4

01 启动Flash CC，执行"文件"→"新建"命令，新建一个文档（450×130），帧频为30fps。

02 使用"刷子工具"在舞台中绘制一个图形，填充灰色（#575757），如图7-95所示。

03 选中第7帧，按F6键，插入关键帧，使用"铅笔工具"在舞台中绘制一个眼眶，如图7-96所示。

图7-95 绘制图形

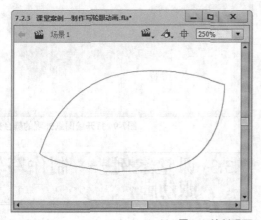

图7-96 绘制眼眶

04 选中第1~7帧中的任意一帧，右击，在快捷菜单中选择"创建补间形状"选项，将普通帧转换为补间形状帧，效果如图7-97所示。

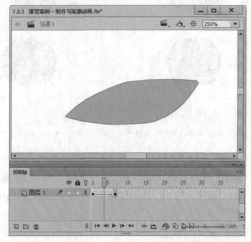

图7-97 创建补间形状

05 新建"图层2"，复制"图层1"中的帧到"图层2"，并将图形水平翻转，移动到舞台左侧，制作睁眼效果动画，如图7-98所示。

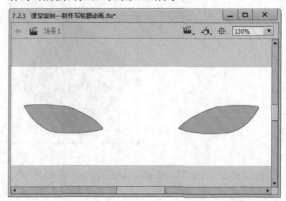

图7-98 复制帧

06 复制1~7帧的内容，制作多次睁眼的动画。

07 新建"图层3"，使用"椭圆工具"和"铅笔工具"等绘图工具，在左眼绘制一个眼球图形，其中红色为（#C93941），如图7-99所示。

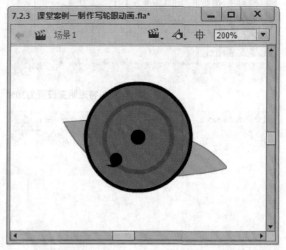

图7-99 绘制眼球图形

08 单击绘制的图形，按F8键，将图形转换为元件，双击该元件，进入元件编辑模式。

09 新建"图层2"，绘制一个黑色蝌蚪形状的图形，如图7-100所示，将图形转换为元件。

10 选中第25帧，插入关键帧，选中第1帧，单击黑色蝌蚪形状的元件，在"属性"面板中将"Alpha"值设置为0%。在两个关键帧之间，单击

鼠标右键，选择"创建传统补间"选项，传统补间
效果如图7-101所示。

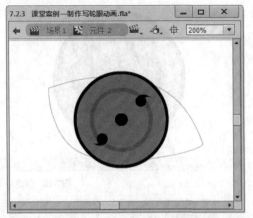

图7-100 绘制黑色蝌蚪图形

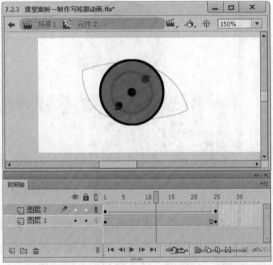

图7-101 创建传统补间

⑪　新建"图层3"，在第25帧插入关键帧，打开
"动作"面板，添加代码"stop();"，如图7-102所示。

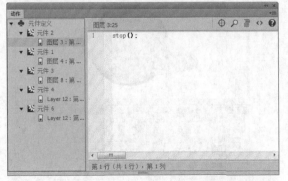

图7-102 添加代码

⑫　返回"场景1"，选中第31帧，插入关键帧，
双击该元件，进入元件编辑模式，插入关键帧，创
建引导层，绘制圆形路径，如图7-103所示，并制
作黑色蝌蚪图形转动的传统补间动画，如图7-104
所示。

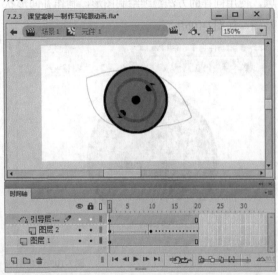

图7-103 绘制圆形路径

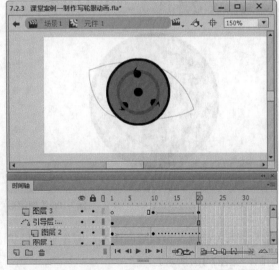

图7-104 创建传统补间

⑬　新建"图层4"，在第20帧插入关键帧，同样
添加"stop();"代码。

⑭　返回"场景1"，选中第50帧，插入关键帧，
双击该元件，进入元件编辑模式，新建图层，选

中第20帧，在圆形中绘制新的图形，如图7-105所示，并在关键帧之间创建补间形状，制作补间形状动画。

⑮ 返回"场景1"，双击圆形元件，插入关键帧，使用同样的方法继续绘制图形，制作补间形状动画，如图7-106所示。

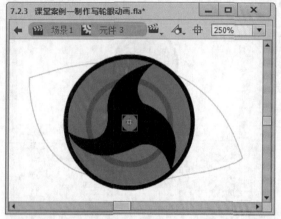

图7-105 绘制图形

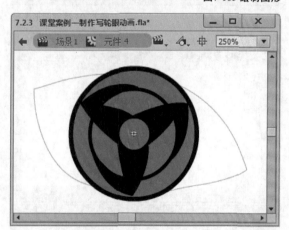

图7-106 绘制图形

⑯ 插入关键帧，再次绘制图形，制作补间形状动画，如图7-107所示。

⑰ 退出元件编辑模式，复制之前制作的补间动画的内容，使其反复播放。

⑱ 新建图层，右击选择"遮罩层"选项，复制"图层1"中的所有帧，制作眼球的遮罩，如图7-108所示。

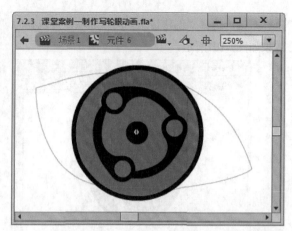

图7-107 创建补间形状

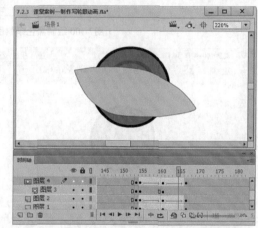

图7-108 制作眼球遮罩

⑲ 新建两个图层，将遮罩层与被遮罩层复制到新图层，并水平翻转图形，制作右眼补间形状动画，如图7-109所示。锁定遮罩层与被遮罩层，舞台效果如图7-110所示。

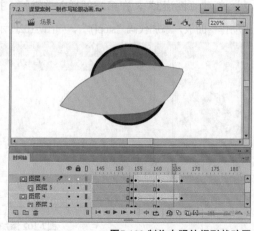

图7-109 制作右眼补间形状动画

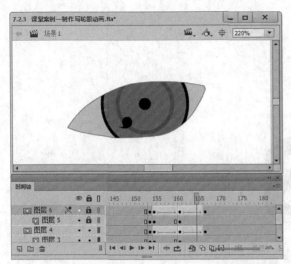

图7-110 锁定遮罩层效果

⑳ 完成该动画的制作，按Ctrl+Enter快捷键测试动画效果，如图7-111所示。

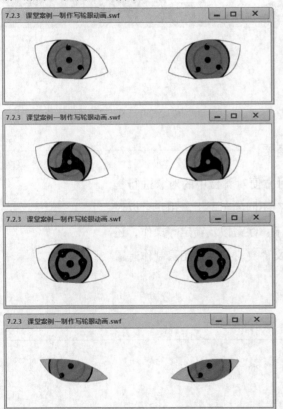

图7-111 测试动画效果

7.4 本章总结

时间轴是图层和帧组织并控制动画内容的窗口，二者都是动画制作中不可缺少的元素。本章主要介绍了帧与时间轴、帧动画和补间动画的基础知识。

7.5 课后习题——制作翻书动画

本案例主要采用创建形状补间动画的方法，来制作翻书动画，如图7-112所示。

文件路径：素材\第7章\课后习题

视频路径：视频\第7章\7.5课后习题——制作翻书动画.mp4

图7-112 课后习题——制作翻书动画

第 8 章

层与高级动画

内容摘要

为了创建和编辑Flash动画时方便对舞台中的对象进行管理，通常将不同类型的对象放置在不同的图层上。用户可以对图层进行创建、选择、编辑、显示、隐藏以及锁定等操作，还可以设置图层的属性、管理图层文件夹，并通过图层制作遮罩层、引导层动画等。

8.1 层、引导层与运动引导层的动画

在制作动画的过程中，为了在绘画时快速，准确地对齐对象，可创建引导层，以便将其他图层上的对象与在引导层上创建的对象对齐。引导层不会导出，不会显示在发布的SWF文件中，因此任何图层都可以作为引导层。

8.1.1 图层的编辑

图层是创作的基础，合理设置图层可以提高工作效率。当单击某个图层后，该图层显示为蓝色，说明该图层为当前所选图层。下面对图层进行基本的操作。

1. 预览

单击时间轴右上角的"面板菜单"按钮，在下拉菜单中选择"预览"选项，如图8-1所示，此时图层中的每一帧都将显示出对象的缩略图。

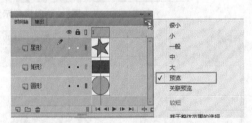

图8-1 选择"预览"选项

2. 选择

选择图层后才能对该图层中的内容进行编辑操作。按住Shfit键的同时单击鼠标，可以选择多个连续的图层，如图8-2所示。按住Ctrl键的同时在图层上单击鼠标，可以选择多个间隔的图层，如图8-3所示。

图8-2 选择多个连续图层

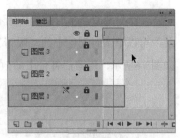

图8-3 选择多个不连续图层

3. 隐藏或显示

隐藏图层功能用来关闭暂时不需要编辑的图层，为需要编辑的图层提供清楚的环境。

例如需隐藏"星形"图层的操作方法如下。

【练习 8-1】隐藏图层

文件路径：	素材\第8章\练习8-1\几何图形.fla
视频路径：	视频\第8章\练习8-1 隐藏图层.mp4
难易程度：	★

01 打开"素材\第8章\练习8-1\几何图形.fla"素材文件。

02 单击时间轴中"眼睛"图标下方该图层名称右侧的，如图8-4所示。

03 舞台中的星形即被隐藏，效果如图8-5所示。再次单击"　"则可显示该图层。

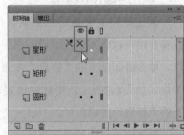

图8-4 隐藏图层

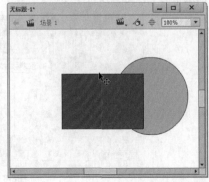

图8-5 隐藏后的效果

04 若要隐藏或显示时间轴中所有图层和文件夹图层，可以单击时间轴上的"眼睛"图标进行操作，如图8-6所示，隐藏后舞台上的效果如图8-7所示。

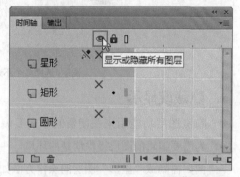

图8-6 隐藏全部图层

图8-7 隐藏全部效果

4. 锁定或解除锁定

锁定图层主要是防止影响其他图层的操作。在舞台中可以将不需要编辑的图层锁定，防止误操作。单击时间轴上的"锁定"按钮，即可锁定全部图层，如图8-8所示。要解除锁定，再次单击图层上的"锁定"按钮即可。

需要将单个图层锁定或解除锁定，则单击相应图层中的"锁定"按钮即可。

图8-8 锁定全部图层

5. 查看轮廓线

若要查看"星形"图层的轮廓线效果，操作方法如下。

【练习8-2】查看图层轮廓线

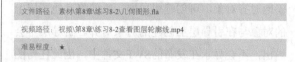

文件路径：素材\第8章\练习8-2\几何图形.fla
视频路径：视频\第8章\练习8-2查看图层轮廓线.mp4
难易程度：★

01 打开"素材\第8章\练习8-2\几何图形.fla"素材文件。

02 单击该图层的"轮廓"图标，如图8-9所示，即只显示该图层图形的轮廓，如图8-10所示。

图8-9 将图层显示为轮廓

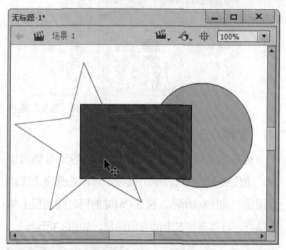

图8-10 显示为轮廓效果

03 若要查看全部图层的轮廓线，单击顶部"轮廓"图标，如图8-11所示。所有图形即只显示轮廓，效果如图8-12所示。

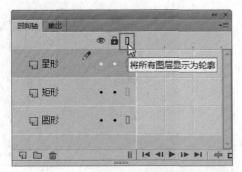

图8-11 将所有图层显示为轮廓

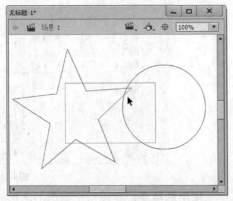

图8-12 全部图层显示为轮廓效果

6. 复制

复制图层的操作方法如下。

【练习8-3】复制图层

| 文件路径：无 |
| 视频路径：视频\第8章\练习8-3复制图层.mp4 |
| 难易程度：★ |

01 启动Flash CC，右击时间轴上需要复制的图层，在弹出的下拉列表中选择"复制图层"选项，如图8-13所示。

图8-13 选择"复制图层"选项

02 执行命令后，时间轴面板里面将直接生成一个图层，后缀名为"复制"，如图8-14所示。

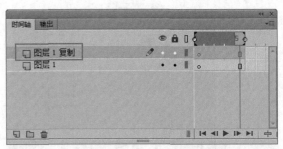

图8-14 复制出的图层

03 也可以直接将图层拖至下方"新建图层"按钮上，如图8-15所示。

图8-15 拖动图层至"新建图层"按钮

04 松开鼠标后，即可对其进行复制，如图8-16所示。

图8-16 再次复制图层

7. 重命名

为了更好地管理图层内容，可以对图层进行重命名。下面介绍两种重命名图层的方法。

方法1：右击图层，在弹出的下拉菜单中选择"属性"选项，如图8-17所示。弹出"图层属性"对话框，在对话框中"名称"一栏输入要更改的名称，单击"确定"按钮，如图8-18所示，即可修改名称。

图8-17 选择"属性"选项

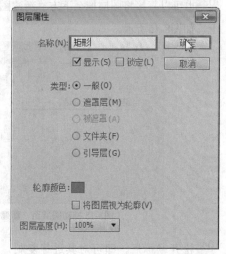

图8-18 单击"确定"按钮

方法2：双击图层，进入编辑名称状态，如图8-19 所示。输入名称，按Enter键结束，即可完成命名。

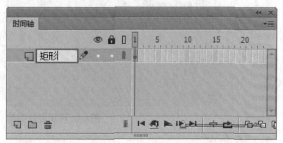

图8-19 输入名称

8. 排序

图层的排列顺序是Flash自动生成的，新建的图层总在当前图层上方。

选中图层1，如图8-20所示，单击"新建图层"按钮，这时新建的图层将会出现在图层1和图层2中间，如图8-21所示。

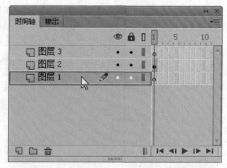

图8-20 选中图层1

图8-21 新建图层

图层的顺序决定图层中绘制的图形的顺序，各个图层中的图形本身是互不影响的，但最终所呈现出来的效果却是有着明显的上下之分。图层越靠上，图层中绘制的图形也就越靠上。

下面介绍排序图层的操作方法。

【练习8-4】排序图层

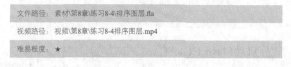

文件路径： 素材\第8章\练习8-4\排序图层.fla

视频路径： 视频\第8章\练习8-4排序图层.mp4

难易程度： ★

01 打开"素材\第8章\练习8-4\排序图层.fla"素材文件。

02 新建3个图层，分别为3个图层命名为矩形、圆形和星形，如图8-22所示。

图8-22 命名图层

03 在每个图层中绘制相应的图形，这些图形在舞台中的排列顺序如图8-23所示。

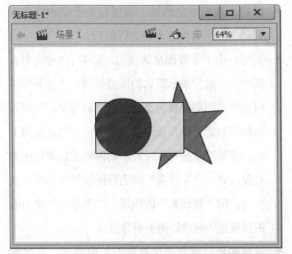

图8-23 对应绘制图形

04 单击"星形"图层并拖动，此时将出现一条黑色准线，如图8-24所示。

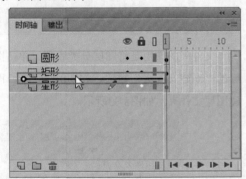

图8-24 单击并拖动

05 拖动"星形"图层使黑色准线移动至"圆形"图层上方，松开鼠标，即可将"星形"图层移至"圆形"图层上方，如图8-25所示。

图8-25 移至上方

06 此时舞台中图形的排列顺序也发生了变化，如图8-26所示。

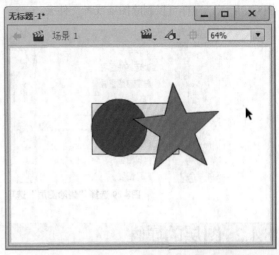

图8-26 图形排列顺序发生变化

9. 删除

对于不需要的图层或文件夹，可以将其删除。

选择图层或文件夹，单击"删除"按钮，如图8-27所示，即可将所选择的图层或文件夹删除。单击图层并拖动至"删除"按钮上，松开鼠标，如图8-28所示，也可将所选择的图层或文件夹删除。

图8-27 单击"删除"按钮

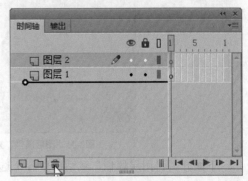

图8-28 将图层拖动至"删除"按钮

另外，在所选图层上单击鼠标右键，在快捷菜单中选择"删除图层"或"删除文件夹"选项，如图8-29所示，同样可以删除图层或者文件夹。

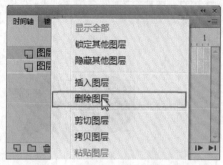

图8-29 选择"删除图层"选项

8.1.2 图层的属性

图层的名称、轮廓线的颜色和种类等，都可以在"图层属性"对话框中进行设置。

在图层上，单击鼠标右键，在弹出的快捷菜单中选择"属性"选项，如图8-30所示。弹出"图层属性"对话框，如图8-31所示。

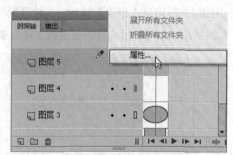

图8-30 选择"属性"选项

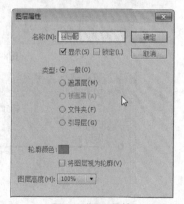

图8-31 "图层属性"对话框

下面介绍"图层属性"对话框中各个选项的功能。

- 名称：可更改图层名称。
- 显示：用于设置该图层内容是否能在舞台中显示。
- 锁定：选中该复选框，图层将处于锁定状态，图层中的所有内容不能进行编辑。
- 类型：用于设置图层的类型，总共有5种类型。其中"一般"表示默认的图层类型；"遮罩层"可将当前图层设置为遮罩层；"被遮罩层"表示该图层与遮罩层存在链接关系，位于遮罩层的下方，在被遮罩层中最终显示的内容由遮罩层中的对象决定；"文件夹"将正常图层转换为图层文件夹，用于管理其下的图层；"引导层"将当前图层设置为辅助绘图的引导层。
- 轮廓颜色：设置图层对象的轮廓颜色。在时间轴中每个图层的轮廓颜色都不相同。通过此选项可以将轮廓颜色更改为任意颜色

8.1.3 图层文件夹

文件夹的作用是将图层分类管理。单击图层底部的"新建文件夹"按钮，如图8-32所示，即可创建图层文件夹，如图8-33所示。

图8-32 单击"新建文件夹"按钮

图8-33 新建文件夹

文件夹的作用主要是归纳和管理图层。按住Shfit键的同时，单击图层2和图层3，并将其拖入"文件夹1"中，如图8-34所示。使图层包含在"文件夹1"中，如图8-35所示。

图8-34 选中并拖动图层

图8-35 放置文件夹内

8.1.4 普通引导层

引导层分为普通引导层和传统运动引导层。

在需要创建普通引导层的图层上，单击鼠标右键，在弹出的快捷菜单中选择"引导层"选项，如图8-36所示。此时，图层变为普通引导层，如图8-37所示。该图层的内容不会出现在发布的SWF动画中，可以将任何图层设置为普通引导层。

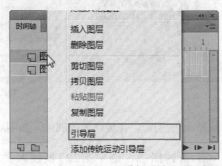

图8-36 选择"引导层"选项

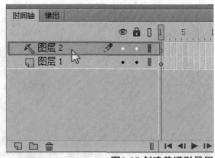

图8-37 创建普通引导层

8.1.5 运动引导层

选择需要创建传统运动引导层的图层，单击鼠标右键，在弹出的快捷菜单中选择"添加传统运动引导层"选项，如图8-38所示。即可为该图层创建相应的运动引导层，如图8-39所示。

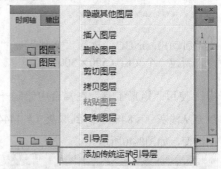

图8-38 选择"添加传统运动引导层"选项

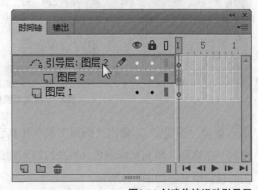

图8-39 创建传统运动引导层

8.1.6 课堂案例——制作引爆炸药动画

下面采用创建引导层，并结合遮罩动画的方式，通过制作引爆炸药动画实例来巩固所学知识。

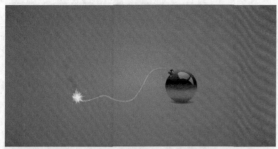

文件路径：素材\第8章\8.1.6

视频路径：视频\第8章\8.1.6课堂案例——制作引爆炸药动画.mp4

① 启动Flash CC，执行"文件"→"新建"命令，新建一个文档（590×300）。

② 使用"矩形工具"在舞台中绘制一个矩形，填充从浅灰（#848484）到深灰（#444444）的径向渐变，如图8-40所示。

图8-40 绘制渐变矩形

③ 新建"图层2"，使用"椭圆工具"在舞台中绘制一个椭圆，填充从深灰色（#222222）到透明色的径向渐变，如图8-41所示。

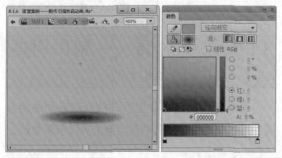

图8-41 绘制椭圆

④ 在椭圆的上方绘制一个圆形，并填充线性渐变，如图8-42所示。

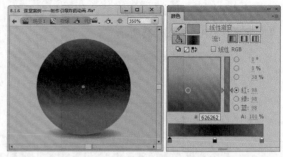

图8-42 绘制渐变圆形

⑤ 选中两个图形，按F8键，转换为元件，双击该元件，进入元件编辑模式。

⑥ 新建"图层2"，使用"椭圆工具"在圆形上绘制一个图形，并转换为元件，制作高光效果，如图8-43所示。

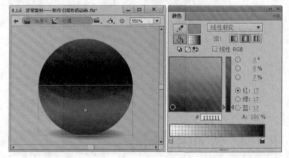

图8-43 绘制高光

⑦ 新建"图层3"，在圆形中绘制高光，如图8-44所示。

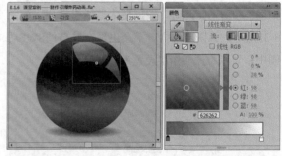

图8-44 绘制高光

⑧ 绘制图形，完成炸弹的制作，如图8-45所示。

⑨ 新建图层，选中第223帧插入关键帧，在"库"面板中将"火花"影片剪辑元件拖入舞台

中，并缩小元件，制作火光反射图像逐帧动画，如图8-46所示。

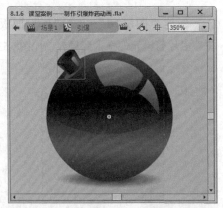

图8-45 炸弹效果

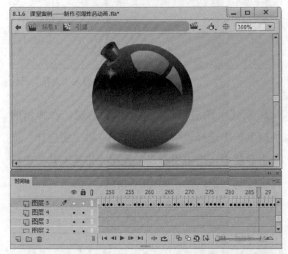

图8-46 火光反射动画

⑩ 选中第301帧，插入关键帧，在"库"面板中将"爆炸"影片剪辑元件拖入舞台中，如图8-47所示。

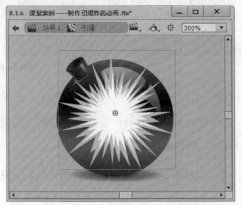

图8-47 导入"爆炸"元件

⑪ 新建"图层6"，在第25帧插入关键帧，使用"刷子工具"在舞台中绘制一排小黑点，制作炸药的灰烬效果，如图8-48所示。

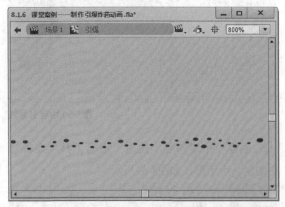

图8-48 绘制小黑点

⑫ 新建"图层7"，在舞台中绘制一个206×10的矩形，右击"图层7"，在弹出的快捷菜单中选择"遮罩层"命令，创建遮罩层，并插入关键帧，将矩形向右移动，创建形状补间，制作灰烬遮罩动画，如图8-49所示。

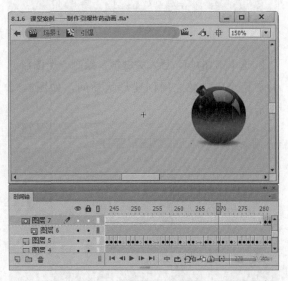

图8-49 制作遮罩动画

⑬ 隐藏遮罩图层。新建"图层8"，使用"刷子工具"在舞台中绘制一条线，制作炸弹的引导线，如图8-50所示。

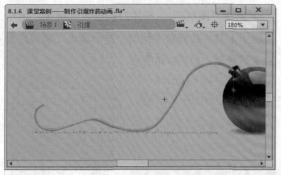

图8-50 绘制引导线

⑭ 创建一个遮罩层，使用"铅笔工具"在舞台中绘制一个图形，如图8-51所示。

图8-51 绘制图形

⑮ 选中第164帧，插入关键帧，绘制一个图形，并在两个关键帧之间创建形状补间，如图8-52所示。

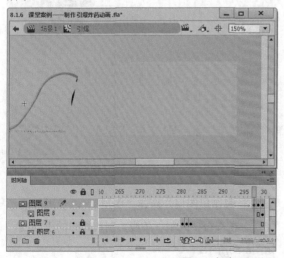

图8-52 创建形状补间

⑯ 插入关键帧，向右移动图形，并创建形状补间，隐藏遮罩层。

⑰ 新建"图层10"，在"库"面板中将"火花"影片剪辑元件拖入到舞台，如图8-53所示。

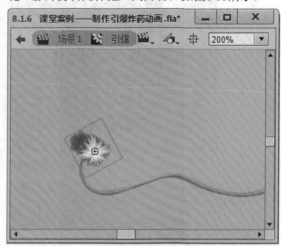

图8-53 导入"火花"元件

⑱ 新建"图层11"，单击鼠标右键，在弹出的快捷菜单中选择"引导层"选项，将"图层10"拖入引导层中，选中引导层，使用"铅笔工具"在舞台中绘制一条路径，如图8-54所示。

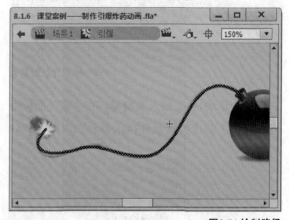

图8-54 绘制路径

⑲ 选中"图层10"，插入关键帧，将"火花"元件移动到路径的另一头，在关键帧之间创建传统补间，制作路径动画，如图8-55所示。

⑳ 隐藏引导层，舞台显示效果如图8-56所示。

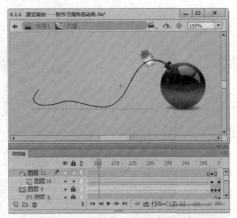

图8-55 制作路径动画

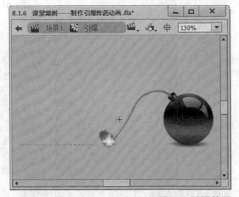

图8-56 引爆效果

㉑ 动画制作完成，按Ctrl+Enter快捷键测试动画效果，如图8-57所示。

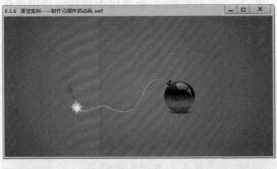

图8-57 测试动画效果

图8-57 测试动画效果（续）

8.2 遮罩层与遮罩的动画制作

　　遮罩层与被遮罩层是相互关联的一对图层，遮罩层可以将图层遮住，在遮罩层中对象的位置显示为被遮罩层中的内容。

8.2.1 认识遮罩层

　　遮罩层是一个较为特殊的图层，在遮罩层中放置的文字、形状、图形实例和影片剪辑都具有透明的效果，可以映射出下面图层（被遮罩层）的部分内容。如果遮罩层的内容是影片剪辑，那么可以制作遮罩动画。

　　遮罩层在创建时与普通图层一样，需要单击时间轴下方的"新建图层"按钮进行创建，然后再将普通图层转换为遮罩层，如图8-58所示。

图8-58 将普通图层转换为遮罩层

8.2.2 遮罩层的编辑

下面介绍编辑遮罩层的操作方法。

【练习8-5】编辑遮罩层

文件路径：素材\第8章\练习8-5

视频路径：视频\第8章\练习8-5编辑遮罩层.mp4

难易程度：★

01 导入"素材\第8章\练习8-5\LOVE.png"素材图片，如图8-59所示。

图8-59 导入素材图片

02 选中的图层即被创建为遮罩层，可以单击"时间轴"中图层右侧的"锁定或解锁锁定所有图层"按钮，如图8-60所示。

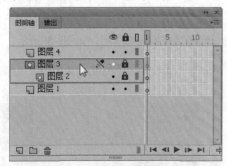

图8-60 锁定遮罩层与被遮罩层

03 新建"图层2"，使用"绘图工具"绘制一个五边形，如图8-61所示。

04 锁定"图层1"，并在"图层2"中继续绘制图形，如图8-62所示。

图8-61 绘制图形

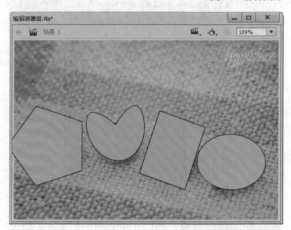

图8-62 绘制其他图形

05 右击"图层2"，在弹出的快捷菜单中选择"遮罩层"选项，如图8-63所示。

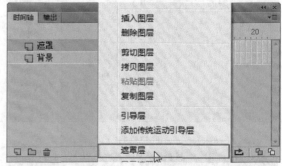

图8-63 选择"遮罩层"选项

06 将"图层2"锁定，即可查看最终的效果，如图8-64所示。

图8-64 最终效果

8.2.3 遮罩动画的制作

在Flash中，可以创建遮罩动画，对于用作遮罩的填充形状，可以使用补间形状；对于类型对象、图形实例或影片剪辑，可以使用补间动画。当使用影片剪辑实例作为遮罩时，可以让遮罩沿着运动的轨迹运动。

下面介绍制作遮罩动画的操作方法。

【练习8-6】制作遮罩动画

| 文件路径：素材\第8章\练习8-6 |
| 视频路径：视频\第8章\练习8-6制作遮罩动画.mp4 |
| 难易程度：★★ |

01 导入"素材\第8章\练习8-6\素材.png"素材图片，如图8-65所示。

图8-65 打开文件

02 新建一个图层，选择该图层的第1帧，使用

"多角星形工具"在舞台中适当位置绘制一个五角星，如图8-66所示。

图8-66 绘制五角星

03 在第40帧按F7键，插入空白关键帧，如图8-67所示。

图8-67 插入空白关键帧

04 使用"椭圆工具"在舞台中绘制一个圆形，如图8-68所示。

图8-68 绘制椭圆

181

05 选择"图层2"的第1~40帧之间的任意一个普通帧，单击鼠标右键，选择"创建补间形状"选项，创建形状补间动画，如图8-69所示。第10帧舞台显示如图8-70所示。

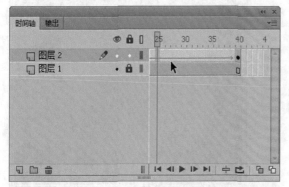

图8-69 创建形状补间动画

图8-70 舞台显示效果

06 在"图层2"上单击鼠标右键，选择"遮罩层"选项，如图8-71所示。此时的时间轴显示如图8-72所示。

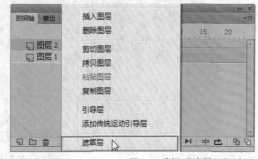

图8-71 选择"遮罩层"选项

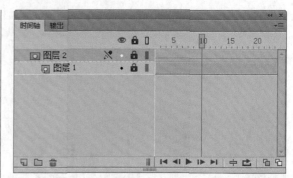

图8-72 时间轴

07 按Ctrl+Enter键进行动画测试，最终效果如图8-73所示。

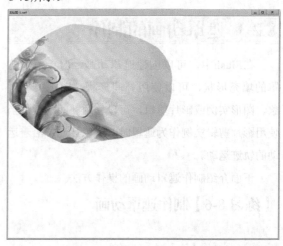

图8-73 最终效果

8.2.4 课堂案例——制作日出动画

下面采用创建遮罩层并结合调整色彩效果的方式，通过制作日出动画实例来巩固所学知识。

文件路径：素材\第8章\8.2.4

视频路径：视频\第8章\8.2.4课堂案例——制作日出动画.mp4

① 启动Flash CC，执行"文件"→"新建"命令，新建一个文档（500×300）。

② 使用"矩形工具"绘制一个与舞台大小相同的渐变矩形，填充颜色为从（#CEEAF4）到（#00649C），如图8-74所示。

图8-74 绘制渐变矩形

③ 新建"图层2"，在"库"面板中将"雪山"元件拖入到舞台，如图8-75所示。

图8-75 拖入"雪山"元件

④ 单击舞台中的"雪山"元件，在"属性"面板中设置"高级"选项参数，如图8-76所示。

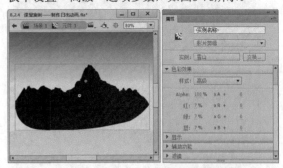

图8-76 设置"高级"参数

⑤ 选中第9、32帧，按F6键，插入关键帧，选中第32帧，单击舞台上的元件，在"属性"面板修改"高级"参数，如图8-77所示。

图8-77 设置"高级"参数

⑥ 选中第75帧，插入关键帧，在"属性"面板修改"高级"参数，如图8-78所示。

图8-78 设置"高级"参数

⑦ 选中第102帧，插入关键帧，在"属性"面板中修改"样式"选项为"无"。在第9~102帧之间创建传统补间，如图8-79所示。

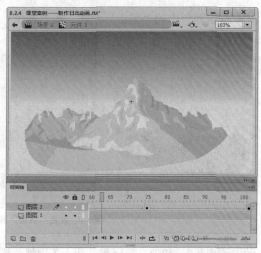

图8-79 创建传统补间

图8-82 创建传统补间

⑧ 新建"图层3"，在"库"面板中将"草地"元件拖入到舞台，如图8-80所示。

图8-80 拖入"草地"元件

⑪ 从"库"面板拖入花草素材元件，如图8-83所示。

图8-83 拖入其他元件

⑨ 选中第9、32、102帧，插入关键帧，选中第32帧，单击"草地"元件，在"属性"面板设置"高级"选项参数，如图8-81所示。

图8-81 设置"高级"参数

⑫ 使用相同的方法调整"高级"选项参数，制作花草的传统补间动画，如图8-84所示。

⑩ 在第9~102帧之间创建传统补间，如图8-82所示。

图8-84 创建传统补间

⑬ 新建"图层6"，在舞台中绘制一个500×300的黑色矩形，如图8-85所示。

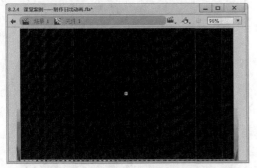

图8-85 绘制黑色矩形

⑭ 将黑色矩形转换为元件，在"属性"面板设置"Alpha"参数为96%，再选中第102帧，插入关键帧，选中元件，修改"Alpha"参数为0%，在两个关键帧之间创建传统补间，如图8-86所示。

图8-86 创建传统补间

⑮ 新建"图层7"，在第84帧绘制一个浅黄色（#FFFA92）圆形，如图8-87所示。

图8-87 绘制圆形

⑯ 将圆形转换为元件，为该圆形添加"模糊"滤镜，设置参数，如图8-88所示，制作清晨的太阳效果，如图8-89所示。

图8-88 设置"模糊"参数

图8-89 制作太阳效果

⑰ 在第104帧插入关键帧，向上移动太阳，如图8-90所示。

图8-90 移动图形

⑱ 在第84~104帧之间创建传统补间，如图8-91所示。

图8-91 创建传统补间

19 新建"图层8"，并移动到"图层1"的上方，导入素材，如图8-92所示。

图8-92 导入素材

20 新建"图层9"，单击鼠标右键，在弹出的快捷菜单中选择"遮罩层"选项，使用"椭圆工具"在第104帧绘制一个比舞台大的圆形，如图8-93所示。

21 在第126帧插入关键帧，缩小圆形，使其比太阳图形还小，并在第104~126帧之间创建补间形状，制作圆形遮罩动画，如图8-94所示。

22 锁定遮罩层与被遮罩层，舞台上的效果如图8-95所示。

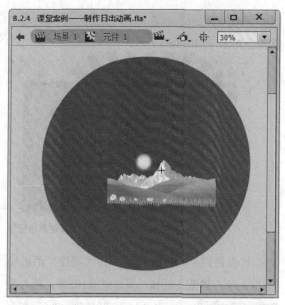

图8-93 绘制圆形

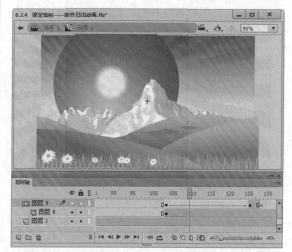

图8-94 创建圆形遮罩

图8-95 锁定遮罩层效果

㉓ 新建"图层10","图层10"位于"图层2"的下方，在舞台上绘制一个渐变圆形，填充颜色是从（#FFFFCC）透明度为82%到（#ECFE96）透明度为0%，制作日出的光晕，如图8-96所示。

图8-96 绘制日出光晕

㉔ 选中"图层7"，新建一个图层，制作日出传统补间动画，如图8-97所示。

图8-97 创建传统补间

㉕ 新建"图层12"，绘制一个图形，将雪山形状显示出来，如图8-98所示。

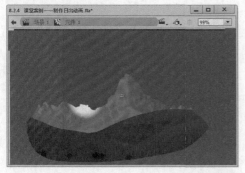

图8-98 绘制图形

㉖ 选中"图层12"，单击鼠标右键，选择"遮罩层"选项，锁定遮罩层与被遮罩层，舞台效果如图8-99所示。

图8-99 锁定遮罩层效果

㉗ 制作白云的传统补间动画，如图8-100所示。

图8-100 添加白云素材

㉘ 完成该动画的制作，按Ctrl+Enter快捷键测试动画效果，如图8-101所示。

图8-101 测试动画效果

187

图8-101 测试动画效果（续）

8.3 本章总结

　　本章主要介绍了编辑图层，并通过图层制作引导层和遮罩层动画的方法。遮罩层用于控制被遮罩层内容的显示，从而制作一些复杂的动画效果。有时为了在绘画时对齐对象，可创建引导层，然后将其他图层上的对象与在引导层上创建的对象对齐。

8.4 课后习题——制作笔在纸上写字动画

　　本案例主要采用创建遮罩层动画的操作方法，来制作笔在纸上写字动画，如图8-102所示。

文件路径：素材\第8章\课后习题

视频路径：视频\第8章\8.4课后习题——制作笔在纸上写字动画.mp4

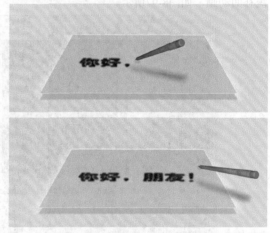

图8-102 课后习题——制作笔在纸上写字动画

第**9**章

声音素材的导入和编辑

内容摘要

声音是多媒体作品中不可缺少的一种媒介手段。在动画的
设计中，为了追求丰富而具有感染力的动画效果，恰当地使用
声音是非常必要的。

9.1 音频的基本知识及声音素材的格式

影响声音质量的主要因素包括声音的采样率、声音的位深、声道和声音的保存格式等。其中，声音的采样率和声音的位深直接影响声音的质量，甚至影响声音的立体感。

9.1.1 音频的基本知识

采样率指单位时间内对音频信号采样的次数，即在1秒的声音中采集了多少声音样本，用赫兹（Hz）来表示。在一定时间内，采集的声音样本越多，声音就与原始声音越接近，采样率越高，声音越好，但是相对占用的空间也越大。

在日常听到的声音中，CD音乐的采样率是44.1kHz（每秒采样44100次），而广播的采样率只有22.05kHz。声音采样率与声音品质的关系如下。

- 48kHz：演播质量，用于数字媒体上的声音或音乐。
- 44.1kHz：接近CD品质，高保真声音和音乐。
- 32 kHz：接近CD品质，用于专业数字摄像机音频。
- 22.05kHz：FM收音品质效果，用于较短的高质量音乐片段。
- 11kHz：作为声效可以接收，用于演讲、按钮声音等效果。
- 5kHz：可接收简单的演讲和电话。

声音的位深是指录制每一个声音样本的精确程度。位深就是位的数量，如果以级数来表示，则级数越多，样本的精确程度就越高，声音的质量就越好。

- 24位：专业录音棚效果，用于制作音频母带。
- 16位：CD效果，高保真声音或音乐。
- 12位：接近CD效果，用于效果好的音乐片段。
- 10位：FM收音品质效果，用于较短的高质量音乐片段。
- 8位：可接收简单的演讲和电话。

9.1.2 声音素材的格式

声音文件本身比较大，会占用较大的磁盘空间和内存，所以在制作动画时尽量选择效果较好的，文件较小的声音文件，声音的格式如下。

- ASND：适用于Windows或Macintosh。
- WAV：适用于Windows。
- AIFF：适用于Macintosh。
- MP3：适用于Windsdows或Macintosh。

如果系统中安装了QuickTime® 4或更高版本的软件，则可以导入如下附加的声音文件的格式。

- AIFF：适用于Windows或Macintosh。
- Sound Designer® II：适用于Macintosh。
- QuickTime影片：适用于Windows或Macintosh。
- Sun AU：适用于Windows或Macintosh。
- System 7声音：适用于Macintosh。
- WAV：适用于Windsdows或Macintosh。

9.2 导入并编辑声音素材

Flash动画中的声音是通过导入外部声音文件而得到的。Flash CC提供了多种使用声音的方式，可以使声音独立于时间轴连续播放，也可以使用时间轴将动画与音轨保持同步。

9.2.1 添加声音

用户可以将外部的声音文件导入到Flash文档中，在文档中使用该声音。

1. 将音频导入到库

下面介绍将音频导入到库的操作方法。

【练习9-1】将音频导入到库

文件路径：素材\第9章\练习9-1\13.1.mp3

视频路径：视频\第9章\练习9-1将音频导入到库.mp4

难易程度：★

01 执行"文件"→"导入"→"导入到库"命令，打开"导入到库"对话框，如图9-1所示。

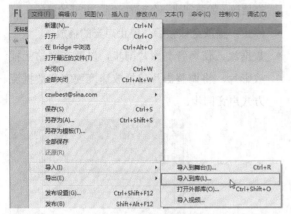

图9-1 执行"导入到库"命令

02 选择需要导入到库的声音文件,单击"打开"按钮,如图9-2所示,即可添加到"库"面板中。

图9-2 "导入到库"对话框

2. 导入音频

将"库"面板中的声音添加到单独的图层中,即可以听到声音的原始效果。通过设置,可以将声音变得更加优美,如在"属性"面板中的"声音"选项栏中,可以设置声音淡入淡出或者音量由高到低等效果。另外,还可以控制声音在某事件上播放或停止。

为某段影片添加声音的操作方法如下。

【练习9-2】导入音频

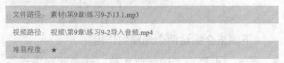

文件路径:素材\第9章\练习9-2\13.1.mp3

视频路径:视频\第9章\练习9-2导入音频.mp4

难易程度:★

01 执行"文件"→"导入"→"导入到库"命令,打开"导入到库"对话框,如图9-3所示。

02 在对话框右下角的"文件类型"下拉列表中选择"MP3声音(*.mp3)",如图9-4所示。

03 选中所需素材,单击"打开"按钮,即可将声音导入到库。

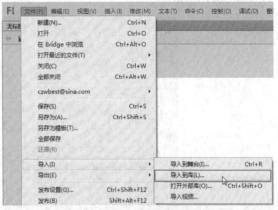

图9-3 执行"导入到库"命令

图9-4 选择类型

04 在"库"面板中将声音拖至舞台,此时时间轴显示如图9-5所示。

图9-5 时间轴

3. 为按钮添加声音

为按钮添加声音与为影片添加声音相同,创建好按钮后,在按钮编辑模式中的时间轴上,选择需要添加声音的帧，然后在"属性"面板中的"声音"选项栏中打开"名称"下拉列表，如图9-6所示。选择需要添加的声音，即可为该帧添加声音，时间轴如图9-7所示。

图9-6 打开"名称"下拉列表

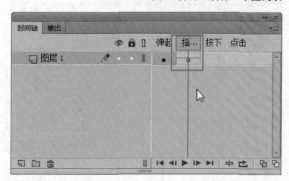

图9-7 添加声音后的时间轴

9.2.2 编辑声音

打开"属性"面板中的"事件"下拉列表，出现"事件""开始""停止"和"数据流"4个选项，如图9-8所示。这4个选项用来设置声音的同步方式，同时可以控制在动画中播放声音的起始事件。

下面介绍这4个选项的作用。

- 事件：使声音与某个事件同步发生，当动画播放到事件的开始关键帧时，声音就开始播放。它将独立于动画的事件线播放，并将完整地播放整个音乐文件。
- 开始：与事件方式相同，不同的是如果这些声音正

在播放，就要创建一个新的实例，并开始播放。
- 停止：播放至该帧后，停止声音的播放。
- 数据流：使声音与影片同步，以便在网站上播放影片。将调整影片的播放速度使它和数据流方式声音同步。

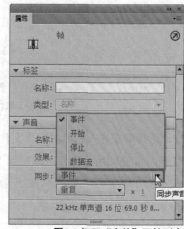

图9-8 打开"事件"下拉列表

1. 声音的重复

打开"属性"面板中的"重复"下拉列表，共有"重复"和"循环"两个选项，如图9-9所示。这两个选项用于控制声音的播放次数。

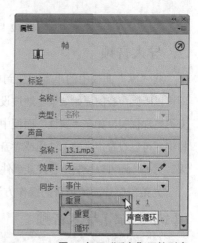

图9-9 打开"重复"下拉列表

下面来介绍这两个选项的作用。

- 重复：设置声音的播放次数。选择此选项后，其后方可以更改重复次数，设定的数值即为重复的次数。
- 循环：即无限重复的意思。

2. 声音的效果

在时间轴上，选择声音图层上的任意一帧，打开"属性"面板，此时"声音"选项栏如图9-10所示。在"效果"下拉列表中可以看到"无""左声道""右声道""向右淡出""向左淡出""淡入""淡出"和"自定义"选项，如图9-11所示。

图9-10 "声音"选项栏 **图9-11 "效果"下拉列表**

下面介绍各选项的作用。

- 无：不对声音文件设置效果，并可以删除以前设置的效果。
- 左声道：只播放左声道的声音。单击"编辑"按钮，弹出"编辑封套"对话框。在左上角的"效果"下拉列表中选择左声道，在上一个波形预览窗口（左声道）中的直线位于最上面，表示左声道将以最大的声音播放，而下面一个波形预览窗口（右声道）的直线位于最下面，表示右声道不播放，如图9-12所示。

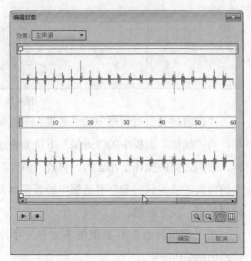

图9-12 左声道

- 右声道：只播放右声道的声音，选择此项，右声道将以最大的声音播放，左声道不播放，这时的波形预览窗口与选择左声道时正好相反，如图9-13所示。
- 向右淡出：将声音从左声道切换到右声道，这时左声道的声音逐渐减小，而右声道的声音逐渐增大，如图9-14所示。

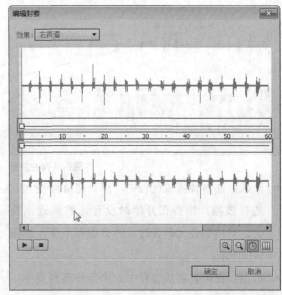

图9-13 右声道

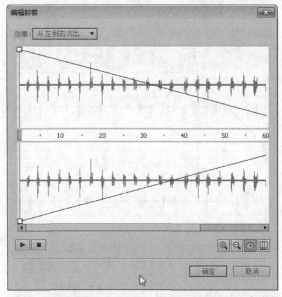

图9-14 向右淡出

- 向左淡出：将声音从右声道切换至左声道，这时右声道的声音逐渐变小，而左声道的声音逐渐增大，如图9-15所示。

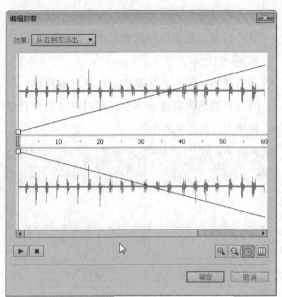

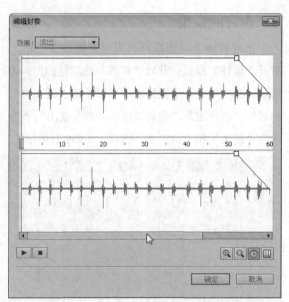

图9-17 淡出

图9-15 向左淡出

- 淡入：在声音播放过程中，声音将逐渐变大，选择该项，声音在开始时没有，然后逐渐变大，当达到最大声音时，声音保存不变，如图9-16所示。
- 淡出：在声音播放过程中，声音将逐渐变小，选择该项，声音在开始时不变，然后声音逐渐变小，如图9-17所示。

- 自定义：选择"自定义"效果后，可根据自身需求自定义声音的淡入和淡出点，如图9-18所示。

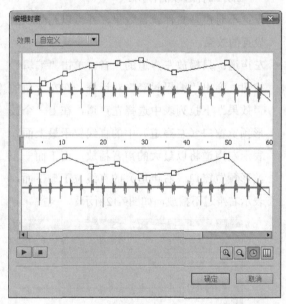

图9-18 自定义

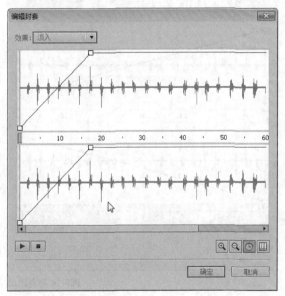

图9-16 淡入

"编辑封套"对话框中的"效果"下拉列表选项，与"属性"面板中的"效果"下拉列表选项一样。它们之间的操作是相连的，修改"属性"面板中的效果，"编辑封套"对话框中的效果也会产生同样效果。反之亦然。

在"编辑封套"对话框的下方有一排控制按钮，如图9-19所示。

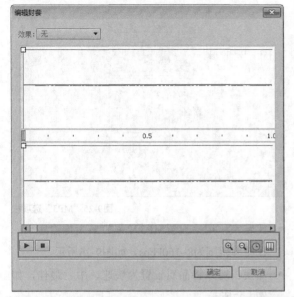

图9-19 编辑封套

下面介绍这些按钮的用法。

- 播放声音按钮▶：单击此按钮，播放"编辑封套"中的声音文件。
- 停止声音按钮■：单击此按钮，停止当前所播放的声音文件。
- 放大按钮：单击此按钮，放大波形图，显示更加清楚。
- 缩小按钮：单击此按钮，缩小波形图，显示更长的时间或者更多的帧。
- 时间模式：单击此按钮，编辑区内的时间轴以时间显示，以秒为单位。
- 帧模式：单击此按钮，编辑区内的时间轴以帧显示，以帧为单位。

3. 压缩并输出音频

当声音较长时，生成的动画文件就会变大，这时候需要压缩文件，来获得较小的动画文件，便于网上发布。在"声音属性"对话框中可以设置声音的压缩模式。

在"库"面板中选择音频文件，单击鼠标右键选择"属性"选项，如图9-20所示。即可打开"声音属性"对话框，在"压缩"下拉列表中可以选择声音的压缩模式，如图9-21所示。

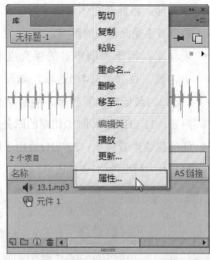

图9-20 选择"属性"选项

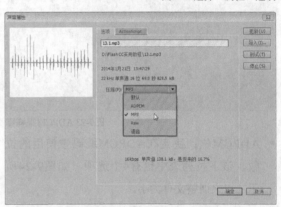

图9-21 "压缩"下拉列表

下面介绍这些选项的作用。

- 默认：Flash默认的声音压缩模式是全局压缩。
- ADPCM：用于设置16位声音数据的压缩，适用于对较短事件声音进行压缩。此选项包括3个选项，如图9-22所示。

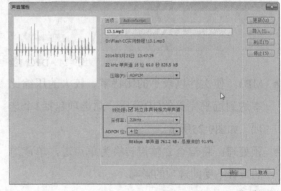

图9-22 "ADPCM"选项栏

195

- 预处理：将混合立体声转化为单声道，单声道的声音不受此选项的影响。
- 采样率：用于控制声音的保真度和文件的大小。该下拉列表有4个选项，如图9-23所示。5 kHz为最低的设置标准，能够达到人说话的声音；11 kHz为标准CD比率的四分之一，是最低的建议声音品质；22 kHz适用于网页回放；44 kHz为标准的CD音频比率。

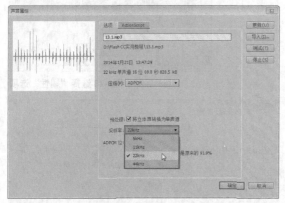

图9-23 ADPCM采样率

- ADPCM位：决定在ADPCM编码中使用的位数，该下拉列表中也有4个选项，如图9-24所示，用来调整文件大小。

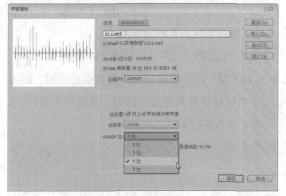

图9-24 ADPCM位

- MP3：使文件以较小的比特率、较大的压缩比率达到近乎完美的CD音质。此选项包括3个选项，如图9-25所示。
- 预处理：将混合立体声转换为单声道，单声道的声音不受此选项的影响。

图9-25 "MP3"选项栏

- 比特率：用来设置MP3音频的最大传输速率，比特率范围为8~160kbps，如图9-26所示。
- 品质：可以将品质设置为快速、中、最佳，如图9-27所示。

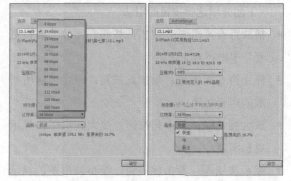

图9-26 MP3比特率　　　　　**图9-27 MP3品质**

- Raw：选择该选项，"声音属性"对话框只能设置"预处理"和"采样率"，如图9-28所示。
- 语音：该选项可以使用一个特别适合于语音的压缩方式来导出声音。选择该选项时，"声音属性"对话框将出现与其相关的选项，如图9-29所示。

图9-28 "Raw"选项栏　　　　　**图9-29 "语音"选项栏**

9.2.3 课堂案例——制作音乐播放器

下面采用绘图、为元件添加滤镜、添加脚本代码，以及添加声音的方式，通过制作音乐播放器实例来巩固所学知识。

文件路径：素材\第9章\9.2.3

视频路径：视频\第9章\9.2.3课堂案例——制作音乐播放器.mp4

1. 制作播放器背景

⑴ 启动Flash CC，执行"文件"→"新建"命令，新建一个文档（162×280）。

⑵ 使用"矩形工具"在舞台中绘制一个（160×279）的黑色圆角矩形，如图9-30所示。

图9-30 绘制黑色圆角矩形

⑶ 新建"图层2"，同时隐藏"图层1"中的黑色圆角矩形，使用"椭圆工具"在舞台中绘制两个渐变圆形，填充颜色为从（#00FFFF）到（#2D95FD）透明度为0%的径向渐变，"颜色"面板如图9-31所示。

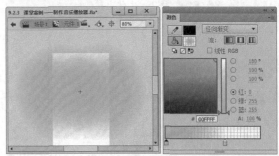

图9-31 绘制渐变圆形

⑷ 选中两个渐变圆形，按F8键，将图形转换为元件。

⑸ 选中第100帧，按F6键，插入关键帧，再选中第1帧，单击舞台中的元件，在"属性"面板设置"Alpha"为0%，如图9-32所示。

图9-32 设置"Alpha"为0%

⑹ 选中第1~100帧之间的任意一帧，在两个关键帧之间创建传统补间，如图9-33所示。

图9-33 创建传统补间

2. 绘制人物身体

01 新建图层，使用"铅笔工具"在舞台底部绘制一个黑色的图形，如图9-34所示。

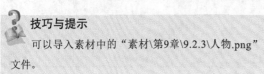

图9-34 绘制黑色图形

技巧与提示

可以导入素材中的"素材\第9章\9.2.3\人物.png"文件。

02 新建"图层5"，在黑色图形上半部分绘制另外一个图形，填充颜色同样为黑色，如图9-35所示。

03 选中第100帧，按F6键，插入关键帧，并修改填充颜色（#29454E），如图9-36所示。

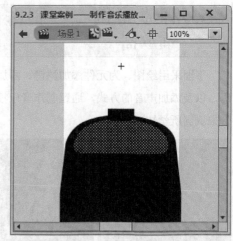

图9-35 绘制黑色图形

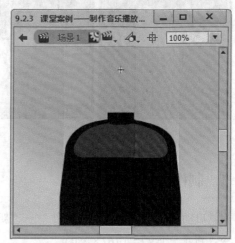

图9-36 修改填充颜色

04 选中第1~100帧之间的任意一帧，在两个关键帧之间创建补间形状，如图9-37所示。

图9-37 创建补间形状

3. 制作人物头部

① 新建"图层6"，在已绘制的图形上方绘制一个黑色圆形，如图9-38所示。

② 在圆形上方绘制一个填充图形的形状补间动画，如图9-39所示。

图9-38 绘制黑色圆形

图9-39 创建补间形状

4. 制作耳机补间动画

① 新建"图层8"，使用"铅笔工具"在图形上方绘制一个耳机图形，如图9-40所示。

② 选中第100帧，使用"任意变形工具"拉宽耳机图形，如图9-41所示。

图9-40 绘制耳机图形

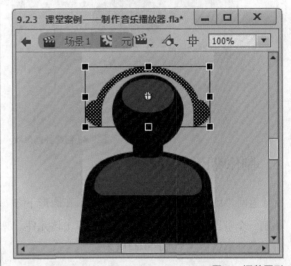

图9-41 调整图形

> **技巧与提示**
>
> 可以导入素材中的"素材\第9章\9.2.3\人物耳机.png"文件。

③ 在两个关键帧之间创建补间形状，如图9-42所示。

④ 为耳机绘制填充图形，并创建补间形状，如图9-43所示。

图9-42 创建补间形状

图9-43 创建补间形状

5. 制作嘴巴补间动画

01 返回"场景1",新建"图层3",在圆形下方绘制一个嘴巴图形,并转换为元件,双击该元件,进入元件编辑模式,如图9-44所示。

图9-44 绘制嘴巴图形

02 创建一个遮罩层,绘制一个遮罩图形,并创建补间形状动画,如图9-45所示。

图9-45 创建补间形状

03 新建图层,打开"动作"面板,输入脚本代码(代码段详见素材\第9章\9.2.3\播放器代码1.txt 文件),如图9-46所示。

图9-46 添加代码

6. 制作播放器播放按键

01 新建"图层4",在第15帧插入关键帧,使用"铅笔工具"在圆形中绘制按键图形,中间两个图形的填充颜色(#36D9EB),透明度为30%,如图9-47所示。

02 新建"图层5",复制图层4的内容到舞台。再选中第13帧,插入关键帧,使用"任意变形工具"变形按键图形,如图9-48所示。在第13~15帧之间创建传统补间。

图9-47 绘制按键图形

图9-48 变形按键图形

③ 新建"图层6",单击鼠标右键,在弹出的快捷菜单中选择"遮罩层"选项。并制作矩形遮罩动画,如图9-49所示。

图9-49 制作遮罩动画

④ 新建"图层7",在第240帧插入关键帧,制作按键遮罩动画,在第1、16帧添加代码"stop();",如图9-50所示。

图9-50 制作遮罩动画

7. 制作播放器音量按键

① 新建"图层8",选中第27帧,插入关键帧,使用"铅笔工具"在舞台中绘制一个嘴巴图形的音量按键,并转换为元件,如图9-51所示。

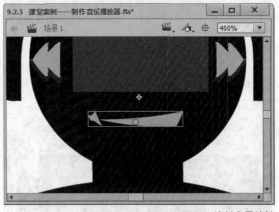

图9-51 绘制音量按键

② 分别在第39、47、57帧插入关键帧,选中第27帧,选中音量元件,在"属性"面板设置"Alpha"值为0%,使用"任意变形工具"压扁图形,如图9-52所示。

③ 选中第39帧,使用"任意变形工具"再次变形压扁音量元件,如图9-53所示。在每个关键帧之间创建传统补间。

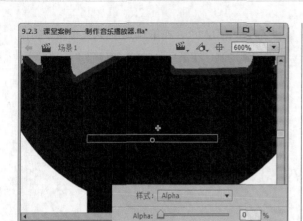

图9-52 调整音量元件

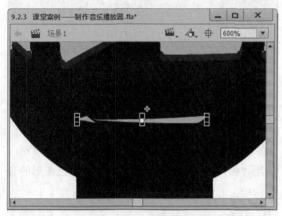

图9-53 变形压扁音量元件

8. 制作嘴形同步动画

01 在第58帧插入关键帧，使用"铅笔工具"绘制不规则的嘴巴图形，如图9-54所示。

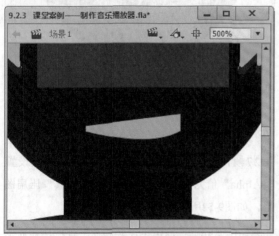

图9-54 绘制不规则嘴巴图形

02 插入关键帧，使用"铅笔工具"绘制不规则嘴

巴图形，并在关键帧之间创建补间形状，制作张嘴动画，如图9-55和图9-56所示。

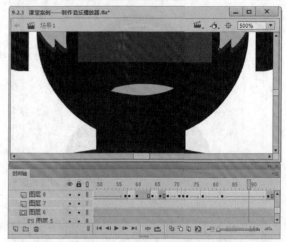

图9-55 制作张嘴补间形状动画

图9-56 制作张嘴补间形状动画

03 新建图层，制作音量按键补间形状动画，如图9-57和图9-58所示。

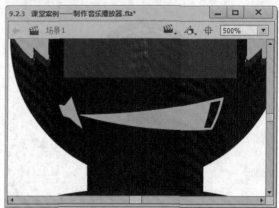

图9-57 制作音量按键补间形状动画

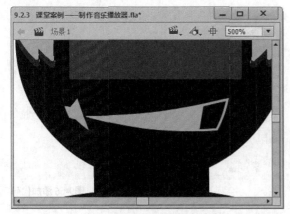

图9-58 制作音量按键补间形状动画

9. 添加音频

(01) 新建"图层12"，选中第51帧，插入关键帧，在"属性"面板的"声音"选项区中选择"lets go.mp3"音频文件，如图9-59所示。

(02) 新建"图层13"，在第28帧插入关键帧，打开"动作"面板，输入代码（代码段详见素材\第9章\9.2.3\播放器代码2.txt文件），如图9-60所示。

图9-59 添加音频文件

图9-60 输入播放器代码2

(03) 在第55帧插入关键帧，输入代码（代码段详见素材\第9章\9.2.3\播放器代码3.txt文件），如图9-61所示。

图9-61 添加代码

(04) 在第240帧插入关键帧，输入代码（代码段详见素材\第9章\9.2.3\播放器代码4.txt文件），如图9-62所示。

图9-62 添加代码

(05) 新建"图层14"，在第240帧插入关键帧，输入代码（代码段详见素材\第9章\9.2.3\播放器代码5.txt文件），如图9-63所示。新建图层，同样输入代码（代码段详见素材\第9章\9.2.3\播放器代码6.txt文件）。

图9-63 添加代码

10. 绘制光盘图形

(01) 新建"图层16"，在第240帧插入关键帧，在舞台左上角绘制一个光盘图形，如图9-64所示。

(02) 将图形转换为元件，在"属性"面板添加"发光"滤镜，设置参数，如图9-65所示。

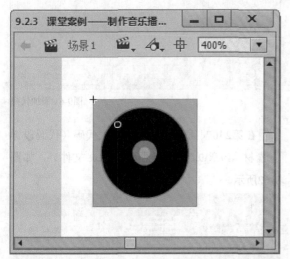

图9-64 绘制光盘图形

图9-65 设置参数

(03) 新建"图层17"，执行"插入"→"新建元件"命令，新建一个名称为"代码"的"影片剪辑"空白元件，输入脚本代码"stop();"。

(04) 新建"图层2"，在第3帧插入关键帧，添加代码"trace ("ok");"，在第6帧插入关键帧，添加代码（代码段详见素材\第9章\9.2.3\播放器代码7.txt文件），如图9-66所示。

(05) 在"库"面板中找到"代码"元件，拖入到舞台空白处。

图9-66 添加代码

11. 绘制播放器边框

(01) 新建"图层18"，添加代码"var mp3:String = "";"。选中第11帧，插入关键帧，在舞台中绘制黑色边框，如图9-67所示。

图9-67 制作黑色边框

(02) 将图形转换为元件，单击该元件，在"属性"面板中添加"发光"滤镜，设置参数，如图9-68所示。

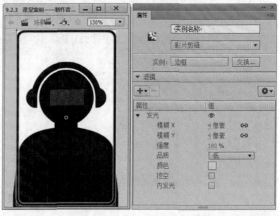

图9-68 添加"发光"滤镜

03 单击边框元件，在"属性"面板设置"Alpha"值为0%。

04 选中第17帧，插入关键帧，修改"发光"滤镜参数，如图9-69所示。

图9-69 修改"发光"滤镜

05 在第11~17帧之间创建传统补间，如图9-70所示。

图9-70 创建传统补间

12. 制作播放器底部

01 新建"图层19"，在第240帧插入关键帧，新建元件，将元件拖入舞台中，选中第8、19帧插入关键帧，绘制图形，并制作向上移动的传统补间动画，如图9-71所示。

02 在第20帧插入关键帧，绘制一个图形，并在"属性"面板添加两次发光滤镜，设置不同的参数，如图9-72所示。

图9-71 制作传统补间动画

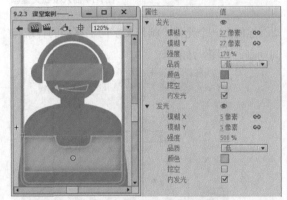

图9-72 添加两次发光滤镜

03 在图形中输入文本，如图9-73所示。

图9-73 输入文本

04 新建图层，绘制相同的图形，并转换为按钮元件，插入按钮关键帧，如图9-74所示。

图9-74 插入按钮关键帧

05 返回上一个元件，制作文字向上移动的传统补间动画，如图9-75所示。

图9-75 制作传统补间动画

06 新建"图层3"，创建遮罩层，制作矩形遮罩，如图9-76所示。

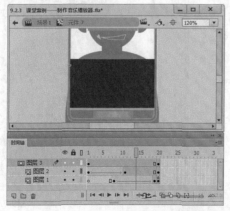

图9-76 制作矩形遮罩

13. 制作播放器边框动画

01 返回场景1，新建"图层20"，在舞台中输入空白文本框，如图9-77所示。

图9-77 输入空白文本框

02 新建图层，在第240帧插入关键帧，添加脚本代码"stop();"。

03 新建"图层23"，在舞台中绘制一个189×333的黑色矩形，如图9-78所示。

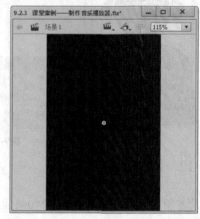

图9-78 制作黑色矩形

04 在第10帧插入关键帧，绘制与舞台相同大小的黑色圆角矩形，如图9-79所示。

05 将圆角矩形转换为元件，在第13帧插入关键帧，在属性"面板设置"Alpha"值为0%，在第10~13帧之间创建传统补间，如图9-80所示。

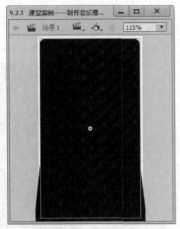

图9-79 制作黑色圆角矩形

图9-80 创建传统补间

06 新建"图层24"，在第7帧插入关键帧，绘制一个圆角矩形的边框，如图9-81所示。

图9-81 绘制圆角矩形边框

07 在第11、17帧插入关键帧，绘制一个圆角矩形边框，边框调整得稍微细些，如图9-82所示。

图9-82 调整边框

08 在每个关键帧之间创建补间形状。

09 新建"图层25"，在第2帧插入关键帧，制作圆角矩形的补间形状动画，如图9-83和图9-84所示。

图9-83 绘制圆角矩形

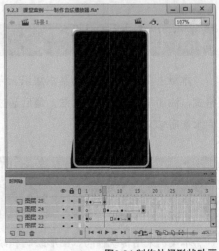

图9-84 制作补间形状动画

⑩ 动画制作完成，按Ctrl+Enter快捷键测试动画效果，如图9-85所示。

图9-85 测试动画效果

9.3 本章总结

本章主要介绍了音频的基本知识、声音素材的格式，添加与编辑音频的方法，最后通过实例来巩固本章所学习的内容。

9.4 课后习题——制作动态唯美壁纸

本案例采用传统补间、图形绘制和添加音频文件等操作方法，来制作动态唯美壁纸。

文件路径：素材\第9章\课后习题

视频路径：视频\第9章\9.4课后习题——制作动态唯美壁纸.mp4

图9-86 课后习题——制作动态唯美壁纸

第 **10** 章

动作脚本的应用

内容摘要

　　ActionScript 3.0是Adobe公司推出的面向开发人员的一种脚本语言。可以在Adobe Flash Player和Adobe AIR等环境下编译运行。ActionScript脚本语言的运用使得Flash内容和应用程序实现了交互性、数据处理以及其他许多功能。本章将介绍ActionScript 3.0的相关知识。

10.1 动作脚本的使用

ActionScript 3.0的脚本编写功能超越了ActionScript的早期版本。旨在方便创建拥有大型数据集和面向对象的可重用代码库的高度复杂应用程序。ActionScript 3.0中的改进部分包括新增的核心语言功能，以及能够更好地控制低级对象的改进Flash Player API。

10.1.1 数据类型

变量是保存数据的容器，可在变量中保存数字、字符串等数据，不同的数据保存方式不一样，因此，变量是有类型的，这种类型称为数据类型。定义变量时，最好能声明变量的数据类型。

1. 声明数据类型

衣柜是放衣服的容器，通常不会将蔬菜水果放进去。同样，数据存放也是要有规则的，不同的数据应该放到不同的变量中。

保存数字的变量类型为Number类型，保存字符串的变量类型是String类型，定义变量时声明数据类型的形式如下。

var数据类型：数据类型

例如要定义一个表示数字的Number类型变量，可用下面的方式。

var speed：Number;

下面代码定义了String类型的变量，用来表示字符串。

var myName：string;

当定义了变量的数据类型后，就应该把某类型的数据保存在相应的变量类型中。

speed=5; //保存数字

myName=“Lsl”; //保存字符串

在学习Flash编程时，不同的数据类型的变量保存为对应的类型数据，这样不但可以提高程序的效率，更可为更深入地进行Flash编程打好基础。

ActionScript 3.0的数据类型可以分为简单数据类型和复杂数据类型两大类。复杂数据类型超

出了本书的编写范围，所以这里只讲解简单数据类型。

ActionScript 3.0的简单数据类型的值可以是数字、字符串和布尔值等，如图10-1所示。

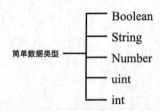

简单数据类型 ── Boolean ── String ── Number ── uint ── int

图10-1 简单数据类型

其中，int类型、unit类型和Number类型表示数字类型，String类型表示字符串类型，Boolean类型表示布尔值类型，布尔值只能是true或者false。所以简单数据类型的变量只有3种，即数字、字符串和布尔值。这种变量只能保存一个简单的数据。

2. 包装类

每一种简单数据类型都与一个类相关联，类的类名就是数据类型的名字。例如int类型与int类相关联，这种类一般称为包装类。与其他传统编程语言不同，ActionScript 3.0中包装类对象并不是复杂数据类型，而是简单数据类型。看下面的两个代码。

var speed1：int=4;

var speed2：int=new int(4);

变量speed1与speed2都属于简单数据类型，但是在其他编程语言（如Java）中，变量speed1的数据类型是简单数据类型，而speed2却是复杂数据类型。

如前面所述，数据类型是与类相关联的。Number类型也与Number类相关联，在Number类中，有一个toFixed()方法，可以控制保留小数点的位数。可以向toFixed()传递一个数字参数，用来表示保留小数点的位数，如果没有参数输入，则取整数。

toFixed()取小数点位数的规则是四舍五入。

var speed：Number=2.5647; //定义变量并赋值2.5647

trace(speed.toFixed()); //输出结果取整数

trace(speed.toFixed(1)); //输出结果保留一位小数

trace(speed.toFixed(2)); //输出结果保留两位小数

将上述代码输入到Flash CC的"动作"面板

中，如图10-2所示，输出的结果如图10-3所示。

图10-2 输入代码

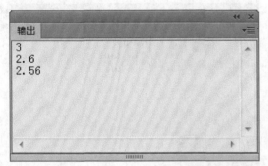

图10-3 "输出"面板

但这里要注意的是，虽然toFixed()能按照保留小数点的位数取近似值名，但并没有改变变量的原始值，只是返回一个新的值，而且这个值是字符串。看下面的代码。

```
var speed：Number=2.5647;
trace(speed.toFixed()); //取整数
trace(speed); //查看原始值是否改变
```

同样将上述代码输入"动作"面板中，如图10-4所示，查看输出结果，如图10-5所示。

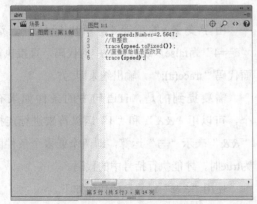

图10-4 输入代码

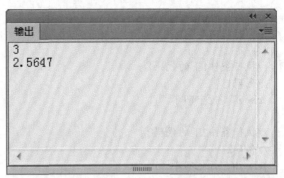

图10-5 "输出"面板

从输出结果可以看到，变量speed的值并没有改变，而且，3是字符串，而变量speed是数字。

10.1.2 语法规则

本节将进一步讲解编程的进阶知识，即程序的3种基本语句，这3种语句可以实现比较复杂的功能。ActionScript 3.0中的语句有顺序语句、条件语句和循环语句。

1. 顺序语句

顺序语句是指代码顺序执行，这些代码都是平等的，只有执行上的先后关系，当程序运行时，这些代码都执行一次。之前所讲述的例子都是顺序语句。顺序结构的代码与人的简单思维过程是一样的，所以编写很容易，只需掌握编程的基本语法就可进行。因此，下面将着重讲解条件语句和循环语句。

2. 条件语句

在编写程序的时候，肯定避免不了进行条件判断。例如，在代码编辑器制作中，需要判断用户输入代码、修改代码、粘贴代码等情况，而在修改代码的情况中，当用户输入一个回车符，要判断是在行头、行中、行尾3种情况，不同的情况执行不同的代码。要实现上述功能，通过简单的顺序编写的程序肯定不能完成，只能通过条件语句来实现。

下面的伪代码模拟了用户输入回车符的处理过程。

```
//条件1
If("行头回车")
{
//执行条件1下的代码1
//代码1
}else if("行中回车")
{
//执行条件2下的代码2
//代码2
}else if("行尾回车")
{
//执行条件3下的代码3
//代码3
}
```

上面代码的功能是这样的：当用户在行头回车时，只会执行代码1；同样，当用户在行中回车时，只会执行代码2。也就是说条件语句可以让代码有选择性地执行，这样就可以根据不同的情况来实现不同的功能。

代码中的if语句是用来判断所给条件是否满足，根据判断结果来决定要执行的程序。If条件语句包括if语句、if-else语句、else-if语句等形式。

● if语句

简单的if语句只能进行一个或者多个条件的判断。如果条件为真则执行相应的程序，否则执行另外的代码。下面是if简单代码的一般形式。

```
if（条件）
{
//程序
}
```

其中if是表示条件语句的关键词，注意字母是小写。这个if的功能是：其后面的条件若为真，则执行后面的大括号里面的程序，若为假则直接跳过程序，执行下面的语句。其流程示意图如图10-6所示。

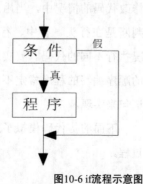

图10-6 if流程示意图

图中箭头表示程序的执行方向，先进行判断，条件为真则执行程序，条件为假则跳过if的语句，执行后面的程序。

```
var a：int=5;
if(a==4)
{
trace(a+1);
}
trace(a);
```

在Flash的"动作"面板中输入上述代码，如图10-7所示，输出结果如图10-8所示。

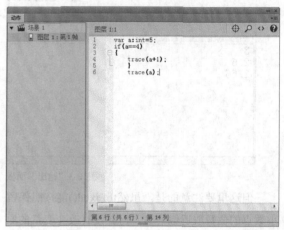

图10-7 输入代码

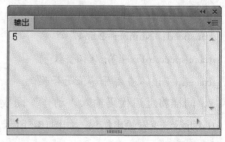

图10-8 "输出"面板

由于变量a的值是5，所以括号中表达式"a==4"为false，跳过括号中的代码，直接执行后面代码"trace(a);"，输出结果即为5。

需要提到的是，if语句中的条件如果有多个，可以用"&&"和"||"运算符来进行连接。"&&"表示"与"运算，即两个或多个条件同时为true时，才能执行括号中的代码。

使用"&&"运算符的代码如下。

```
var a：int=5;
var b：int=6;
if(a==5&&b==6)
{
trace("a="+a,"b="+b);
}
```

将上述代码输入到Flash"动作"面板中，如图10-9所示，输入结果如图10-10所示。

图10-9 输入代码

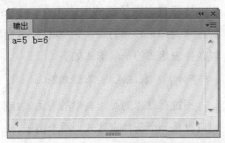

图10-10 "输出"面板

上面的代码"a==5"为true，"b==6"也为true，所以两个条件都为真，可执行括号内代码，即输出a、b的值。

"||"运算符表示"或"运算，即两个或多个条件中只要有一个条件为true时，就可以执行括号中的代码。

使用"||"运算符的代码如下。

```
var a：int=5;
var b：int=6;
if(a==5||b==7)
{
trace("a="+a,"b="+b);
}
```

将上述代码输入Flash"动作"面板中，如图

10-11所示，输出结果如图10-12所示。

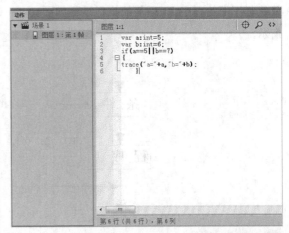

图10-11 输入代码

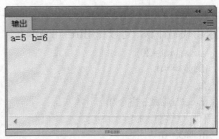

图10-12 "输出"面板

上面的代码"a==5"为true，但是"b==7"为false，但最后仍然能输出a、b的值。

需要注意的是，如果有多个条件，并且多个条件之间是"或"关系时，要尽可能地将可能性最高的条件放在前面，这样可以减少条件的判断次数。同样，如果多个条件是"和"关系，要尽量把可能性最低的条件放在前面。

- if-else语句

if语句只是选择执行一段程序，即要么执行这段程序，要么不执行这段程序。if-else语句选择执行两端程序中的一段程序，并且肯定会执行其中一段程序。if-else语句的一般形式如下。

```
if(条件)
{
//程序1
}else
{
//程序2
}
```

当条件成立时，执行程序1，当条件不成立

时，执行程序2，这两段程序只选择一段执行后，就执行下面的程序。if语句的执行过程如图10-13所示。

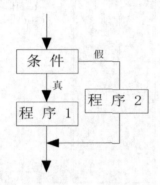

图10-13 if-else流程示意图

举个例子，假如要判断20能不能被3整除，要求用代码计算，可以先用if语句来编写。

```
var a：int=20;
if(a%3==0)
{
trace("a能被3整除");
}
if(a%3!=0)
{
trace("a不能被3整除");
}
```

上述代码中，"%"运算符是取余运算符，即相除之后的余数，如果余数为0，则说明可以被整除，否则不能被整除。

再用if-else语句。

```
var a：int=20;
if(a%3==0)
{
trace("a能被3整除");
}else
{
trace("a不能被3整除");
}
```

以上两种代码都能判断出a能否被3整除。判断a能否被3整除只存在两种情况，要么能被整除，要么不能。前面第一个代码用的是if语句，整个代码共使用两次if，也就是说Flash要进行两次判断；而使用if-else语句就显得简洁、快速多了，if-else语句在这里只需要判断一次。

在if语句中。条件为真或假，并且只执行一个赋值语句给同一个变量赋值时，可以用简单的条件运算符来处理。思考下面的代码是用来做什么的。

```
var a：int=5;
var b：int=10;
var c：int;
if(a>b)
{
c=a;
}else
{
c=b;
}
```

这段代码是a与b进行比较，最大的那个的值赋给c。上述代码有更为简单的运算方式，具体如下。

```
var a：int=5;
var b：int=10;
var c：int;
c=a>b?a：b;
```

这里就出现了新的表达式"a>b?a：b"，它的意思是如果a>b为真，则取a值，否则取b值。所以条件表达式的一般形式如下。

（条件）？表达式1：表达式2;

不过有意思的是，其中的表达式1或者表达式2也可以是一个条件表达式，举个例子。

```
var a：int=5;
var b：int=10;
var c：int=15;
var d：int;
d=(a>(d=(b>c)?b：c))?a：d;
```

这段代码，先执行的是"d=(b>c)?b：c"，即比较b、c之间的大小，取其最大值赋给d。同理，之后比较a、d之间的大小，求出最大值。

使用条件表达式可简化程序，提高程序输入的速度，但降低了程序的可读性，所以建议初学者在熟悉if条件语句以后再使用条件表达式。

● else-if语句

在一个程序中，有时条件不止两个，这时就要用到else-if语句。else-if语句的一般形式如下。

```
if(条件1)
{
程序1;
}else-if(条件2)
{
程序2;
……
}else-if(条件n)
{
程序n;
}else-if
{
程序n+1;
}
```

图10-14 输入代码

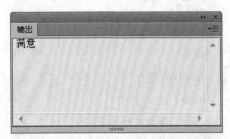

图10-15 "输出"面板

else-if语句的执行顺序：先进行条件1判断，如果条件1为true，则执行程序1，如果为false，则跳过程序1，进行条件2的判断。以此类推。

在网上购买一些商品后，有时候，会收到反馈表之类的文件，要求对本次服务的满意度进行打分。可编写如下代码。

```
var Satisfaction：int=76;
if(Satisfaction>=80&&Satisfaction<=100){
trace("很满意");
}else if(Satisfaction>=65&&Satisfaction<80){
trace("满意");
}else if(Satisfaction>=50&&Satisfaction<65){
trace("一般");
}else{
trace("不满意");
}
```

将上述代码输入到Flash "动作" 面板中，如图10-14所示，按Ctrl+Enter测试影片，其输出结果如图10-15所示。

* swith语句

switch语句是多分支选择语句。当程序中的分支很多时，如成绩统计分类，按分数分为优异、良好、及格以及不及格。如果用前面的语句类型进行编写，会使程序显得过长，并且降低可读性。这时可用switch语句进行处理。

switch语句的一般表达式如下。

```
switch(表达式)
{
case表达式1:
//程序1
case表达式2:
//程序表达式2
……
case表达式n:
//程序表达式n
default:
//程序n+1
}
```

例如，下面的程序可根据成绩等级输出相应的成绩段。

```
var 成绩等级：String="B";
switch(成绩等级)
{
case"A":
trace("90—100");
case"B":
trace("80—90");
case"C":
trace("70—80");
case"D":
trace("60—70");
case"E":
trace("60以下");
default:
trace("不存在这样的等级");
}
```

以上的switch语句先执行第一个case后面的语句，这个语句并不需要条件判断，然后接下去执行case后面的语句。将上述代码输入Flash "动作"面板中，如图10-16所示，输出结果如图10-17所示。

图10-16 输入代码

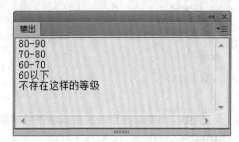

图10-17 "输出"面板

由上面输出结果来看，并不是输出"B"所对应的分数段，而是所有的分数段全部被输出了。因此，应该在执行一个case分支之后使程序的流程跳出switch结构，终止程序的执行。可以用break语句实现此目的。对程序进行修改如下。

```
var 成绩等级：String="B";
switch(成绩等级)
{
case"A":
trace("90—100");
break;
case"B":
trace("80—90");
break;
case"C":
trace("70—80");
break;
case"D":
trace("60—70");
break;
case"E":
trace("60以下");
break;
default:
trace("不存在这样的等级");
}
```

将上述代码输入Flash "动作"面板中，如图10-18所示，输出结果如图10-19所示。

图10-18 输入代码

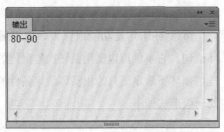

图10-19 "输出"面板

3. 循环语句

在编写程序时，当遇到对10个数字排序，两个数字进行比较时，如果采用选择结构，进行的条件分支是非常多的，写出来的代码也是很长的。利用循环语句，上述问题就变得很简单了，大大地提高了程序的效率。循环语句总共有3种语句，用于实现程序的循环，分别是while、do…while和for循环语句。它们与if语句最大的区别是：只要条件成立，循环里面的代码就会不断地执行；而if语句中的代码只可能被执行一次。

* while循环语句

while循环语句的一般形式如下。

```
while(条件)
{
循环体
}
```

while的执行流程是，while会先判断条件是否成立，如果成立，则执行后面的循环体，执行之后，再次判断与条件是否成立，如果成立则再次循环，直到执行循环体之后与条件不成立，才可输出。流程图如图10-20所示。

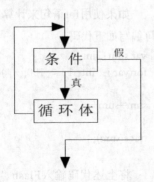

图10-20 while语句流程图

使用while语句求1+2+3+4+5+…+100的值。

```
var i: int=1;
var sum: int;
while(i<=100)
{
sum+=i;
i++;
}
trace(sum);
```

将上述代码输入Flash "动作"面板中，如图10-21所示，输出结果如图10-22所示。

图10-21 输入代码

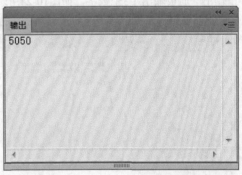

图10-22 "输出"面板

* do…while循环语句

do…while循环语句的一般形式如下。

```
do{
循环体
}while(条件);
```

与while循环语句刚好相反，do…while语句是一种"先斩后奏"的循环语句。不管怎么样，"{}"中的程序至少会执行一次，然后再判断条件是否要继续执行循环。如果"（）"里面的条件成立，它会继续执行"{}"里面的程序语句，直到条件不成立为止。

举个例子如下。

```
var i: int= 1;
var j: int= 5;
btn1.addEventListener(MouseEvent.
CLICK,onClick)
function onClick(e: MouseEvent)
{
while (i<j)
{
i++;
}
trace(i);
}
```

在场景中创建一个名为btn1的按钮元件，将上述代码输入Flash"动作"面板中，如图10-23所示，在测试的影片中单击里面的按钮3下，此时，"输出"面板输出了3个数字，如图10-24所示。

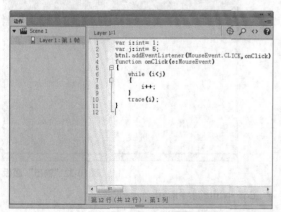

图10-23 输入代码

图10-24 "输出"面板

• for循环语句

for循环语句是功能最强大、使用最灵活的循环语句。它不仅可以适用循环次数确定的情况，还适用循环不确定而只给出循环结束条件的情况。它的一般形式如下。

```
for(初始表达式;条件表达式;递增表达式)
{
循环体
}
```

for语句中有3种表达式，中间用分号隔开。第一个表达式通常用来设定循环次数，这个表达式只执行一次；第二个表达式是一种关系表达式或者逻辑表达式，用来判断循环是否继续；第三个表达式只有在执行了循环体之后才能触发，通常是用来增加或者减少变量。其流程图如图10-25所示。

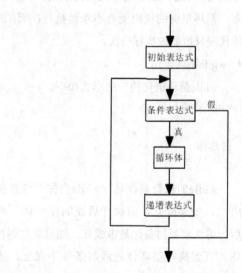

图10-25 for语句流程图

如果使用for语句来计算1+2+3+4+…+100，则可编写如下代码。

```
var sum: int;
for(var i: int=1;i<=100;i++)
{
sum=sum+i;
}
trace(sum);
```

将上述代码输入Flash"动作"面板中，如图10-26所示，输出结果如图10-27所示。

图10-26 输入代码

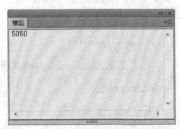

图10-27 "输出"面板

10.1.3 变量

变量好似一个容器，它的具体名称取决于里面所装的东西，比如一个大缸里面装的是水它就是水缸，装的是米就是米缸；只不过在这里它里面装的是数据，这些数据就是变量值。用户在编写语句来处理这些值时，往往是编写变量名来代替值，这是因为只要计算机看到程序中的变量名，就会查看自己的内存并使用在内存中找到的相应的值。

1. 定义变量

给变量定义也就是创建变量的意思，其形式如下。

```
var 变量名
```

var是一个关键字，用来声明变量，也是英文variable的前3个字母，单词本身就是变量的意思。举个简单的例子，比如定义container的变量。

```
var container;
```

如上就创建了一个变量，container为变量名。可以同时为多个变量定义。

```
//定义名为container1的变量
```

```
var container1;
//定义名为container2的变量
var container2;
//定义名为container3的变量
var container3;
```

使用逗号"，"可以在一行代码中定义多个变量。

```
//定义3个变量
var container1,container2,container3;
```

不管哪种，结果都一样，只是后者更加简洁点。

2. 给变量赋值

上面说过，变量就好比一个容器，既然是一个容器总是要装点东西的，"往容器里装东西"就是给变量赋值。不过在这里是往变量里放入数据而已。其形式如下。

```
变量名=数据
```

其中，"="是赋值运算符。"="运算符的执行是从右至左的，也就是说把"="右边的数据赋予左边的变量名。下面接着上面的例子，将100赋值给container。

```
container=100;
```

把完整的代码写下来，具体如下。

```
var container; //变量的定义
container=100 //变量的赋值
```

代码中的"//"及后面的字符表示注释，用来说明代码的含义，方便他人查看，注释不会影响代码的执行。

上面这种是最常用的编写模式，即为"变量名——赋值"关系。不过此关系还有一种更简洁的编写方式，具体如下。

```
var container=100; //定义变量后直接赋值
```

上面的代码只需一行就完成了变量的定义与赋值，赋值过程中在程序设计中称为变量的初始化。

3. 输出变量值

变量名表示了数据的访问形式，通过不同的变

量名就可以访问保存在变量中的数据。例如上面的
container1访问的是第一个容器的数据，container2
访问的是第二个容器的数据。如何才能将访问的数
据输出来呢？

首先打开"动作"面板，定义3个变量并赋
值，最后利用trace()函数显示变量值。

```
var container1=10,container2=15.container3=16;
//定义3个变量并赋值
trace(container1); //输出10
trace(container2); //输出15
trace(container3); //输出16
```

按Ctrl+Enter组合键测试，在下面的"输出"
面板中可以看到输出值，如图10-28所示。

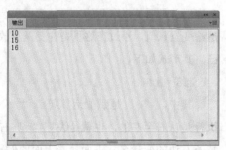

图10-28 "输出"面板

可以看到，通过上述方式输出的只是变量值，
当存在多个变量值时就分不清哪个变量值属于哪个
变量了。因此，在输出变量值时，最好同时输出变
量名。

输出变量名和变量值的形式如下。

```
trace("变量名="+变量名);
```

那么上一个例子就可以改为这种形式：

```
var container1=10,container2=15,container3=16;
//定义3个变量并赋值
trace("container1="+container1);
//输出container1=10
trace("container2="+container2);
//输出container2=15
trace("container3="+container3);
//输出container3=16
```

这样在"输出"面板中显示的信息就比较清
楚，变量名与变量值相对应，如图10-29所示。

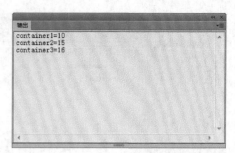

图10-29 "输出"面板

4. 重复赋值

重复赋值也是一种赋值，重复赋值比较特殊，
需要用到"输出"来验证。首先思考一个小问题，
观察下面的代码。

```
var containerx=10;
//定义变量名为container的变量并赋值10
containerx=15;
//变量进行重新赋值
trace("containerx="+containerx);
//输出containerx的值
```

变量containerx的值是多少呢？下面通过实践
来证明。先将上述代码输入到"动作"面板中，如
图10-30所示，再按Ctrl+Enter快捷键测试影片，输
出的结果如图10-31所示。

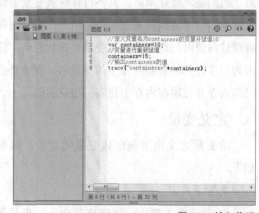

图10-30 输入代码

图10-31 "输出"面板

最后，containerx的值为15，而不是原先的10。当对变量进行重复赋值时，新的变量值会取代旧的变量值。将两个不同值的变量进行互换，举个例子，container=10，weight=5，可编写如下代码。

```
var container=10;     //定义container为变量并赋值10
var weight=5;         //定义weight为变量并赋值5
trace("container="+container,"weight="+weight);
//输出交换前变量的值
container=weight;
 //把变量weight的值赋给container
weight=container;
 //把变量container的值赋给weight
trace("container="+container,"weight="+weight);
//输出交换后的变量的值
```

将上述代码输入到"动作"面板中，如图10-32所示，测试影片，最终输出结果如图10-33所示。

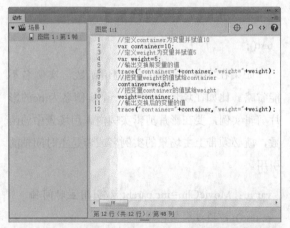

图10-32 输入代码

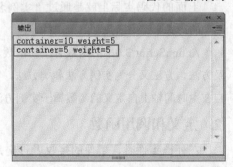

图10-33 "输出"面板

通过实践，可以发现这串代码无法将两个变量互相转换，这也是刚刚接触语言脚本的用户常常犯

的错误。首先，前面的定义与赋值是没有错的，到了"container=weight；"的时候，这句的意思是把weight的值赋给container，也就是说此时container=5了，随后又执行"weight=container；"，也就是把container的值赋给了weight。这个错误的代码的思路是把weight的值赋给container，又把container的值赋给weight，新的值将取代旧的值，所以当执行完"weight=container；"这个命令后，container不再等于10了，而是5，再去将container赋给weight的话，weight也只能是等于5。

再设置一个变量来保存其中一个变量的值，代码如下。

```
var container=10;
var weight=5;
var volume;              //定义一个临时变量
trace("container="+container,"weight="+weight);
//输出交换前变量的值
volume=container;
 //把变量container的值保存在变量volume中
container=weight;
 //把变量weight的值赋给变量container
weight=volume;
 //把变量volume的值赋给变量weight
trace("container="+container,"weight="+weight);
//输出交换后变量的值
```

将上述代码输入到"动作"面板中，如图10-34所示，测试影片，"输出"面板如图10-35所示。

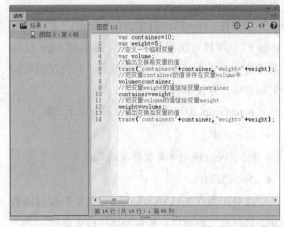

图10-34 输入代码

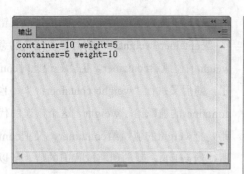

图10-35 "输出"面板

10.1.4 函数

函数可以看作重复利用的代码块，就像类里面的方法一样。合理使用函数，可以起到事半功倍的效果，提高编程的速度。

1. 认识函数

ActionScript 3.0中的函数有比较大的变化，它删除了许多全局函数。例如，stop()函数在ActionScript 2.0中是一个全局函数。ActionScript 3.0则不再有这个全局函数，全局函数stop()的功能由MovieClip类的stop()方法来代替。

比如，同样使用"stop()"命令调用函数，ActionScript 2.0把它当作全局函数进行处理，而ActionScript 3.0则会把它当作实例方法来处理，即相当于下面的代码。

```
this.stop();
```

"this"是对包含当前帧的影片剪辑实例的引用。当影片剪辑实例中调用"stop()"方法时，可以省略"this"。

所以在ActionScript 3.0中"stop()"和"this.stop()"这两种写法都是一样的。ActionScript 3.0全局函数变少并不代表它的功能减弱，反而使其结构更加清晰，方便编程员记忆。

ActionScript 3.0中全局函数主要有以下几类。

◆ trace()函数

◆ int()、Number()等类型转换函数

◆ isNaN()函数

这些函数在ActionScript 3.0中被称为顶级函数和全局函数。即可以在程序的任何位置调用。

从面向对象编程的角度来说，函数即方法，方法是在类中定义的函数。方法可以分为实例方法和类方法，在时间轴中自定义的函数都属于实例方法。

例如，如果在主时间轴上定义下面的函数。

```
function test()
{
}
```

函数test()就是实例root的方法，可以通过"实例名.方法名()"来调用函数。

```
root.test();
```

因为this关键字指向当前实例，所以也可以如下这样调用。

```
this.test();
```

在实例的当前位置调用函数时，可以省略实例名，直接用函数，具体如下。

```
test();
```

如果在实例的其他位置调用函数，实例名不能省略。比如在场景root中有一个实例名为mc的影片剪辑实例，要在影片剪辑实例内调用场景中的函数，就必须带上主场景的实例名或者是主时间轴的引用。

```
var re：MovieClip=mc.parent; //引用主时间轴
re.test(); //通过引用调用函数
```

上面的代码实际上就是通过"实例名.方法名()"的形式来调用函数。

ActionScript 3.0中的函数有全局函数、包函数及方法。方法又分为实例方法和类方法，其中，用户在主时间轴上自定义的函数属于实例方法。

2. 定义和调用函数

在处理事件时，事件的接收者肯定是一个函数，在setInterval()函数中，间隔调用的也肯定是函数，这些函数的定义都用function关键字。

● 用function定义函数

就像var定义变量一样，定义函数要使用function关键字。

定义函数的一般形式如下。

```
function函数名(参数列表)：数据类型
{
    //代码块
}
```

其中函数名是用来说明函数的功能的，所以，函数名的命名最好能见名知意。例如，getSpeed表示获取速度，setSpeed表示设置速度。

函数中的代码可以返回一些数据，这些数据可以是简单数据类型，也可以是复杂数据类型，数据类型表示函数返回的数据类型，当不需要返回数据时，数据类型应标示为void，意思是没有返回值。例如trace()就没有返回值，而toFixed()函数就返回了一个字符串。所以，经常会看到如下这样的代码。

```
var num：Number=4.5689;
var s：String=num.toFixed(2);
```

代码第二行的toFixed()函数进行了保留小数点的操作后，返回了一个字符串，通过"="运算符把这个字符串赋值给变量s。而trace()函数就不能这样做，因为没有返回值。

- 用"( )"调用函数

调用函数的最常用形式如下。

```
函数名(参数)
```

其中，"( )"代表调用函数的语法，可以向"( )"内传递参数。

下面的代码调用了函数。

```
traceMsg();
function traceMsg()：void
{
trace("this is function");
}
```

测试上面代码，可以看到"输出"面板中的信息，如图10-36所示。

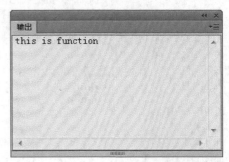

图10-36 "输出" 面板

用function定义函数与调用函数的前后顺序无关，例如，下面的代码同样可以调用函数。

```
function traceMsg()：void
{
trace("this is function");
}
traceMsg();
```

上面的函数只是实现了简单的功能，每调用一次函数，其输出的信息也是一样的，所以，这样的函数实际上没多大意义，函数的意义主要体现在代码的复用性上。

修改上面函数如下。

```
function traceMsg(msg：*)：void
{
trace(msg);
}
```

此时的函数就有了一个参数，参数实际是变量，所以最好能声明参数的数据类型。由于函数体内的trace()函数可以输出任意数据类型的数据，所以参数的数据类型声明为"*"类型。

向上述函数传递数据。

```
function traceMsg(msg：*)：void
{
trace(msg);
}
//输出 "this is function"
traceMsg("this is function")
//输出 "5"
traceMsg(5)
//输出 "true"
traceMsg(true)
```

将上述代码输入"动作"面板中，如图10-37所示，输出结果如图10-38所示。

图10-37 输入代码

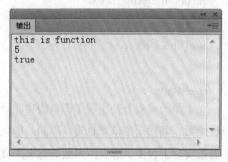

图10-38 "输出" 面板

3. 函数的参数

前面对函数的定义、调用等进行了比较深入的讲解，下面将专门讨论函数的参数。函数的参数在ActionScript 3.0中变化很大，它增加了许多新的功能。

● 形式参数和实际参数

函数的参数是外界与函数内部通信的方法，对于有参函数来说，函数被调用时，函数有数据传递的关系。看下面的代码。

```
//调用的函数
max(5,7);
//定义函数
function max(x: int,y: int): int
{
if("x>y")
  {
x=x;
  }else
  {
x=y;
  }
return x;
}
```

在函数的调用过程中发生了数据传递，首先把5和7传递给x和y，通过比较后返回一个大的值7，传递给函数max()，所以max(5，7)的值是7。

在定义函数时，括号中的变量称为形式参数，简称形参。比如定义max()函数时的x和y。在调用函数时，函数名后面括号中的变量或表达式称为实际参数，简称实参。如调用max()函数时的5和7。

参数的实参可以是任意数据类型的变量或者是表达式。如sss。

```
max(5,7);
//常量作为实参
var a: int=1;
var b: int=5;
max(a,b);
//变量作为实参
var c: int=2;
var d: int=4;
max(c,c+d);
//表达式a+b作为实参
```

参数对于函数来说非常重要，一个好的函数其参数应是不多不少。例如，toFixed()函数可以保留小数点的位数，但它返回的是字符串。

● 值传递和引用传递

函数的参数可以是任何数据类型的变量，数据类型可以分为简单数据类型和复杂数据类型。当使用简单数据类型变量作为参数时，传递的是值；当使用复杂数据类型变量作为参数时，传递的是引用。

对于简单数据类型的参数来说，函数调用开始时，发生了从实参到形参的值传递，函数调用结束时形参并未向实参进行值传递，这种数据传递称为值传递。

```
var a: int= 1;
trace("函数调用前，实参a="+a);
test(a);
trace("函数调用后，实参a="+a);
function test(x): void
{
x += 5;
```

```
trace("调用函数中，形参x="+x);
}
```

将上述代码输入Flash"动作"面板中，如图10-39所示，输出结果如图10-40所示。

图10-39 输入代码

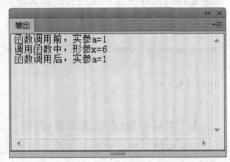

图10-40 "输出"面板

从测试结果可以看出，调用函数时，形参的值开始时是由实参传递来的值1，加5后变为6，但形参的值改变后并没有传递给实参，所以函数调用前后实参的值都是1。

```
var a：int= 1;
trace("函数调用前，形参x="+x);
test(a);
trace("函数调用后，形参x="+x);
function test(x)：void
{
trace("实参a把值1传给形参x，x="+x);
x += 5;
trace("形参x加5后，x="+x);
}
```

再把上述代码输入到Flash"动作"面板中，如图10-41所示，输出结果如图10-42所示。

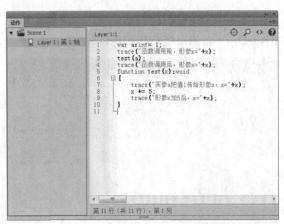

图10-41 输入代码

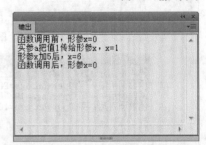

图10-42 "输出"面板

从测试结果可以看出，形参只有在函数调用时才会被分配一定的储存单元，调用前后都没有储存单元。用上述方法分别对Flash的各种数据类型的变量进行测试，发现数字、字符串和布尔值类型的变量是以值传递的方式传递给函数的，即简单数据类型变量都以值传递。函数调用开始时，发生了从实参向形参的数据传递，函数调用结束时形参也向实参进行数据传递，这种数据传递称为引用传递或地址传递。

```
//建立一个对象
var person：Object = new Object()
//动态创建属性age
person.age=20
trace("函数调用前，实参person.age="+person.
age);
test(person);
trace("函数调用后，实参person.age="+person.
age);
function test(per：Object)：void
{
per.age = 10;
//修改对象的age属性
trace("函数调用中，形参per.age="+per.age);
}
```

将上述代码输入到Flash "动作"面板中，如图10-43所示，输出结果如图10-44所示。

图10-43 输入代码

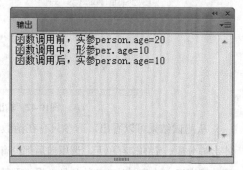

图10-44 "输出"面板

从测试结果中可以看出，调用函数后，实参的值发生了变化。实参把值传递给了形参后，形参又把改变的值传递给了实参。

● 参数的默认值

ActionScript 3.0新增了两个功能：可以在定义参数时，给参数一个默认值，而且，可以给函数不确定的参数；在调用函数时，如果给定的实际参数与形式参数的数目不匹配，Flash将会提示参数数目不匹配错误。

例如，下面代码的形参有两个，实参只有一个。

```
test(1);
function test(x: int, y: int): Booleam
{
return x>y;
}
```

此时可以使用参数的默认功能。

参数默认值的定义形式如下。

```
Function 函数名(参数：数据类型=默认值)：数据类型
{
}
```

下面是更改后的代码。

```
test(1);
function test(x: int, y: int=0): Booleam
{
return x>y;
}
```

参数的默认值会给实际编程带来很多好处。例如事件处理中的接收者函数必须带有一个参数，如果想单独调用这个函数，又不想传递参数，就可以采用参数的默认值功能。在使用默认值功能时，默认参数必须从右往左，即所有的默认参数要写在必须参数后面。下面的代码就犯了这个错误。

```
function test(x: int=0, y: int): Booleam
{
return x>y;
}
```

由于默认参数x在必须参数y前面，这在Flash中是不允许的，默认参数必须在必须参数的后面，所以，应调换这两个参数的位置，具体如下。

```
function test(y: int, x: int=0): Booleam
{
return x>y;
}
```

● 任意数的参数

用前面介绍的trace()函数传递一到多个任意数据类型的参数，具体如下。

```
trace(参数1);
trace(参数1，参数2);
trace(参数1，参数2，参数3);
```

像这种不定数量的参数，在ActionScript 3.0中就可以实现，ActionScript 3.0允许给函数设定任意数量的参数，其形式如下。

```
Function 函数名(…参数)：数据类型
{
}
```

其中"…参数"中的"…"代表任意数量的参数，参数的名字可以是任意合适的变量名，这个参数代表一个数组。下面的代码示意了任意数量参数的使用方法。

```
test(); //调用函数
function test(…arg)：void //定义任意数量参数
的函数
{
trace(arg is Array);
}
```

任意数量的参数意味着可以有0到多个参数，从输出的结果ture可以看出，参数arg是一个数组。

下面的代码传递了3个参数。

```
test(1,2,3);
function test(…arg)：void
{
trace(arg);
}
```

输出的结果为1,2,3，即输出了数组arg中的所有元素，元素之间以逗号"，"隔开。

用上述知识来求几组数字的平均值。比如，要求这几组数字的平均值：

{1,2,3}、{12,73,85}、{5,3,6,9,0,1,7,2}，可编写如下编码。

```
trace(average(1,2,3));
trace(average(12,73,85));
trace(average(5,3,6,9,0,1,7,2));
//定义求平均值函数
function average(...arg)：Number
{
//得到数组的长度
var len：uint=arg.length
//代表和的变量
var sum：uint
//遍历数组
for(var i：uint=0;i<len;i++)
```

```
{
//把所有数组元素加起来
sum+=arg[i]
}
//求得平均值，并返回
return sum/len
}
```

将上述代码输入到Flash"动作"面板中，如图10-45所示，输出结果如图10-46所示。

图10-45 输入代码

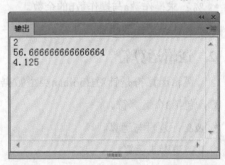

图10-46 "输出"面板

使用任意数量的参数时要注意一点：如果函数有多个参数，任意数量的参数必须写在最后，否则程序就会报错。

10.1.5 表达式和运算符

运算符都必须有运算对象才可以进行运算。运算对象和运算符的组合，称为表达式。

ActionScript表达式是指能够被ActionScript解释器计算并生成单个值的ActionScript"短

语"，短语可以包含文字、变量和运算符等。生成的单个值可以是任何有效的ActionScript类型：数字（Number）、字符串（String）、逻辑值（Boolean）和对象（Object）。

编程语言必须要清楚描述如何进行数据运算。这些运算符主要用于数学运算，有时也用于值的比较。运算符本身是一种特殊的函数，运算对象就是它的参数，运算结果值就是它的返回值。而每一个表达式都是单个运算符函数的组合，表达式可以看成一个组合的特殊函数，表达式的值也就是此函数的返回值。

1. 算术运算符

算术运算符就像在小学学习的运算，也是ActionScript中最基础的运算符。

- +：将两个操作数相加。
- -：用于一元求反或减法运算。
- --：操作数递减。
- ++：操作数递增。
- /：操作数与操作数的比值。
- %：求操作数a与操作数b的余数。
- *：两个操作数相乘。

2. 逻辑运算符

逻辑运算符是针对Boolean类型数据进行的运算，包括3个运算符。

- &&：逻辑与运算。
- ||：逻辑或运算。
- !：逻辑非运算。

当使用"&&"时，如果第一个表达式就返回false，那么将不会执行第2个表达式，只有当第一个表达式返回true，才会执行第二个表达式。

当使用"||"时，如果第一个表达式就返回true，那么是不会执行第二个表达式的。只有第一个表达式返回false，才会执行第二个表达式。

3. 按位运算符

在使用按位运算符时，必须将数字转换为二进制，然后才能对二进制数字的数位进行运算。运算的时候并不是简单的算术运算或逻辑运算，而是根据二进制数字的位来操作。

- &：按位与运算。
- |：按位或运算。
- <<：按位左移动。
- >>：按位右移动。
- ~：按位取反运算。
- >>>：无符号的按位右移动。
- ^：按位异或。

4. 赋值运算符

简单的赋值运算符就是等于"="，用于为声明的变量或常量指定一个值。

复合赋值运算符是一种组合运算符，原来是将其他类型的运算符与赋值运算符结合使用。在ActionScript 3.0中有3种复合赋值运算符。

算术赋值运算符是算术运算符和赋值运算符的组合，共有5种。

- +=：加法赋值运算。a+=b相当于a=a+b。
- %=：求余赋值运算。a%=b相当于a=a%b。
- -=：减法赋值运算。a-=b相当于a=a-b。
- *=：乘法赋值运算。a*=b相当于a=a*b。
- /=：除法赋值运算。a/=b相当于a=a/b。

逻辑赋值运算符即是逻辑运算符和赋值运算符的组合。

- 逻辑与赋值运算符"&&="。a&&=b相当于a=a&&b。
- 逻辑或赋值运算符"||="。a||=b相当于a=a||b。

按位赋值运算符是按位运算符和赋值运算符的组合。

- &=：按位与赋值。a&=b相当于a=a&b。
- |=：按位或赋值。a|=b相当于a=a|b。
- ^=：按位异或赋值。a^=b相当于a=a^b。
- <<=：按位左移赋值。a<<=b相当于a=a<<b。
- >>=：按位右移赋值。a>>=b相当于a=a>>b。
- >>>=：按位无符号右移赋值。a>>>=b相当于a=a>>>b。

5. 比较运算符

比较运算符主要是两个表达式进行比较。

- ==：等于号。表示两个表达式相等。
- >：大于号。表示第1个表达式的值大于第2个表达式的值。
- >=：大于等于号。表示第1个表达式的值大于等于第2个表达式的值。
- !=：不等号。表示两个表达式的值不相等。
- <：小于号。表示第1个表达式的值小于第2个表达式的值。
- <=：小于等于号。表示第1个表达式的值小于等于第2个表达式的值。
- ===：绝对等于号。表示第1个表达式和第2个表达式的Number、int、uint 3种数据类型执行数据转换。
- !==：绝对不等于号。意义与绝对等于号完全相反。

6. 其他运算符

下面介绍前面没介绍的运算符。

- []：该运算符用于初始化一个新数组或多维数组，或访问数组中的元素。
- ，：运用于多个表达式之间的连接，按照表达式排列的顺序进行运算。
- ::：标识属性、方法或XML属性或特性的命名空间
- {}：对一个或者多个参数执行分组运算，执行表达式的顺序计算，以及将一个或者多个参数传递给函数。
- :：用于指定数据的数据类型。
- .：访问类变量和方法，获取并设置对象属性以及分隔导入的包或类。

10.1.6 课堂案例——制作飞机移动动画

下面采用导入元件素材和添加脚本代码的方式，通过制作飞机移动实例来巩固所学知识。

文件路径：素材\第10章\10.1.6

视频路径：视频\第10章\10.1.6课堂案例——制作飞机移动动画.mp4

01 启动Flash CC，执行"文件"→"新建"命令，新建一个文档（979×434）。

02 执行"文件"→"导入"→"导入到舞台"命令，导入"背景.png"素材到舞台，如图10-47所示。

图10-47 导入"背景.png"素材

03 使用"文本工具"在舞台下方输入文本，如图10-48所示。

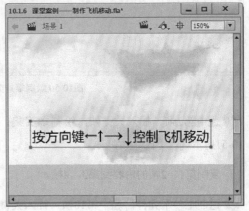

图10-48 输入文本

04 新建"图层2"，在"库"面板中拖入"飞机"元件到舞台中，如图10-49所示。

图10-49 拖入"飞机"元件到舞台

⑤ 双击"飞机"元件，进入元件编辑模式。使用"铅笔工具"在舞台中绘制飞机的螺旋桨图形，并转换为元件，如图10-50所示。

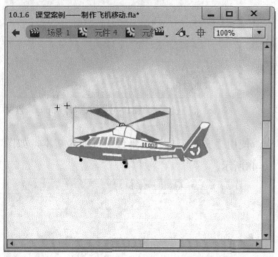

图10-50 绘制螺旋桨图形

⑥ 选中第2帧，插入关键帧，绘制螺旋桨，如图10-51所示。

⑦ 复制第1、2帧的内容到第3、4帧。

⑧ 返回上一个元件，选中第10帧，插入关键帧，将飞机元件向下稍微移动，如图10-52所示。

⑨ 在第20、30、40帧插入关键帧，并将飞机元件上下移动，如图10-53所示。

图10-51 绘制螺旋桨图形

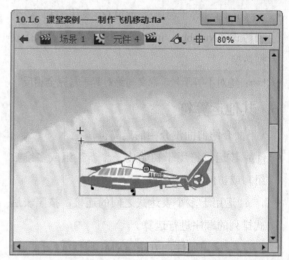

图10-52 向下移动飞机元件

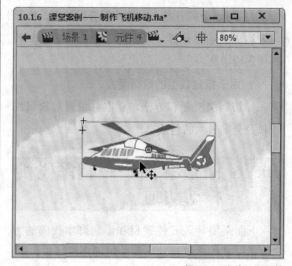

图10-53 移动飞机元件

⑩ 在每个关键帧之间创建传统补间，如图10-54所示。

图10-54 创建传统补间

⑪ 返回"场景1"，新建"图层3"，执行"窗口"→"动作"命令，打开"动作"面板，添加脚本代码（代码段详见素材\第10章\飞机代码.txt 文件），如图10-55所示。

图10-55 脚本代码

⑫ 动画制作完成，按Ctrl+Enter快捷键测试动画效果，如图10-56所示。

图10-56 测试动画效果

图10-56 测试动画效果（续）

10.2 本章总结

本章主要介绍了应用动作脚本的方法。ActionScript是Flash的脚本语言，用户可以使用它制作交互性动画，从而使动画产生许多特殊的效果，这是其他动画软件无法比拟的优点。

10.3 课后习题——制作鼠标指针移动图片

本案例主要采用为元件添加滤镜和添加脚本代码的方法，来制作鼠标指针移动图片，如图10-57所示。

文件路径：素材\第10章\课后习题
视频路径：视频\第10章\10.3课后习题——制作鼠标指针移动图片.mp4

图10-57 课后习题——制作鼠标指针移动图片

第**11**章

3D动画效果

───── 内容摘要 ─────

3D动画是一种三维特效，通过三维动画技术模拟的物体具有精确性、真实性和无限的可操作性等优势，目前应用领域十分广泛。在Flash CC中，3D变形工具可以对2D对象进行一些简单的动画处理。

11.1 使用3D工具

在Flash CC中使用3D工具是有前提条件的，其对象必须是影片剪辑元件，必须以Flash player 10和ActionScript 3.0为目标。3D工具包括3D平移工具和3D旋转工具。

11.1.1 旋转3D图形

使用"3D旋转工具"可以在3D空间中旋转影片剪辑实例，通过改变实例的形状，从视觉上增加立体感。

下面介绍旋转3D图形的操作方法。

【练习11-1】旋转3D图形

文件路径：素材\第11章\练习11-1\旋转3D图形.fla

视频路径：视频\第11章\练习11-1旋转3D图形.mp4

难易程度：★

(01) 打开"素材\第11章\练习11-1\旋转3D图形.fla"素材文件。

(02) 选中工具箱中的"3D旋转工具"，如图11-1所示。

图11-1 工具箱

(03) 在舞台中选中影片剪辑实例，如图11-2所示。

(04) 在舞台中，X轴为红色、Y轴为绿色、Z轴为蓝色，自由旋转控件为黄色。

(05) 将鼠标移动到影片剪辑实例的X、Y、Z轴或自由旋转控件上，此时指针的尾部将会显示该坐标轴的名称，如图11-3所示。

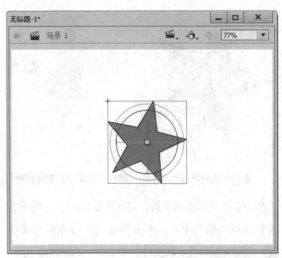

图11-2 舞台显示

X轴　　　　　　　Y轴　　　　　　　Z轴

图11-3 显示坐标轴的名称

(06) 拖动任意一个轴控件可以使所选的影片剪辑实例绕该轴旋转，例如左右拖动X轴控件可以绕X轴旋转，图11-4所示为顺时针拖动X轴的情况。上下拖动Y轴控件可以绕Y轴旋转，图11-5所示为顺时针拖动Y轴的情况。

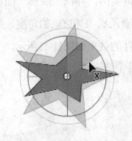 

图11-4 顺时针拖动X轴　　　图11-5 顺时针拖动Y轴

(07) 拖动Z轴控件可以使影片剪辑实例绕Z轴旋转，图11-6所示为逆时针转动Z轴的情况。除了X、Y、Z3轴，还有一条黄色的线，这条黄色的线就是自由旋转控件，拖动自由旋转控件，可以使影片剪辑实例同时绕X和Y轴旋转，图11-7所示为拖动自由旋转控件的情况。

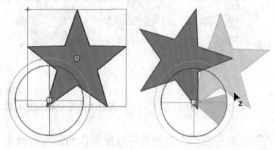

图11-6 逆时针转动Z轴　　图11-7 拖动自由旋转控件

08 中心点是可以调整的，它的主要作用就是使所有的旋转都以它为中心。单击并拖动中心点至任意位置，即可重新定位旋转控件的中心点。如图11-8所示，将中心点拖至影片剪辑实例的左下角。逆时针拖动Z轴控件，就可以在新的中心点旋转，如图11-9所示。

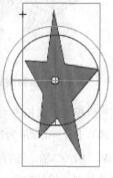

图11-8 中心点拖至影片剪　　图11-9 在新的中心点旋转
辑实例的左下角

09 执行"窗口"→"变形"命令，打开"变形"面板。选择舞台上的影片剪辑实例，并在"变形"面板中的"3D旋转"选项栏中输入X、Y和Z轴的角度，如图11-10所示，此时剪辑元件的效果如图11-11所示。

图11-10 设置角度　图11-11 剪辑元件的效果

10 使用"选择工具"，按住Shift键的同时选择舞台中的实例，然后选择"3D旋转工具"，3D选择控件将叠加在最后所选的实例上，舞台显示如图11-12所示。选中任意一个实例，其他实例以相同的方式旋转，如图11-13所示。

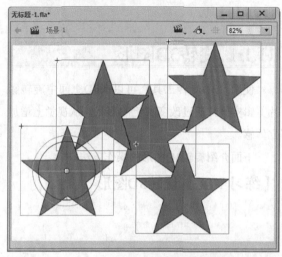

图11-12 最后所选的实例显示3D控件

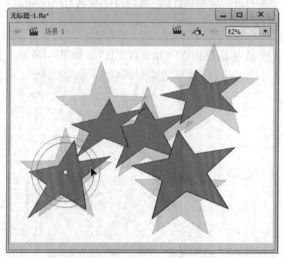

图11-13 旋转实例

11 选择舞台上所有影片剪辑实例，双击圆点控件，如图11-14所示，让中心点移动到影片剪辑组的中心，如图11-15所示。

12 在"变形"面板中的"3D中心点"选项栏可以修改中心点的位置，如图11-16所示。

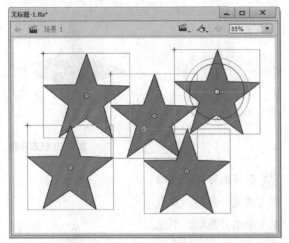

图11-14 双击圆点控件

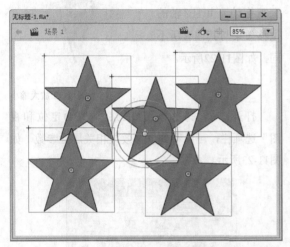

图11-15 移动中心点

图11-16 "变形"面板

11.1.2　全局转换与局部转换

3D旋转工具有两种模式，分别为全局转换和局部转换。当选择"3D旋转工具"的时候，工具箱底部将显示相关选项，包括"贴紧至对象"和"全局转换"两个按钮，如图11-17所示。

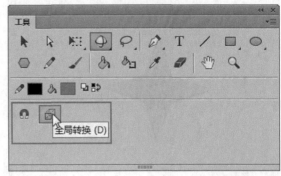

图11-17 "全局转换"按钮

- 全局转换模式：Flash CC的默认模式。在全局三维空间中旋转的实例对象将相对舞台旋转。
- 局部转换模式：在局部三维空间中旋转的实例对象将相对其父物体旋转。单击"全局转换"按钮，关闭全局转换模式，将进入局部转换模式。

11.1.3　3D平移工具

3D平移工具，顾名思义，即将一些对象进行3D操作，而达到一些特殊的视觉效果，比如可以通过在3D空间中移动影片剪辑实例的位置，实现影片剪辑实例看起来离观察者更近或更远。

在工具箱中选择"3D平移工具"，如图11-18所示。单击舞台中的影片剪辑实例，舞台显示如图11-19所示。在图中我们可以看到，剪辑元件中间多了一个向上的绿色箭头和一个向左的红色箭头，还有一个黑色的圆点。

图11-18 工具箱选择

235

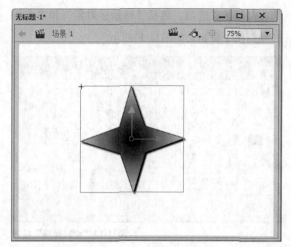

图11-19 舞台显示

当鼠标靠近这3个元素时，鼠标会发生不同的变化，靠近绿色箭头时，鼠标显示 Y 字样；靠近红色箭头，鼠标显示 X 字样；靠近黑点，鼠标显示 Z 字样。三维空间的构建都是基于三维坐标系的，也就是 X、Y、Z 轴，这里其实也就是建立了一个 X、Y、Z 轴来控制对象的位移。下面讲解如何在这3个方向上进行位移。

【练习11-2】平移3D图形

文件路径　素材\第11章\练习11-2\平移3D图形.fla

视频路径　视频\第11章\练习11-2平移3D图形.mp4

难易程度　★

01 打开"素材\第11章\练习11-2\平移3D图形.fla"素材文件。

02 移动鼠标靠近红色箭头，当鼠标显示 X 时，如图11-20所示。

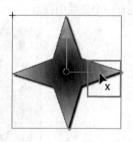

图11-20 鼠标靠近红色箭头

03 单击并向左或者向右拖动，即可使其在 X 轴方向上位移，如图11-21所示。

图11-21 往右平移

04 在其他方向上移动的方法是一致的，要点在于单击并拖动，不过要记住 Y 与 Z 轴都是往上下拖动。并且 Z 轴的位移效果与其他有所不同，如图11-22所示。

图11-22 放大缩小

打开"属性"面板，观察其"3D定位和视图"选项栏，可以看到位移效果相关属性参数，如图11-23所示。

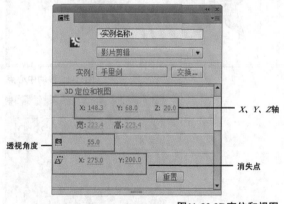

图11-23 3D定位和视图

下面讲解各项属性的作用。

- X、Y、Z 轴：决定对象在三维坐标系中的位置。可以用来移动对象。
- 透视角度：控制3D影片剪辑的外观视角。
- 消失点：这里主要指的是控制 Z 轴上对象的平移位置。

1. 调整透视角度

透视角度控制3D影片剪辑视图在舞台中的外观视角。透视角度属性影响应用3D平移或选择的所有影片剪辑。默认的透视角度为55°视角，值的范围为1°~179°。

选择一个3D影片剪辑，打开"属性"面板，设置透视角度为1°，其舞台效果如图11-24所示；设置透视角度为120°，其舞台效果如图11-25所示。

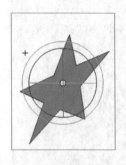 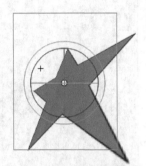

图11-24 透视角度为1°　图11-25 透视角度为120°

2. 调整消失点

消失点属性控制舞台上3D影片剪辑的Z轴方向。重新定位消失点，可以更改沿Z轴平移对象时对象的移动方向。调整消失点的位置，可以精确控制舞台上3D对象的外观和动画。

消失点是一个文档属性，它会影响应用了Z轴平移或旋转的所有影片剪辑，并且不会影响其他影片剪辑，其默认位置是舞台中心。

在舞台上，选择一个应用了3D旋转或平移的影片剪辑。拖动"属性"面板中的消失点参数，舞台中将出现两条黑线，其交叉位置就是消失点，如图11-26所示，若要将消失点移回舞台中心，单击"属性"面板中的"重置"按钮即可。

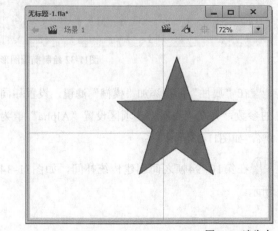

图11-26 消失点

11.1.4 课堂案例——制作3D立体倒计时动画

下面采用3D旋转工具来旋转图形的方式，通过制作3D立体倒计时动画来巩固所学知识。

文件路径：素材\第11章\11.1.4

视频路径：视频\第11章\11.1.4课堂案例——制作3D立体倒计时动画.mp4

01 启动Flash CC，执行"文件"→"新建"命令，新建一个文档（590×300）。

02 使用"矩形工具"绘制一个与舞台大小相同的渐变矩形，填充颜色为从透明度为69%的黑色到纯黑色的径向渐变，如图11-27所示。

图11-27 绘制渐变矩形

03 新建"图层2"，执行"插入"→"新建元件"命令，新建一个名称为"倒计时"的影片剪辑元件。在"库"面板中将该空白元件拖入到舞台中。

04 选中第10帧，按F6键，插入关键帧，使用"椭圆工具"在适当位置绘制一个黑色椭圆，如图11-28所示。

05 选中椭圆图形，按F8键，将椭圆图形转换为元件。单击元件，在"属性"面板添加"模糊"滤镜，设置参数，如图11-29所示。

图11-28 绘制黑色椭圆

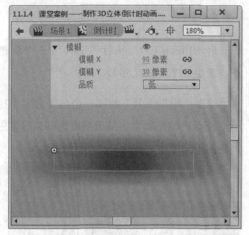

图11-29 添加"模糊"滤镜

06 选中第89帧，插入关键帧，绘制一个椭圆图形，如图11-30所示。

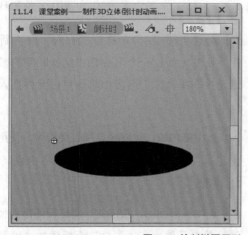

图11-30 绘制椭圆图形

07 单击元件，在"属性"面板设置相同的"模糊"滤镜参数，如图11-31所示。

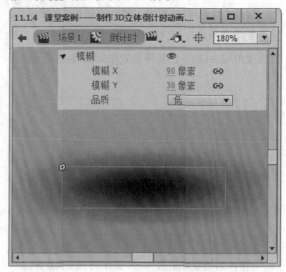

图11-31 添加"模糊"滤镜

08 选中第94帧，插入关键帧，绘制一个椭圆，如图11-32所示。

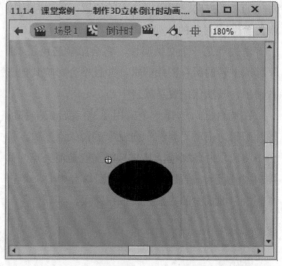

图11-32 绘制椭圆图形

09 在"属性"面板添加"模糊"滤镜，设置相同的参数，并在"高级"选项区设置"Alpha"值为0%，如图11-33所示。

10 在第10~94帧之间创建传统补间，如图11-34所示。

图11-33 设置"高级"参数

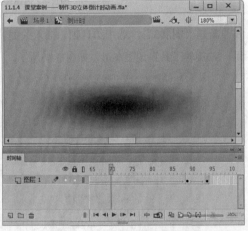

图11-34 创建传统补间

⑪ 新建"图层2",在"库"面板中拖入倒计时素材元件"倒计时03",如图11-35所示。

图11-35 拖入"倒计时03"

⑫ 分别在第1、2帧插入关键帧,并单击元件,在

"属性"面板设置"高级"选项的"Alpha"值为0%和1%,如图11-36所示。

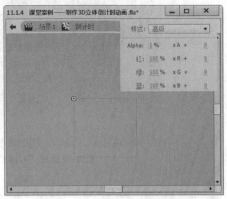

图11-36 设置"高级"参数

⑬ 选中第3帧,插入关键帧,调整图形的大小,并设置"Alpha"值为11%,如图11-37所示。

图11-37 设置"Alpha"值为11%

⑭ 选中第5帧,插入关键帧,调整图形的大小,并设置"Alpha"值为20%,如图11-38所示。

图11-38 设置"Alpha"值为20%

⑮ 选中第7帧,插入关键帧,调整图形大小,设置"Alpha"值为45%,如图11-39所示。

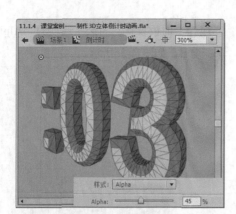

图11-39 设置 "Alpha" 值为45%

⑯ 选中第8帧，插入关键帧，扩大图形，并设置 "Alpha" 值为61%，如图11-40所示。

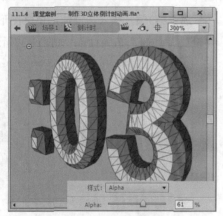

图11-40 设置 "Alpha" 值为61%

⑰ 在第10帧插入关键帧，扩大图形，并设置 "样式" 选项为 "无"，如图11-41所示。

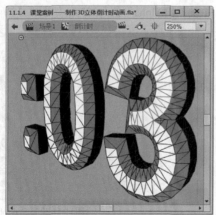

图11-41 "样式" 选项为 "无"

⑱ 在第1~10帧之间创建传统补间，如图11-42所示。

图11-42 创建传统补间

⑲ 新建 "图层3"，选中第11帧，插入关键帧，使用 "3D旋转工具" 调整图形，如图11-43所示。

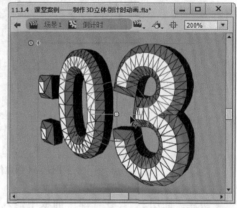

图11-43 3D调整图形

⑳ 在第12~29帧插入关键帧，并使用 "3D旋转工具" 逐帧调整该元件的3D角度，如图11-44和图11-45所示。

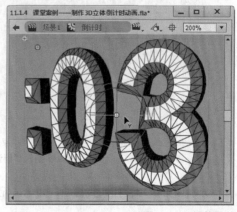

图11-44 3D调整图形

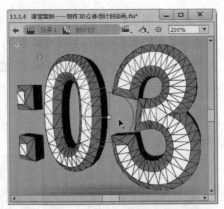

图11-45 3D调整图形

㉑ 在第30帧拖入"倒计时02"元件，如图11-46所示。

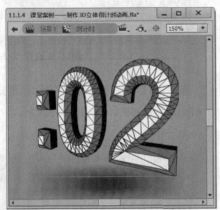

图11-46 拖入"倒计时02"元件

㉒ 在第31~49帧逐个插入关键帧，使用"3D旋转工具"逐帧调整该元件，如图11-47所示。

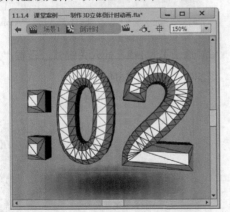

图11-47 3D调整图形

㉓ 在第50帧拖入"倒计时01"元件，如图11-48所示。

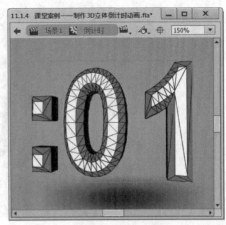

图11-48 拖入"倒计时01"元件

㉔ 在第51~69帧逐帧插入关键帧，使用"3D旋转工具"逐帧调整该元件，如图11-49所示。

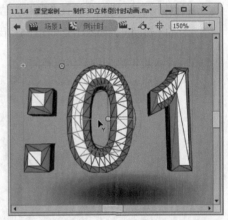

图11-49 3D调整图形

㉕ 使用同样的方法，在第70~87帧插入关键帧，在"库"面板拖入"倒计时00"元件，如图11-50所示，使用"3D旋转工具"逐帧调整该元件，如图11-51所示。

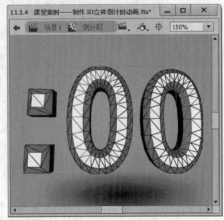

图11-50 拖入"倒计时00"元件

图11-51 3D调整图形

㉖ 选中"图层2"，选中第88~94帧，插入关键帧，复制"图层3"的第87帧到舞台，使用"任意变形工具"逐渐缩小元件，并适当设置"Alpha"值的参数，调整元件的不透明度，如图11-52和图11-53所示。

㉗ 在每个关键帧之间创建传统补间。

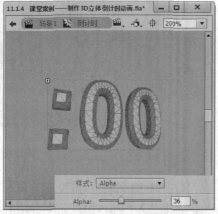

图11-52 调整元件的不透明度

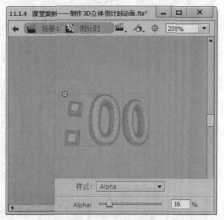

图11-53 调整元件的不透明度

㉘ 新建"图层4"，选中第98帧，插入关键帧，将最开始绘制的渐变矩形复制到舞台中，并转换为元件，在"属性"面板设置"Alpha"值为0%，如图11-54所示。

㉙ 选中第113帧，插入关键帧，在"属性"面板修改"样式"选项为"无"。

图11-54 设置"Alpha"值为0%

㉚ 选中第117帧，插入关键帧，设置矩形元件的"Alpha"值为59%，如图11-55所示。

图11-55 设置"Alpha"值为59%

㉛ 选中第121帧，插入关键帧，设置"Alpha"值为28%，如图11-56所示。

图11-56 设置"Alpha"值为28%

㉜ 在第125~130帧之间插入关键帧，适当调整"Alpha"值，直到0%。并在每个关键帧之间创建传统补间，如图11-57所示。

图11-57 创建传统补间

㉝ 动画制作完成，按Ctrl+Enter快捷键测试动画效果，如图11-58所示。

图11-58 测试动画效果

图11-58 测试动画效果（续）

11.2 本章总结

本章主要介绍了3D动画的基本制作方法。3D旋转工具和3D平移工具可以让图形呈现3D效果，用户可以使用这些工具制作精美的3D动画，从而使动画产生立体效果。

11.3 课后习题——制作3D方块旋转

本案例主要采用旋转3D图形的方法，来制作3D方块旋转，如图11-59所示。

文件路径：素材\第11章\课后习题

视频路径：视频\第11章\11.3 课后习题——制作3D方块旋转.mp4

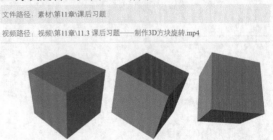

图11-59 课后习题——制作3D方块旋转

第 **12** 章

组件和动画预设

──────── 内容摘要 ────────

　　将组件与ActionScript 3.0结合，可以使用户更快速地完成
Flash应用程序的开发，应用"动画预设"面板中的预设动画可
快速制作补间动画。此外，用户还可以将日常工作中常用到的
操作保存为命令，以方便取用，减少重复操作，这些自定义的
命令均被保存在"命令"菜单下。

12.1 组件

使用组件能快速地构建丰富的应用程序。组件其实是带有参数的影片剪辑元件，用户可以修改外观和行为。

12.1.1 关于Flash组件

执行"窗口"→"组件"命令（快捷键Ctrl+F7），如图12-1所示，打开"组件"面板，如图12-2所示。

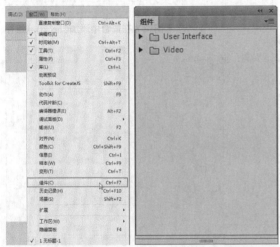

图12-1 执行命令　　　图12-2 "组件"面板

该面板中包含2个文件夹，分别为"User Interface（用户界面）"和"Video（视频）"，介绍如下。

- User Interface：User Interface组件主要用于创建具有交互功能的用户界面程序。在User Interface组件中包括22种组件。单击"User Interface"文件夹左侧的按钮，展开的文件夹如图12-3所示。
- Video：Video组件可以创建各种样式的视频播放器。在Video组件中包括多个单独的组件内容。单击"Video"文件夹左侧的按钮，展开的文件夹如图12-4所示。

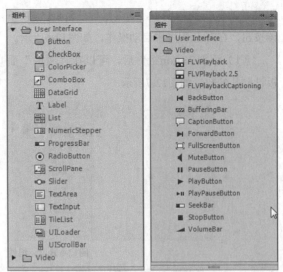

图12-3 "用户界面"组件面板　　图12-4 "视频"组件面板

12.1.2 设置组件

每个组件都具有参数，选中舞台中的组件，打开"属性"面板，便可在其"组件参数"选项栏中进行设置，设置这些参数可以更改组件的外观和行为。如图12-5所示。

图12-5 设置参数

12.1.3 组件的应用

使用组件可以轻松地在Flash文档中添加简单的用户界面元素。下面介绍一些简单的常用组件。

1. Button组件

Button组件是一个矩形按钮。可以调整大小，用户可以在Flash程序中，通过鼠标或Space键按下该按钮，在Flash程序中启动操作。如图12-6所示。

（1）添加Button组件后，可以在"属性"面板设置其参数，如图12-7所示。

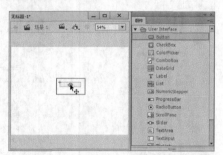

图12-6 Button组件

图12-7 设置参数

（2）"属性"面板中的各选项参数介绍如下。

- Emphasized：一个布尔值，表示当按钮处于弹起状态时，Button组件周围是否绘有边框。
- Enabled：一个布尔值，表示组件能否接受用户输入。
- Label：指定按钮的文本标签。
- labelPlacement：标签相对于指定图标的位置。
- selected：一个布尔值，表示切换按钮是否已切换至打开或关闭位置。
- toggle：一个布尔值，表示按钮能否进行切换。
- visible：一个布尔值，表示当前组件实例是否可见。

2. CheckBox组件

CheckBox组件是一个可以启用或禁用的复选框。当它被启用后，框中会出现一个复选标记。

CheckBox组件的参数与Button组件的参数相同。在舞台中添加的CheckBox组件如图12-8所示，在"属性"面板中可以设置参数，如图12-9所示。

图12-8 在舞台中添加CheckBox组件

图12-9 设置参数

用户可以通过设置labelPlacement的left、right、top、bottom这4个参数来实现想要的标签效果。如图12-10所示。

图12-10 设置labelPlacement

3. RadioButton组件

该组件为单选按钮组件。可以强制用户在一组选项中只能选择一个选项。此组件必须由至少两个RadioButton组件组成。在舞台中添加的

RadioButton组件如图12-11所示，在"属性"面板中可以设置参数，如图12-12所示。

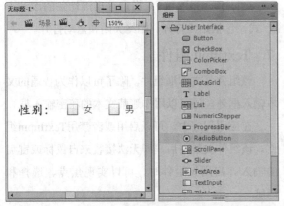

图12-11 在舞台中添加RadioButton组件

图12-12 设置参数

"属性"面板中的特殊参数介绍如下。

- groupName：指定单选按钮组的组名。
- value：与单选按钮关联的用户定义组。

4. ColorPicker组件

该组件为颜色拾取按钮，在"组件"面板中显示如图12-13所示。该组件在舞台中显示为一个方形按钮，在方形按钮中默认显示单色，用户可以从样本列表中选择颜色，如图12-14所示。单击按钮时，"样本"面板中将出现可用的颜色列表。

ColorPicker组件在"属性"面板中的特殊参数介绍如下。

- selectedColor：指定调色板中当前加亮显示的样本颜色。
- showTextField：一个布尔值，表示是否显示ColorPicker组件的内部文本字段。

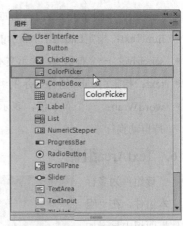

图12-13 ColorPicker组件

图12-14 "属性"面板和舞台显示

5. Label组件

该组件为单行文本。在"组件"面板中如图12-15所示。用于显示单行文本，标识网页上的其他元素。将Label组件拖至舞台，打开"属性"面板，如图12-16所示。

图12-15 Label组件　　　　**图12-16 设置参数**

该组件在"属性"面板中的特殊参数介绍如下。

- autoSize：指定调整标签大小和对齐标签的方式，以适合其text属性的值。
- condenseWhite：表示是否应从包含HTML文本的

Label组件中删除额外空白,比如空格和换行符。

- htmlText:指定Label组件显示的文本。
- selectable:一个布尔值,表示文本是否为可选。
- text:指定由Label组件显示的纯文本。
- wordWrap:一个布尔值,表示文本字段是否支持自动换行。

6. TextArea组件

该组件为多行文本组件,在"组件"面板中显示如图12-17所示。该组件可以设置边框和滚动条,还可以通过HTML语言显示文本和图像。

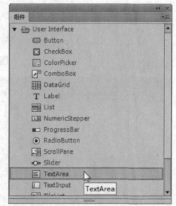

图12-17 TextArea组件

将TextArea组件拖至舞台,打开"属性"面板,如图12-18所示。

图12-18 设置参数

该组件在"属性"面板中的特殊参数介绍如下。

- editable:一个布尔值,表示用户能否编辑组件中的文本。
- horizontalScrollPolicy:指定水平滚动条的滚动方式,包括始终打开、始终关闭和自动打开。
- maxChars:指定用户可以在文本字段中输入的最大字数。

- restrict:指定文本字段从用户处可以接收的字符串。
- verticalScrollPolicy:指定垂直滚动条的滚动方式,包括始终打开、始终关闭和自动打开。

7. TextInput组件

该组件是文本框组件,除了可以作为普通的文本输入框外,还可以用作遮蔽文本的秘密输入框。

在应用程序中,可以启用或者禁用TextInput组件。该组件被禁用后,即无法接收来自鼠标或键盘的输入。启用该组件时,可以实现焦点、选择和导航。

8. List组件

该组件是一个可滚动的单选或多选列表框,在"组件"面板中显示如图12-19所示。将List组件拖至舞台,在"属性"面板中单击编辑类定义 按钮,如图12-20所示。

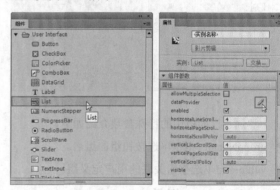

图12-19 List组件   图12-20 单击编辑类定义按钮

弹出的"值"对话框如图12-21所示,在该对话框中可以添加项,舞台中的显示效果如图12-22所示。

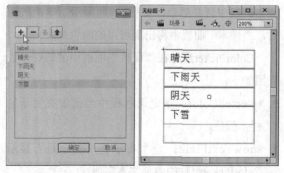

图12-21 "值"对话框   图12-22 舞台显示效果

List组件在"属性"面板中的特殊参数介绍如下。

- allowMultipleSelection：一个布尔值，指定能否选择多个列表。
- dateProvider：指定项目列表中的项目名称及值。
- horizontalLineScrollSize：指定单击滚动箭头时要在水平方向上滚动的像素数。
- horizontalPageScrollSize：指定单击滚动条轨道时，水平滚动条上滚动滑块要移动的像素数。
- horizontalScrollPolicy：指定水平滚动条的状态，包括始终打开、始终关闭和自动打开。
- verticalLineScrollSize：指定单击滚动箭头时要在垂直方向上滚动的像素数。
- verticalPageScrollSize：指定单击滚动条轨道时，垂直滚动条上滚动滑块要移动的像素数。
- verticalScrollPolicy：指定水平滚动条的状态，包括始终打开、始终关闭和自动打开。

9. ComboBox组件

该组件为下拉列表组件。用户可以从下拉列表中进行单项选择，该组件可以是静态的，也可以是可编辑的。可编辑的ComboBox允许用户在列表顶端的文本字段中直接输入文本。

ComboBox是由3个子组件构成的，包括BaseButton、TextInput和List组件。

将ComboBox组件拖至舞台中，打开"属性"面板，修改参数，如图12-23所示。设置好参数之后，按Ctrl+Enter组合键测试，效果如图12-24所示。

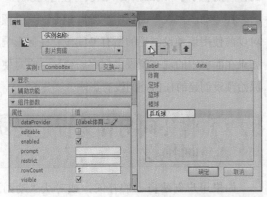

图12-23 ComboBox组件

图12-24 设置参数

其中一些特殊参数介绍如下。

- editable：一个布尔值，指定ComboBox组件为可编辑还是只读。
- prompt：指定对ComboBox组件的提示。
- restrict：指定用户可以在文本字段中输入的字符。
- rowCount：指定没有滚动条的下拉列表中可显示最大的行数。

10. DataGrid组件

该组件为数据库组件，可以将数据显示在行和列构成的网格中，这些数据来自数组，或DataProvider可以解析为数组的外部XML文件。

DataGrid组件包括垂直和水平滚动、事件支持（包括对可编辑单元格的支持）和排序功能。

DataGrid组件的"属性"面板中的特殊参数介绍如下。

- headerHeight：以像素为单位指定DataGrid标题的高度。
- resizableColumns：一个布尔值，指定用户能否更改列的尺寸。
- rowHeightNumber：以像素为单位指定该组件中每一行的高度。
- showHeaders：一个布尔值，指定该组件是否显示列标题。
- sortableColumns：一个布尔值，指定用户能否通过单击列标题单元格对数据提供者中的项目进行排序。

11. TileList组件

该组件为项目列表组件，由通过数据提供者提供数据的若干行和列组成。

将该组件拖至舞台中,打开"属性"面板,其中的特殊参数介绍如下。

- columnCount:指定在列表中至少可见的列数。
- columnWidth:以像素为单位指定应用于列表中列的宽度。
- direction:指定该组件是水平滚动还是垂直滚动。
- rowCunt:指定在列表中至少可见的行数。
- rowHeight:以像素为单位指定应用于列表中每一行的高度。
- scrollPolicy:指定该组件的滚动方式。

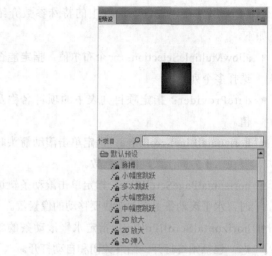

图12-25 **"动画预设"面板**

12.2 使用动画预设

动画预设是预设配置的补间动画,可以将它们应用于舞台上的对象,只需选择对象并单击"动画预设"面板中的"应用"按钮。

使用动画预设是学习在Flash中添加动画的基础知识的快捷方法,了解了预设的工作方式后,自己制作动画就会更容易了。

12.2.1 预览动画预设

Flash自带的每个动画预设都可以预览,可在"动画预设"面板中查看并预览。通过预览可以了解将动画应用于FLA文件中的对象时所获得的效果。对于创建或导入的自定义预设,可以添加自己的预览。

执行"窗口"→"动画预设"命令,打开"动画预设"面板,在"默认预设"文件夹中选择一个默认的预设,即可预览默认动画预设,如图12-25所示。要停止预览播放,在"动画预设"面板外单击即可。

12.2.2 应用动画预设

在舞台中选中可补间的对象(元件实例或文本字段)后,单击"应用"按钮来应用预设。

每个对象只能应用一个预设,如果将第二个预设也应用于该对象,会弹出提示框,提示是否替换当前动画预设,如图12-26所示。单击"是"按钮,第二个预设将替换第一个预设。

图12-26 提示框

将预设应用于舞台上的对象后,在时间轴中创建的补间就不再与"动画预设"面板有任何关系。

在"动画预设"面板中删除或重命名某个预设对以前使用该预设创建的所有补间没有任何影响。如果在面板中的现有预设上保存新预设,它对使用原始预设创建的任何补间没有影响。

12.2.3 将补间另存为自定义动画预设

如果用户创建自己的补间,或对从"动画预设"面板应用的补间进行更改,可将它另存为新的动画预设。新预设将显示在"动画预设"面板中的"自定义预设"文件夹中。

选择时间轴中的补间范围或舞台上的应用了自定义补间的对象,或运动路径,单击"动画预设"面板中的"将选区另存为预设"按钮,系统将弹出"将预设另存为"对话框,如图12-27所示。

在该对话框中为预设命名,单击"确定"按钮,新预设将出现在"动画预设"面板中,如图12-28所示。

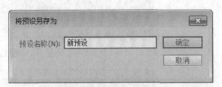

图12-27 "将预设另存为"对话框

图12-28 创建新预设

12.2.4 导入和导出动画预设

动画预设存储为XML文件,导入XML补间文件可将其添加到"动画预设"面板右上角的倒三角按钮,在打开的菜单中选择"导入"选项,如图12-29所示,就可以在弹出的"打开"对话框中选择要导入的文件。

可将动画预设导出为XML文件,以便与其他Flash用户共享。在"动画预设"面板中选择预设,从面板菜单中选择"导出"选项,在弹出的

"另存为"对话框中,为XML文件选择名称和位置,如图12-30所示,单击"保存"按钮即可。

图12-29 选择"导入"选项

图12-30 "另存为"对话框

12.2.5 删除动画预设

可以从"动画预设"面板中删除预设。在删除预设时,Flash将从磁盘删除其XML文件。制作要在以后再次使用的任何预设的备份时,要是先导出这些预设的副本。

在"动画预设"面板中选择要删除的预设,单击面板中的"删除项目"按钮,系统将弹出提示框,如图12-31所示,单击"删除"按钮可将其删除。另外,"默认预设"无法删除。

图12-31 "删除预设"提示框

12.2.6 课堂案例——制作爆炸效果

本案例采用导入序列图片和添加脚本代码的方式,通过制作爆炸效果实例来巩固所学知识。

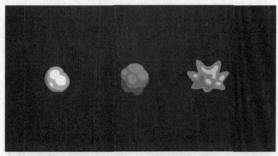

文件路径：素材\第12章\12.2.6

视频路径：视频\第12章\12.2.6课堂案例——制作爆炸效果.mp4

① 启动Flash CC，执行"文件"→"新建"命令，新建一个文档（590×300）。

② 执行"文件"→"导入"→"导入到舞台"命令，导入一张素材图片"素材\第12章\12.2.6\背景.png"，如图12-32所示。

图12-32 导入图片

③ 新建"图层2"，执行"文件"→"导入"→"导入到舞台"命令，导入"素材\第12章\12.2.6\序列素材01\爆炸01.png"格式的一张序列图到舞台左侧，如图12-33所示。

④ 将素材转换为元件，并双击元件，进入元件编辑模式。

⑤ 选中第2、3帧，按F6键，插入关键帧，导入

"爆炸02.png"素材图片，如图12-34所示。

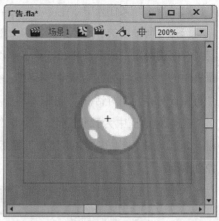

图12-33 导入图片

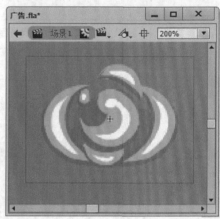

图12-34 插入关键帧

⑥ 在第4帧插入关键帧，导入素材，如图12-35所示。

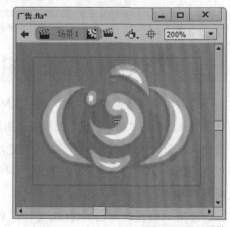

图12-35 导入图片

⑦ 在第5~9帧之间逐帧插入关键帧，导入序列图片，如图12-36和图12-37所示。

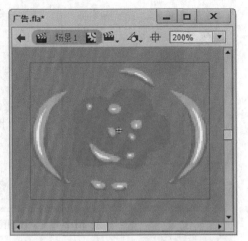

图12-36 导入序列图片

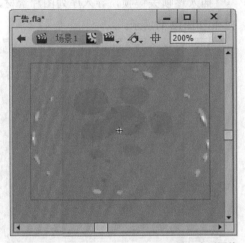

图12-37 导入序列图片

08 返回"场景1",在舞台中心位置导入素材,如图12-38所示。

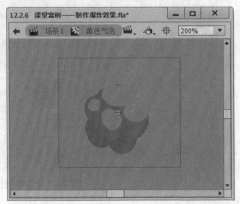

图12-38 导入图片

09 将素材转换为元件,双击该元件,进入元件编辑模式。

10 选中第2帧,插入关键帧,导入新的素材图片,如图12-39所示。

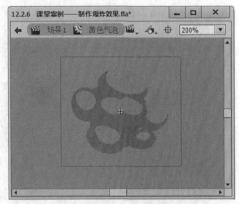

图12-39 插入关键帧

11 选中第3帧,插入关键帧,导入素材,如图12-40所示。

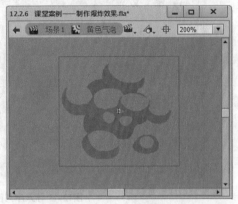

图12-40 插入关键帧

12 在第4帧插入关键帧,导入素材,如图12-41所示。

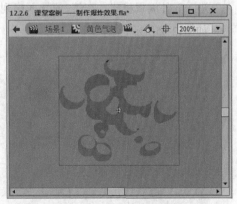

图12-41 导入图片

⑬ 插入关键帧，导入序列图片素材，如图12-42和图12-43所示。

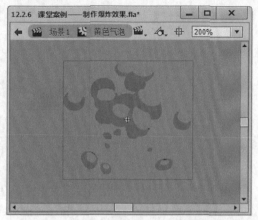

图12-42 导入序列图片素材

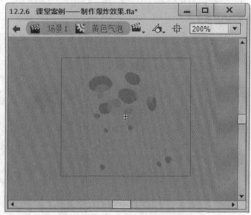

图12-43 导入序列图片素材

⑭ 返回"场景1"，在舞台右侧导入素材图片，如图12-44所示。

⑮ 进入元件编辑模式，在第2帧导入序列素材图片，如图12-45所示。

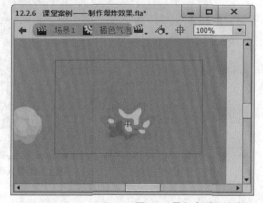

图12-44 导入序列图片素材

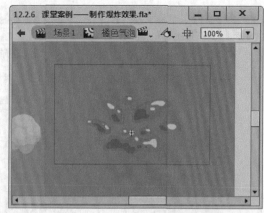

图12-45 导入序列图片素材

⑯ 插入逐帧关键帧，导入序列图片素材，如图12-46和图12-47所示。

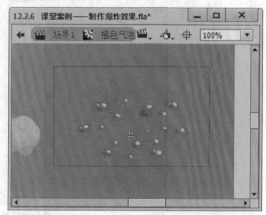

图12-46 导入序列图片素材

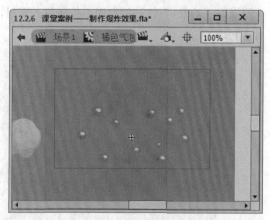

图12-47 导入序列图片素材

⑰ 返回"场景1"，执行"窗口"→"动作"命令，打开"动作"面板，输入脚本代码（代码段详见素材\第12章\爆炸代码.txt文件），如图12-48所示。

图12-48 输入脚本代码

⑱ 动画制作完成，按Ctrl+Enter快捷键测试动画效果，如图12-49所示。

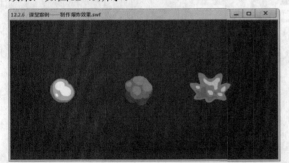

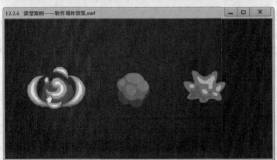

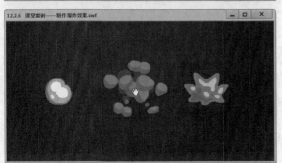

图12-49 测试动画效果

图12-49 测试动画效果（续）

12.3 本章总结

本章主要介绍了组件的应用方法和动画预设的预览、动画预设的应用、导入和导出动画预设、删除动画预设的操作方法，有助于用户更快速地完成Flash应用程序的开发。同时应用"动画预设"面板中的预设动画可快速制作补间动画。

12.4 课后习题——制作家具预览

本案例主要采用应用动画预设的方法，来制作家具预览，如图12-50所示。

文件路径：素材\第12章\课后习题
视频路径：视频\第12章\12.4课后习题——制作家具预览.mp4

图12-50 课后习题——制作家具预览

255

第**13**章

测试与发布

────────── 内容摘要 ──────────

　　当动画制作完成后，用户可将整个影片及影片中所使用的
素材导出，使其能够在其他应用程序中再次使用，也可将整个
影片导出为单一的格式，如Flash影片、一系列位图图像、单一
的帧或图像文件、不同格式的动态和静止图像等。用户还可将
影片直接发布为其他格式的文件，如GIF、HTML和EXE等。

13.1 Flash的测试环境

测试功能主要用于在Flash动画制作时对整体或者某个场景的动画效果进行检查。方便用户及早发现不足和问题，尽早解决。

13.1.1 测试影片

测试影片是对整体作品的预览。执行"控制"→"测试"命令（Ctrl+Enter快捷键），如图13-1所示，即可打开测试影片窗口，如图13-2所示。

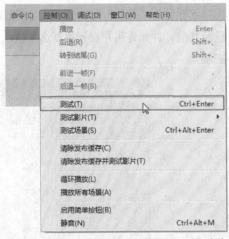

图13-1 执行"测试"命令

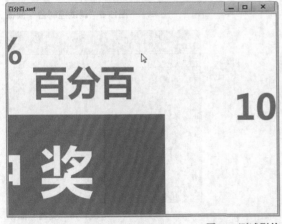

图13-2 测试影片

13.1.2 测试场景

测试场景就是测试同一个场景中的所有动画效果，或者测试某些元件的动画效果。有些较复杂的动画可能有多个场景，如果使用"测试影片"功能，一来影片太长，没有针对性，二来文件太大，会加长测试的时间。使用"测试场景"功能便可以解决这两个问题。

执行"控制"→"测试场景"命令（Ctrl+Alt+Enter快捷键），如图13-3所示，即可对场景进行测试。

图13-3 执行"测试场景"命令

13.2 优化影片

使用Flash制作的影片多用于网页，这就涉及浏览速度的问题。文档的大小会影响动画的下载速度和播放速度，要想提高速度就得对影片进行优化，也就是在不影响观赏效果的前提下尽量减少影片的大小。在对影片进行发布导出的过程中，Flash会自动进行一些优化，比如将重复使用的形状放在一起。而进一步优化就需要用户自行操作了。

1. 动画的优化

可以使用以下方法减小动画的大小。

- 尽量使用补间动画，减少使用逐帧动画。关键帧越多，文件越大。
- 将多次出现的动画元素和对象转换为元件。
- 避免使用位图制作动画，位图多用于制作背景和静态元素。
- 尽可能使用数据量少的音频格式，如MP3、WAV等。

2. 文本的优化

优化文本可使用下列方法。

- 尽量减少字体的使用，控制字号的大小。
- 尽量不要将文本打散。打散变成图形后，比文本要大。
- 只在"嵌入字体"选项中选中需要的字符。

3. 颜色的优化

优化颜色可使用下列方法。

- 尽量减少Alpha的使用。
- 尽量减少渐变效果的使用，单位区域内使用渐变色比使用纯色多占用50字节。
- 选择颜色时，尽量选择颜色样本给出的颜色。

4. 脚本的优化

- 不得不使用脚本的时候，尽量使用本地变量。
- 将经常使用的脚本操作定义为函数。

13.3 动画的调试

调试是程序完工前的工作，调试前的程序一般不是正确的，调试后才是正确的。Flash的调试功能主要调试动画中ActionScript脚本的正确性，如果动画中不包括ActionScript语言，则不能执行调试命令。

13.3.1 调试命令

执行"调试"→"调试影片"命令，可以对动画进行调试。单击"调试影片"选项，会弹出子菜单，如图13-4所示。

图13-4 "调试影片"子菜单

13.3.2 调试ActionScript

ActionScript 3.0调试器仅用于ActionScript 3.0 FLA和AS文件，FLA文件必须将发布设置设为Flash Player 9。启动一个ActionScript 3.0调试会话时，Flash将启动独立的Flash Player调试板来播放SWF文件。

ActionScript 3.0调试器将Flash工作区转换为显示调试所用面板的调试工作区，包括"动作"面板、"调试控制台"、"变量"面板。调试控制台显示调用堆栈并包含用于跟踪脚本的工具，如图13-5所示。"变量"面板显示了当前范围内的变量及其值，并允许用户自行更新这些值，如图13-6所示。

图13-5 "调试控制台"面板

图13-6 "变量"面板

在调试期间，Flash遇到断点或运行错误时将中断执行ActionScript。Flash启动调试时，将在导出的SWF文件中添加特定信息，此信息允许调试器提供代码中遇到错误的特定代号。

13.3.3 远程调试会话

利用ActionScript 3.0，可以通过Debug Flash Player的独立版本、ActiveX版本或插件版本（位于Flash安装目录\Players\Debug\目录中）调试远程SWF文件。但是，在ActionScript 3.0调试器中，远程调试限制和Flash创作应用程序位于同一本地主机上，并且正在独立调试播放器、ActiveX控件或插件中播放的文件。

在JavaScript或HTML中时，用户可以在Action-Script中查看客户端变量。若要安全地存储变量，应将它们发送到服务器应用程序，而不要将它们存储在文件中。对于不想泄露出去的机密，比如影片剪辑结构，用户可以使用调试密码来进行保护。

13.4 动画的发布

为了Flash动画的推广与传播，需要将制作好的Flash动画文件进行发布。

13.4.1 发布设置

在发布动画之前，执行"文件"→"发布设置"命令，如图13-7所示，即可打开"发布设置"对话框，如图13-8所示。

图13-7 执行"发布设置"命令

图13-8 "发布设置"对话框

下面介绍主要选项的作用。

- 目标：用于选择发布的Flash动画版本。

- 脚本：用于选择脚本，FlashCC中不再支持ActionScript 2.0，因此这里仅提供了ActionScript 3.0一个选项。

- JPEG品质：用于将动画中的位图保存为一定压缩率的JPEG文件，拖动滑块可以调节压缩率。若动画中不包含位图，则此选项无效。

- 启用JPEG解块：选中此复选框后，可以使高度压缩的JPEG图像显得更加平滑。

- 音频流：在音频流的数据中单击鼠标，弹出"声音设置"对话框，如图13-9所示，在此对话框中可以设定导出音频的压缩格式、比特率和品质。

- 音频事件：与音频流一样，用来设定导出音频的压缩格式、比特率和品质。

- 导出设备声音：导出适合于移动设备等非原始库的声音。

- 压缩影片：可以减小文件大小和缩短下载时间。

- 包括隐藏图层：选中复选框之后，导出的动画中将包含隐藏图层中的动画。

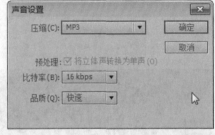

图13-9 声音设置

- 生成大小报告：创建一个文本文件，记录下最终导出的动画文件的大小。

- 省略trace语句：使Flash忽略当前SWF文件中的ActionScript语句。

- 允许调试：允许对动画进行试调。

- 防止导入：用于防止发布的动画文件被他人下载到Flash中进行编辑。

- 密码：当选中"允许调试"或"防止导入"时，可在"密码"文本框中输入密码。

- 本地播放安全性：可以选择要使用的Flash安全模板，包括"只访问本地文件"和"访问网络"两个选项。

- 硬件加速：可以设置SWF文件使用硬件加速，默认为无。

单击"HTML包装器"复选框，即可进入该选项卡，如图13-10所示。对其进行相应设置后，单击"发布"按钮，在其保存文件夹中找到并打开，即可观察图像效果，如图13-11所示。

图13-10 HTML包装器

图13-11 发布效果

下面介绍"HTML包装器"主要选项的作用。

- 模板：可以显示HTML设置并选择要使用的模板，如图13-12所示。
- 大小：用于设置动画的宽度和高度值。在下拉列表中包括3个选项，如图13-13所示。
- 匹配影片：将发布的动画大小设置为动画的实际尺寸大小。
- 像素：用于设置影片的实际宽度和高度。

- 百分比：用于设置动画相对于浏览窗口的百分比。

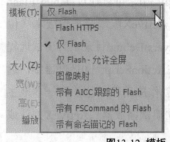
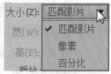

图13-12 模板　　　　**图13-13 大小**

- 开始时暂停：使动画一开始处于暂停状态，当用户单击"播放"按钮后动画才开始播放。
- 循环：选中该复选框，动画会反复播放。
- 显示菜单：选中该复选框，用户单击鼠标右键时弹出的快捷菜单中的命令有效。
- 设备字体：用反锯齿字体代替用户未安装的字体。
- 品质：用于设置动画品质。
- 窗口模式：用于设置安装有Flash ActionX的IE浏览器，可应用IE的透明显示、绝对定位及分层功能。
- 缩放：在更改了文档的原始宽度和高度的情况下，将内容放置在指定边界内。
- HTML对齐：用于设置动画窗口在浏览器窗口中的位置。
- Flash水平对齐：用于定义动画在窗口中的水平位置。
- Flash垂直对齐：用于定义动画在窗口中的垂直位置。

13.4.2 发布Flash

设置好动画格式后，就可以发布动画了。执行"文件"→"发布"命令（Shift+Alt+ F12快捷键），如图13-14所示，或者在"发布设置"对话框中单击"发布"按钮，如图13-15所示，即可发布动画。

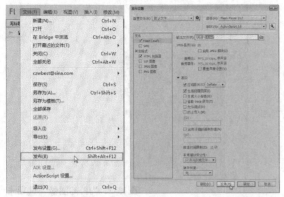

图13-14 执行"发布"命令   图13-15 发布动画

自动生成此文档。

在"发布设置"对话框中选择"HTML"复选框，打开HTML发布格式的相关选项，如图13-17所示，图13-18所示为发布后的HTML图像效果。

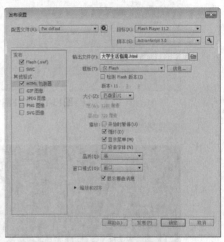

图13-17 "HTML包装器"选项卡

13.4.3 发布SWC

SWC文件用于分发组件，该文件包含了编译剪辑、组件的Action Script类文件以及描述组件的其他文件。

执行"文件"→"发布设置"命令，在弹出的"发布设置"对话框的左列选择"SWC"复选框，即可创建一个SWC文件，如图13-16所示。

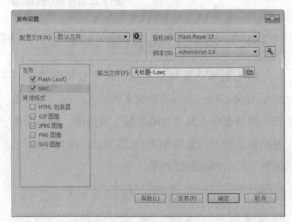

图13-16 "SWC"选项卡

在"输出文件"文本框中输入一个名称，即可使用与原始FLA文件不同的其他文件名保存SWC文件或放映文件。

13.4.4 HTML包装器

在Web浏览器中播放Flash Pro内容时，需要一个能激活SWF文件并指定浏览器设置的HTML文档，"发布"命令会根据HTML模板文档中的参数

图13-18 发布的HTML图像

13.4.5 发布GIF图像

GIF文件提供了一种便捷的方法来导出绘画和简单动画，以在Web中使用，标准的GIF文件是一种简单的压缩位图。在"发布设置"对话框中选择"GIF图像"复选框，如图13-19所示，图13-20所示为发布后的GIF图像效果。

图13-19 "GIF图像"选项卡

图13-20 发布的GIF图像

下面介绍主要选项的作用。

- 大小：可以设置导出图像的宽度值和高度值。勾选"匹配影片"选项后，则表示GIF图像和SWF文件大小相同并保持原始图像的高宽比。
- 播放：用于设置创建的GIF文件是静态图像还是GIF动画。"播放"下拉列表中有选项："静态"和"动画"，如果选择"动画"，可以激活"不断循环"和"重复次数"选项，然后选择"不断循环"选项或输入重复次数。

13.4.6 发布JPEG图像

JPEG格式可以将图像保存为高压缩比的24位位图，使得图像在很小的情况下得到相对丰富的色调，所以JPEG格式图像的使用范围较为广泛，非常适合表现包含连续色调的图像。

在"发布设置"对话框中选择"JPEG图像"复选框，JPEG图像发布格式的相关选项如图13-21所示，图13-22所示为发布后的JPEG图像效果。

图13-21 "JPEG图像"选项卡

图13-22 发布的JPEG图像

13.4.7 发布PNG图像

PNG是唯一支持透明度的跨平台位图格式，也是Adobe Fireworks的本地文件格式。在"发布设置"对话框中选择"PNG图像"复选框，PNG图像发布格式的相关选项如图13-23所示，图13-24所示为发布后的PNG图像效果。

图13-23 "PNG图像"选项卡

图13-24 发布的PNG图像

13.4.8 发布AIR for Android应用程序

用户可以预览Flash AIR for Android SWF文件，显示的效果与在AIR应用程序窗口中一样。如果希望在不打包也不安装应用程序的情况下查看应用程序的外观，预览功能非常有用。

执行"文件"→"新建"命令，即可在Flash中创建Flash AIR for Android文档。还可以创建Action Script 3.0 FLA文件，并通过"发布设置"对话框将其转换为AIR for Android文件。

在开发完应用程序后，执行"文件"→"AIR设置"命令，或在"发布设置"对话框中的"目标"下拉菜单中选择"AIR 17.0 for Android"选项，如图13-25所示。

图13-25 选择"AIR 17.0 for Android"选项

单击"发布"按钮，可以弹出"AIR for Android设置"对话框，如图13-26所示。在该对话框中可以对应用程序描述符文件、应用程序图标文件和应用程序包含的文件进行设置。

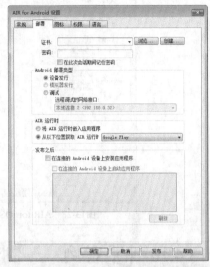

图13-26 "AIR for Android设置"对话框

13.4.9 为AIR for iOS打包应用程序

Flash支持为AIR for iOS发布应用程序，在为iOS发布应用程序时，Flash会将FLA文件转换为本机iPhone应用程序。

为AIR for iOS打包应用程序，需要在创建文档时，选择创建AIR for iOS文档，如图13-27所示。执行"文件"→"AIR17.0 for iOS设置"命令，在弹出的"AIR for iOS设置"对话框中可以对应用程序的宽、高、渲染模式、图标和语言等参数进行设置，如图13-28所示。

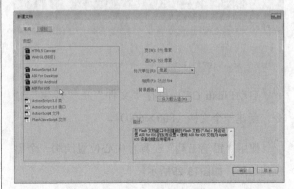

图13-27 创建AIR for iOS文档

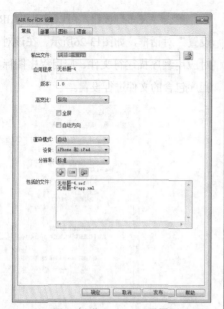

图13-28 "AIR for iOS设置"对话框

13.4.10 课堂案例——制作倒水视频

本实例使用绘图工具，结合添加脚本代码以及动画发布的方式，通过制作倒水视频实例来巩固所学知识。

文件路径：素材\第13章\13.4.10

视频路径：视频\第13章\13.4.10课堂案例——制作倒水视频.mp4

01 启动Flash CC，执行"文件"→"新建"命令，新建一个文档（800×600）。

02 使用"铅笔工具"在舞台中心位置绘制一个黑色四边形，如图13-29所示。

03 选中四边形图形，将图形转换为元件，进行3次转换。进入"倒水"元件编辑模式，单击该元件，在"属性"面板设置"Alpha"值为25%，并添加"投影"滤镜，并设置参数，如图13-30所示。

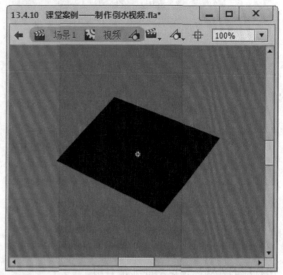

图13-29 绘制黑色四边形

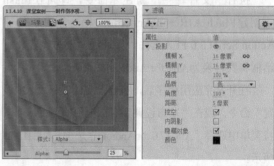

图13-30 调整元件

04 新建"图层2"，使用"铅笔工具"绘制箱子边框，笔触颜色为白色，填充渐变颜色，如图13-31所示。

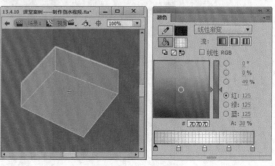

图13-31 绘制箱子边框

05 新建"图层3"，执行"插入"→"新建元件"命令，新建一个空白元件，在"库"面板中将新建的元件拖入舞台适当位置。

06 双击该元件，进入元件编辑模式。选中第80帧，按F6键，插入关键帧。继续绘制图形，并填充绿色渐变，如图13-32所示。

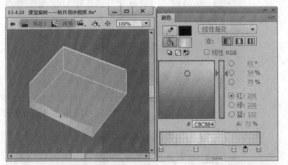

图13-32 绘制图形

07 新建"图层2"，单击鼠标右键，选择"遮罩层"选项，并制作遮罩动画，如图13-33所示。

图13-33 制作遮罩动画

08 使用同样的方法，制作一样的遮罩动画，如图13-34所示。

09 返回上一个元件，新建"图层2"，绘制一个相同颜色的液体底部，如图13-35所示。

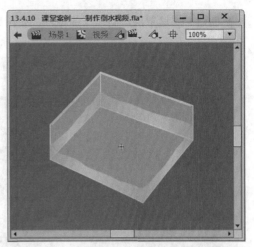

图13-34 制作遮罩动画

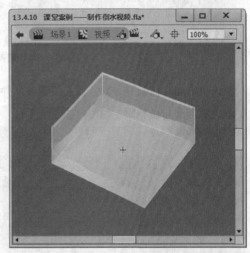

图13-35 制作液体底部

10 新建"图层3"，在舞台中绘制圆圈图形，并制作转动的传统补间动画，如图13-36所示。

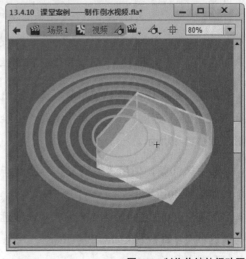

图13-36 制作传统补间动画

⑪ 创建一层遮罩层，制作底部遮罩，如图13-37 所示。

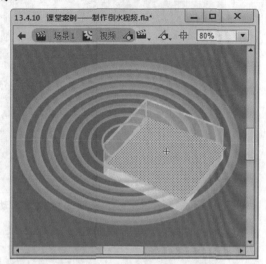

图13-37 制作底部遮罩

⑫ 选中第80、129、139帧，插入关键帧，并在关键帧之间创建传统补间，如图13-38所示。

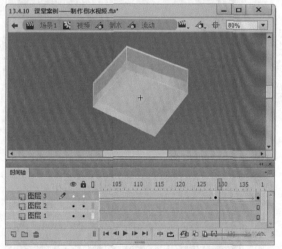

图13-38 创建传统补间

⑬ 新建"图层4"，创建遮罩层，选中第41帧，插入关键帧，使用"铅笔工具"在盒子中绘制图形，如图13-39所示。

⑭ 选中第80帧，使用"铅笔工具"绘制新的图形，如图13-40所示。

⑮ 在第41~80帧之间创建补间形状，锁定遮罩层与被遮罩层，舞台效果如图13-41所示。

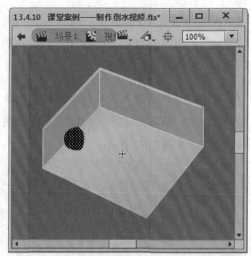

图13-39 绘制图形

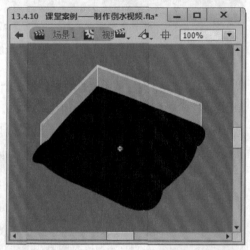

图13-40 绘制图形

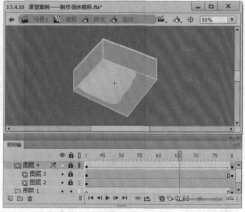

图13-41 锁定遮罩层与被遮罩层

⑯ 返回上一个元件，新建"图层4"，使用"椭圆工具"在舞台中绘制一个黑色椭圆，如图13-42所示。

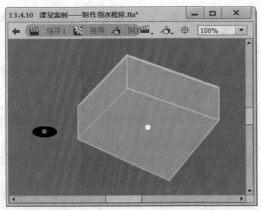

图13-42 绘制黑色椭圆

⑰ 将椭圆图形转换为元件，在"属性"面板设置"Alpha"值为20%，并添加"投影"滤镜，制作阴影效果，如图13-43所示。

图13-43 制作阴影效果

⑱ 在第43、53帧插入关键帧，选中第53帧，将元件图形移动到上方的位置，如图13-44所示。

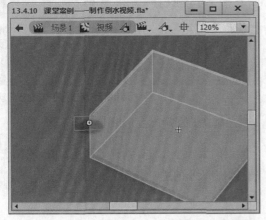

图13-44 移动图形

⑲ 在第62、157、166、177帧插入关键帧，调整阴影的大小并稍微旋转阴影，如图13-45所示。

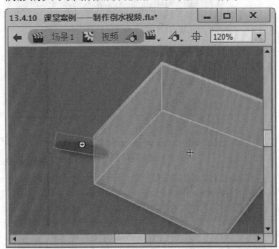

图13-45 调整阴影

⑳ 在每个关键帧之间创建传统补间，如图13-46所示。

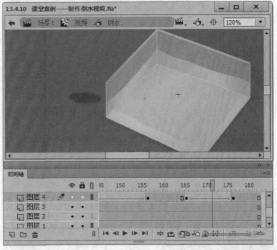

图13-46 创建传统补间

㉑ 新建"图层5"，新建一个空白元件，制作一个瓶子图形，并制作水流出瓶子的补间动画，如图13-47所示。

㉒ 在"库"面板中将"瓶子倒水"元件拖入到舞台中。

㉓ 在第43、53、62、63、157帧插入关键帧，使用"任意变形工具"旋转瓶子，并制作瓶子倒过来的传统补间动画，如图13-48所示。

图13-47 制作水流出瓶子补间动画

图13-48 创建传统补间

㉔ 在第166、177帧插入关键帧，制作空瓶子恢复原位的传统补间动画，如图13-49所示。

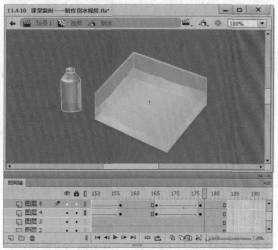

图13-49 创建传统补间

㉕ 新建"图层6"，绘制瓶子的盖子，如图13-50所示。

㉖ 插入关键帧，制作盖子打开的传统补间动画，如图13-51所示。

图13-50 绘制盖子

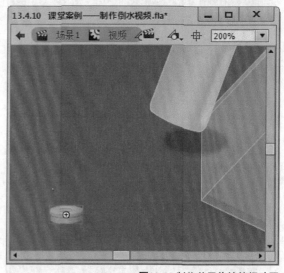

图13-51 制作盖子传统补间动画

㉗ 绘制盒子的两个边，如图13-52所示。

㉘ 返回上一个元件，新建"图层2"，绘制一个超过舞台大小的透明矩形，如图13-53所示。

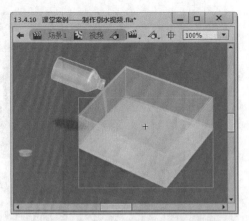

图13-52 绘制盒子两个边

图13-53 绘制透明矩形

㉙ 新建一个遮罩层，并绘制一个舞台大小的黑色矩形遮罩，如图13-54所示。

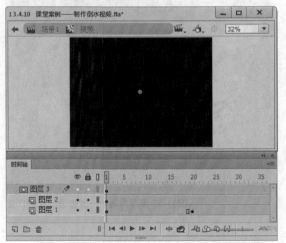

图13-54 绘制黑色矩形遮罩

㉚ 返回"场景1"，执行"窗口"→"动作"命令，

打开"动作"面板，添加脚本代码（代码段详见素材\第13章\13.4.10\视频代码.txt 文件），如图13-55所示。

图13-55 添加脚本代码

㉛ 动画制作完成，按Ctrl+Enter快捷键测试动画效果，如图13-56所示。

图13-56 测试动画效果

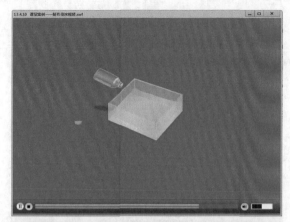

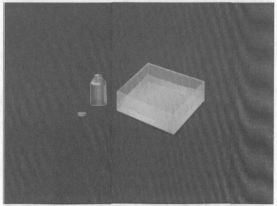

图13-56 测试动画效果（续）

13.5 本章总结

本章主要介绍了测试与发布动画的方法。为确保制作完成的Flash动画达到预期效果，在发布之前，应对动画进行测试。优化动画可以使动画文件缩小，以确保动画的正常播放。

13.6 课后习题——制作设计比赛广告

本案例主要采用制作遮罩动画和发布Flash动画的方法来制作设计比赛广告，如图13-57所示。

文件路径：素材\第13章\课后习题

视频路径：视频\第13章\13.6课后习题——制作设计比赛广告.mp4

图13-57 课后习题——制作设计比赛广告

第14章

商业案例实训

---内容摘要---

通过对前面章节的学习，相信读者已经对Flash的动画制作
流程和方法有所了解。本章将从商业案例实训方面带领读者综
合了解Flash的运用。

14.1 制作新歌打榜单

本实例制作的是新歌打榜单片头动画，歌单切换设计为滑动式动画。

14.1.1 案例分析

下面使用矩形工具，并结合传统补间和遮罩层的方式，通过制作新歌打榜单实例来巩固所学的相应知识。

14.1.2 案例设计

新歌打榜单注重设计感，例如，音悦台歌曲打榜单色彩比较鲜明，如图14-1所示；音乐风云榜的打榜单设计为3D立体数字，如图14-2所示。

图14-1 歌曲打榜效果图

图14-2 歌曲打榜效果图

本实例制作的新歌打榜界面十分简洁，歌曲框采用黑白颜色的搭配，以突出曲名，歌单切换灵活，设计效果如图14-3所示。

图14-3 设计效果图

14.1.3 案例制作

文件路径：素材\第14章\14.1
视频路径：视频\第14章\14.1.3 案例制作.mp4

①1 启动Flash CC，新建一个文档（500×320）。

②2 执行"文件"→"导入"→"导入到舞台"命令，导入"新歌打榜背景.jpg"素材到舞台，如图14-4所示。

③3 新建"图层2"，使用"矩形工具"在舞台下方绘制一个58×58的黑色矩形，如图14-5所示。

图14-4 导入"新歌打榜背景.jpg"素材

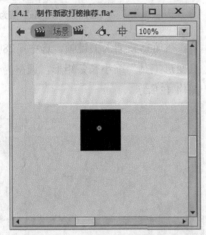

图14-5 绘制黑色正方形

04 选中矩形，按F8键，将矩形转换为图形元件，在"属性"面板中设置"Alpha"值为70%，如图14-6所示。

图14-6 设置"Alpha"值为70%

05 选中第7帧，按F6键，插入关键帧，将矩形元件移动到舞台左下角，并在两个关键帧之间创建传统补间，如图14-7所示，再选中第10帧，插入关键帧，继续向下稍微移动矩形，并在关键帧之间创建传统补间，如图14-8所示。

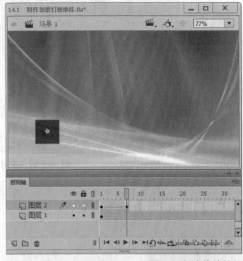

图14-7 创建传统补间

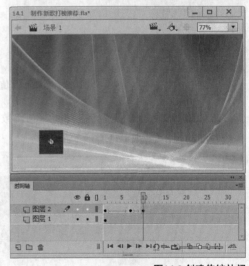

图14-8 创建传统补间

06 新建"图层3"，选中第10帧，插入关键帧，使用"文本工具"在正方形上输入文本"1"，并转换为元件，如图14-9所示。

07 在第15帧插入关键帧，选中第10帧，单击数字"1"元件，在"属性"面板中设置"Alpha"值为0%，如图14-10所示。

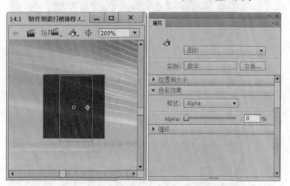

图14-9 输入文本 "1"

图14-10 "Alpha" 值为0%

08 在第10~15帧之间创建传统补间，制作数字的传统补间动画，如图14-11所示。

图14-11 创建传统补间

09 新建 "图层4"，在第28帧插入关键帧，使用 "矩形工具" 在正方形的旁边绘制一个302×31的黑色矩形。

10 将该矩形转换为元件，在 "属性" 面板中设置 "Alpha" 值为70%，效果如图14-12所示。

图14-12 "Alpha" 值为70%的矩形元件

11 在第35帧插入关键帧，选中第28帧，使用 "任意变形工具" 缩小长条矩形，调整为一条直线，如图14-13所示。

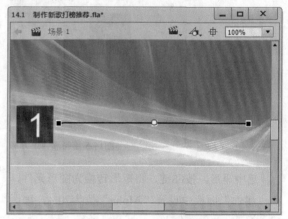

图14-13 调整矩形大小

12 在第28~35帧之间创建传统补间，如图14-14所示。

图14-14 创建传统补间

274

⑬ 新建"图层5"，在第35帧插入关键帧，在长条矩形中输入歌曲文本"言不由衷"，如图14-15所示。

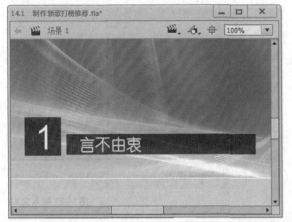

图14-15 输入文本

⑭ 新建"图层6"，单击鼠标右键，在弹出的快捷菜单中，选择"遮罩层"选项。

⑮ 选中第35帧，插入关键帧，在"库"面板中将制作好的黑色长条矩形元件拖入到歌曲文本上方，作为文本的遮罩，如图14-16所示。

图14-16 制作矩形遮罩

⑯ 在第40帧插入关键帧，选中第35帧，使用"任意变形工具"调整黑色矩形，缩小到一条直线，如图14-17所示。

⑰ 在第35~40帧之间创建传统补间，制作黑色矩形遮罩的传统补间动画，如图14-18所示。

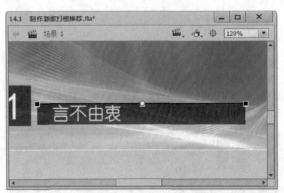

图14-17 调整黑色矩形

图14-18 创建传统补间

⑱ 锁定遮罩与被遮罩图层，此时舞台中的效果如图14-19所示。

图14-19 锁定遮罩与被遮罩图层舞台效果

⑲ 新建"图层7"，选中第15帧，插入关键帧，使用"矩形工具"在正方形右侧绘制一个302×23的白色矩形，如图14-20所示。

图14-20 绘制白色矩形

⑳ 在第22帧插入关键帧，使用"任意变形工具"向右缩小白色矩形，如图14-21所示。

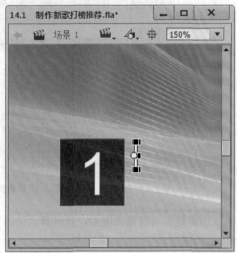

图14-21 调整白色矩形

㉑ 在第15~22帧之间创建传统补间，如图14-22所示。

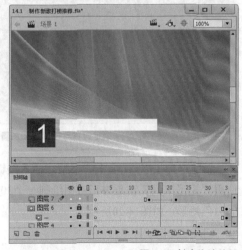

图14-22 创建传统补间

㉒ 新建"图层8"，选中第22帧，插入关键帧，在白色矩形左侧输入文本"徐佳莹"，如图14-23所示。

图14-23 输入文本

㉓ 创建"图层8"的遮罩层，在第22帧插入关键帧，绘制一个白色矩形遮罩，如图14-24所示。

图14-24 绘制白色矩形

㉔ 在第28帧插入关键帧，选中第22帧，调整白色矩形的大小，向右缩小矩形，如图14-25所示。

图14-25 缩小矩形

㉕ 在第22~28帧之间创建传统补间，制作歌手姓名文本的遮罩动画，如图14-26所示，锁定遮罩与被遮罩图层，效果如图14-27所示。

图14-26 文本遮罩动画

图14-27 锁定遮罩与被遮罩图层

㉖ 新建"图层10"，在第61帧插入关键帧，在"库"面板中将制作好的黑色正方形元件拖入到舞台相同的位置，如图14-28所示。

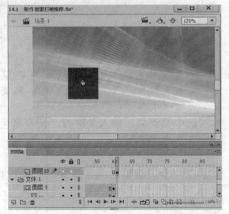

图14-28 拖入黑色正方形

㉗ 在第111、114帧插入关键帧，选中第114帧，将黑色正方形向上稍微移动，并在两个关键帧之间创建传统补间，如图14-29所示。

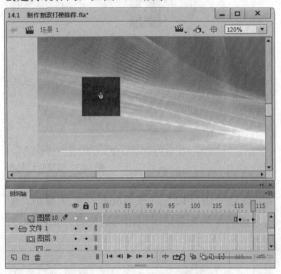

图14-29 创建传统补间

㉘ 选中第120帧，插入关键帧，将黑色正方形向下移动到舞台外部，在第114~120帧之间创建传统补间，如图14-30所示。

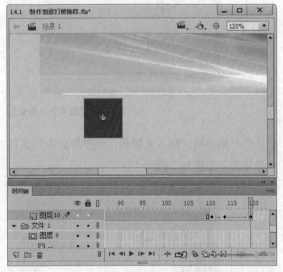

图14-30 创建传统补间

㉙ 新建"图层11"，在第61帧插入关键帧，输入数字"1"，在第106、111帧插入关键帧，选中第111帧，设置舞台中的数字"1"元件的"Alpha"值为0%，并在第106~111帧之间创建传统补间，如图14-31所示。

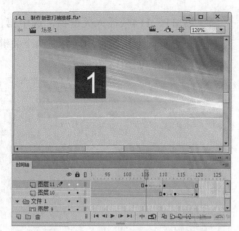

图14-31 创建传统补间

㉚ 新建"图层12"，在第86帧插入关键帧，复制之前的黑色长条矩形到相同的位置，如图14-32所示。

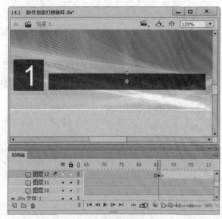

图14-32 复制黑色长条矩形

㉛ 选中第93帧，插入关键帧，调整舞台中的黑色长条矩形，如图14-33所示。

图14-33 调整黑色长条矩形

㉜ 在第86~93帧之间创建传统补间，如图14-34所示。

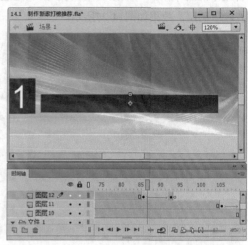

图14-34 创建传统补间

㉝ 新建"图层13"，在第61帧插入关键帧，在第86帧按F5键插入帧，输入文本"言不由衷"。

㉞ 新建"图层14"，选中该图层，单击鼠标右键，选择"遮罩层"选项，在第81帧插入关键帧，复制之前的黑色矩形遮罩到舞台，如图14-35所示。

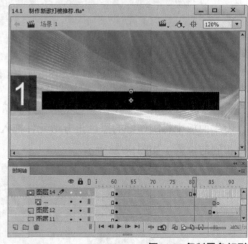

图14-35 复制黑色矩形

㉟ 选中第86帧，插入关键帧，调整黑色矩形遮罩的大小，如图14-36所示。

㊱ 在两个关键帧之间创建传统补间，如图14-37所示。

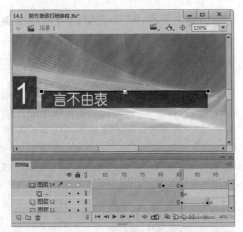

图14-36 调整黑色矩形

图14-37 创建传统补间

㊲ 在第99帧插入关键帧，绘制白色长条矩形，如图14-38所示。

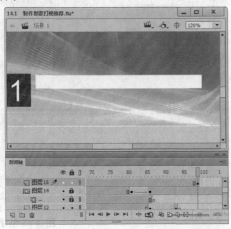

图14-38 绘制白色长条矩形

㊳ 在第106帧插入关键帧，并使用"任意变形工具"调整白色矩形的大小，如图14-39所示。

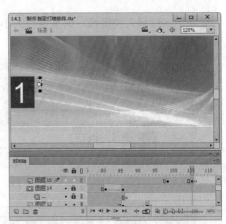

图14-39 调整白色矩形

㊳ 在第99~106帧之间创建传统补间，如图14-40所示。

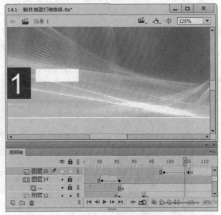

图14-40 创建传统补间

㊵ 新建"图层16"，在白色矩形中输入文本"徐佳莹"。创建"图层16"的遮罩层，在第93帧插入关键帧，制作白色矩形遮罩，如图14-41所示。

图14-41 制作白色矩形遮罩

㊶ 在第99帧插入关键帧，调整矩形大小，缩小矩形，如图14-42所示。

图14-42 缩小矩形

㊷ 在第93~99帧之间创建传统补间，制作与之前相反的遮罩动画，如图14-43所示。

图14-43 创建传统补间

㊸ 新建"图层18"，在第130帧插入关键帧，选中"图层2"的所有帧内容，复制小正方形的补间动画到该图层，如图14-44所示。

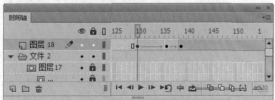

图14-44 创建传统补间

㊹ 新建"图层19"，在第139帧插入关键帧，在小正方形中输入数字"2"，如图14-45所示。

图14-45 输入文本

㊺ 在第144帧插入关键帧，选中第139帧，单击舞台中的数字"2"元件，在"属性"面板设置"Alpha"值为0%，在两个关键帧之间创建传统补间，如图14-46所示。

图14-46 创建传统补间

㊻ 新建"图层20"，在第157帧插入关键帧，复制"图层4"的所有帧内容到该图层，如图14-47所示。

图14-47 复制"图层4"的帧内容

47 新建"图层21",在第164帧插入关键帧,在长条矩形中输入文本"背过手",如图14-48所示。

图14-48 输入文本

48 创建"图层21"的遮罩层,复制"图层6"的遮罩补间动画到该图层,如图14-49所示。

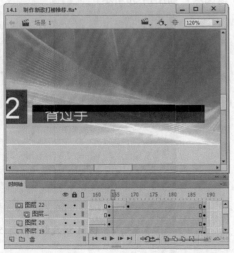

图14-49 遮罩补间动画

49 新建"图层23",复制"图层7"的帧内容到

该图层,如图14-50所示。

图14-50 复制"图层7"的帧内容

50 新建"图层24",在第151帧插入关键帧,在白色长条矩形中输入文本"薛之谦",如图14-51所示。

图14-51 输入文本

51 新建"图层25",复制"图层9"中的所有帧到该图层,如图14-52所示。

图14-52 复制"图层9"的帧内容

52 新建"图层26",在第190帧插入关键帧,复制"图层10"的所有帧内容到该图层,如图14-53所示。

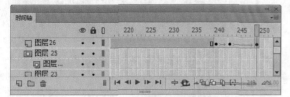

图14-53 复制"图层10"的帧内容

53 新建"图层27",在第190帧插入关键帧,制作数字"2"逐渐变透明的传统补间动画,如图14-54所示。

图14-54 创建传统补间

54 新建"图层28",复制"图层12"的所有帧到该图层,如图14-55所示。

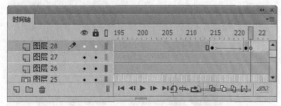

图14-55 复制"图层12"的帧内容

55 新建"图层29",输入"背过手"文本,如图14-56所示。

56 复制"图层14"遮罩层到新图层,如图14-57所示。

图14-56 输入文本

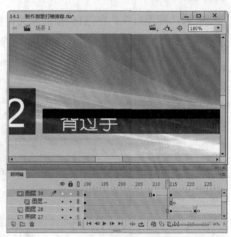

图14-57 复制"图层14"遮罩层

57 新建"图层31",复制"图层15"的帧内容到该图层,如图14-58所示。

图14-58 复制"图层15"遮罩层

58 输入文本"薛之谦",并制作文本遮罩传统补间动画,如图14-59所示。

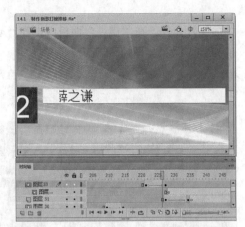

图14-59 制作传统补间动画

(59) 完成该动画的制作，按Ctrl+Enter快捷键测试动画效果，如图14-60所示。

图14-60 测试动画效果

14.2 制作纺织企业网站

网站是企业展示自身形象、发布产品信息、联系网上客户的新平台，本实例将使用Flash制作一个完整的商业网站。

14.2.1 案例分析

本实例采用红色作为纺织企业网站的主色调。该实例的制作主要采用传统补间动画和遮罩动画的方式，并注意对色彩的调整。

14.2.2 案例设计

网站的设计风格主要取决于产品和客户的定位，如有的企业网站采用扁平化设计理念，如图14-61所示；有的则注意色调的统一，以给人视觉上的冲击，如图14-62所示。

图14-61 企业网站效果图

图14-62 企业网站效果图

本实例制作的纺织企业网站，采用效果图滚动播放的模式，整体色调为红色，展现了纺织品华丽、优雅的特点，设计效果如图14-63所示。

图14-63 设计效果图

14.2.3 案例制作

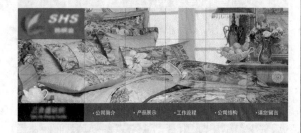

文件路径：素材\第14章\14.2

视频路径：视频\第14章\14.2.3案例制作.mp4

01 启动Flash CC，新建一个文档（500×320），背景颜色设置为红色（#990000）。

02 选中第2帧，按F6键，插入关键帧，执行"文件"→"导入"→"导入到舞台"命令，导入"室内1.jpg"素材到舞台，如图14-64所示。

03 选中素材，按F8键，将素材转换为元件，并双击该元件，进入元件编辑模式。

04 在第10帧插入关键帧，选中第1帧，单击舞台

中的图片元件，在"属性"面板中设置"Alpha"值为0%，效果如图14-65所示。

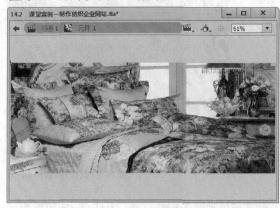

图14-64 导入"室内1.jpg"素材

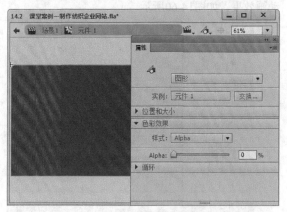

图14-65 设置"Alpha"值为0%

05 在第1~10帧之间创建传统补间，如图14-66所示。

图14-66 创建传统补间

06 在第276、310帧插入关键帧，选中第310帧，

单击舞台中的图片元件，在"属性"面板中设置"Alpha"值为50%，如图14-67所示。

图14-67 设置"Alpha"值为50%

07 在第276~310帧之间创建传统补间，如图14-68所示。选中第311帧，插入关键帧，导入"室内2.jpg"素材，如图14-69所示。

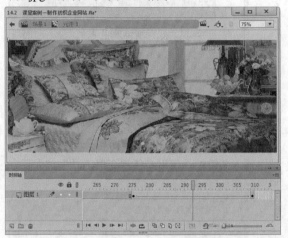

图14-68 创建传统补间

图14-69 导入"室内2.jpg"素材

08 在第350帧插入关键帧，选中第311帧，单击舞台中的图片元件，在舞台中设置"Alpha"值为

50%，如图14-70所示，在第311~350帧之间创建传统补间，如图14-71所示。

图14-70 设置"Alpha"值为50%

图14-71 创建传统补间

09 在第609、646帧插入关键帧，选中第646帧，在"属性"面板中设置图片元件的"Alpha"值为50%。在第609~646帧之间创建传统补间，如图14-72所示。

图14-72 创建传统补间

285

⑩ 在第647帧插入关键帧，导入其他素材图片，如图14-73所示。

图14-73 导入素材

⑪ 在第685帧插入关键帧，选中第647帧，选中图片元件，在"属性"面板中设置"Alpha"的值为50%，如图14-74所示。

图14-74 设置"Alpha"的值为50%

⑫ 在第647~685帧之间创建传统补间，如图14-75所示。选中第391帧插入关键帧。

图14-75 创建传统补间

⑬ 新建"图层2"，选中第931帧，插入关键帧，执行"窗口"→"动作"命令，打开"动作"面板，添加代码"stop();"。

⑭ 返回"场景1"，新建"图层2"，在第2帧插入关键帧，在舞台左上角绘制一个9×9的小正方形，并转换为元件，如图14-76所示。

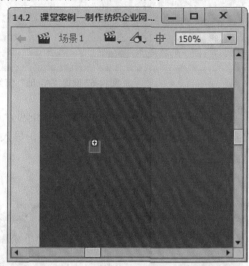

图14-76 绘制小正方形

⑮ 双击该元件，进入元件编辑模式，选中第10帧，插入关键帧，使用"任意变形工具"扩大正方形，如图14-77所示。

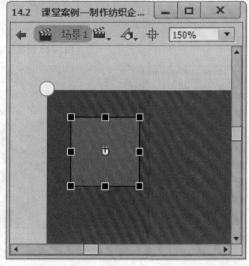

图14-77 扩大正方形

⑯ 在第19帧插入关键帧，继续扩大正方形，如图14-78所示。

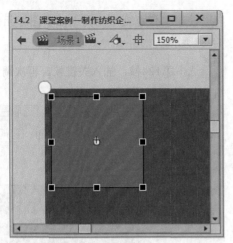

图14-78 扩大正方形

⑰ 在第41、43帧插入关键帧，再次扩大正方形，如图14-79所示。

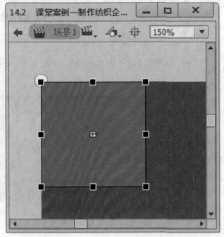

图14-79 扩大正方形

⑱ 在每个关键帧之间创建传统补间，效果如图14-80所示。

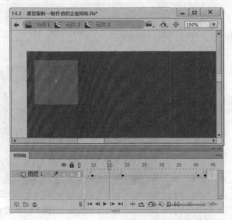

图14-80 创建传统补间

⑲ 新建"图层2"，在第43帧插入关键帧，打开"动作"面板，添加代码"stop();"。

⑳ 新建多个图层，使用同样的方法制作相同的正方形传统补间动画，时间轴如图14-81所示，效果如图14-82所示。

图14-81 显示时间轴

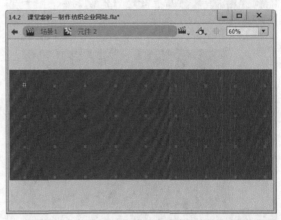

图14-82 多个正方形传统补间动画舞台效果

㉑ 新建一个图层，在第271帧插入关键帧，打开"动作"面板，添加代码"stop();"。

㉒ 选中"图层2"，单击鼠标右键，在弹出的快捷菜单中选择"遮罩层"选项，如图14-83所示。

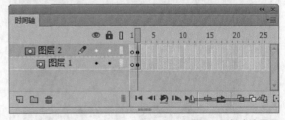

图14-83 创建遮罩层

㉓ 新建"图层3"，在第2帧插入关键帧，执行"插入"→"新建元件"命令，新建一个名称为"图标"的影片剪辑元件，如图14-84所示。

图14-84 "创建新元件"对话框

㉔ 选中第120帧，插入关键帧，执行"文件"→"导入"→"导入到舞台"命令，导入"纺织图标.jpg"素材，如图14-85所示。

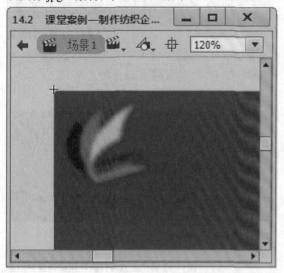

图14-85 导入"纺织图标.jpg"素材

㉕ 使用"文本工具"，在图标右侧输入文本，选中舞台中的图标与文本，按F8键，转换为元件，如图14-86所示。

图14-86 输入文本

㉖ 使用"任意变形工具"缩小图标元件，如图14-87所示。

㉗ 选中第124帧，插入关键帧，再次调整图标元件，如图14-88所示。

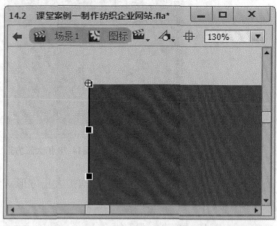

图14-87 缩小图标元件

图14-88 调整图标元件

㉘ 在第128帧插入关键帧，继续拉长图标元件，如图14-89所示。

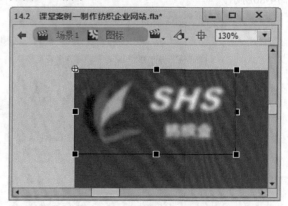

图14-89 拉长图标元件

㉙ 在第132帧插入关键帧，再次拉长图标元件，如图14-90所示。在第133帧插入关键帧，稍微拉长一点图标元件。

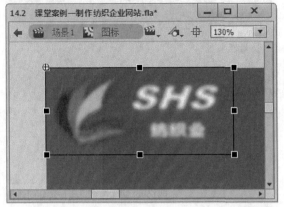

图14-90 拉长图标元件

㉚ 在每个关键帧之间创建传统补间，如图14-91所示。

图14-91 创建传统补间

㉛ 新建"图层2"，在第126帧插入关键帧，使用"铅笔工具"在"图标"元件下方绘制一条直线，笔触颜色为（#990000），如图14-92所示。

㉜ 将直线转换为元件，选中该元件，在"属性"面板设置"高级"选项参数，如图14-93所示。

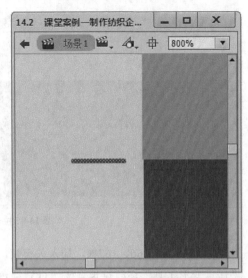

图14-92 绘制一条直线

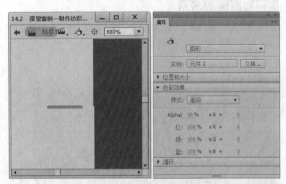

图14-93 设置"高级"选项参数

㉝ 在第142帧插入关键帧，使用"任意变形工具"向右拉长直线，如图14-94所示。

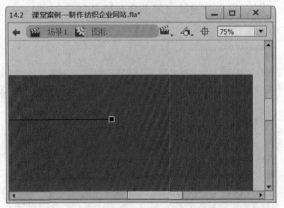

图14-94 拉长直线

㉞ 在第152帧插入关键帧，继续使用"任意变形工具"拉长直线，如图14-95所示。

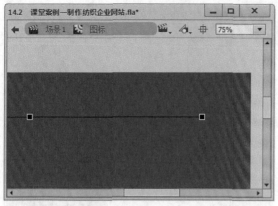

图14-95 拉长直线

㉟ 选中第158、166、167帧，插入关键帧，使用"任意变形工具"逐渐拉长直线一直到舞台最右侧，如图14-96所示。

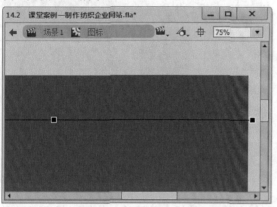

图14-96 拉长直线

㊱ 在每个关键帧之间创建传统补间，如图14-97所示。

图14-97 创建传统补间

㊲ 使用相同的方法制作多条水平和垂直直线的传

统补间动画，如图14-98和图14-99所示。

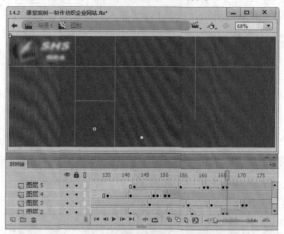

图14-98 制作多条直线传统补间动画

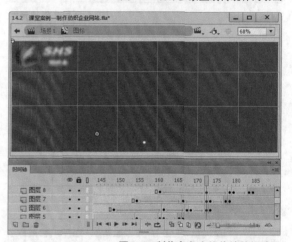

图14-99 制作多条直线传统补间动画

㊳ 新建"图层9"，在第144帧插入关键帧，使用"矩形工具"在直线框内绘制一个白色矩形，如图14-100所示。

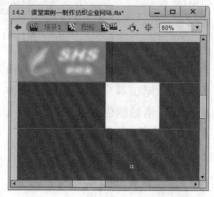

图14-100 绘制白色矩形

㊴ 将白色矩形转换为元件，双击该元件，进入元

件编辑模式，再次将矩形转换为元件，单击该元件，在"属性"面板设置"高级"选项参数，如图14-101所示。

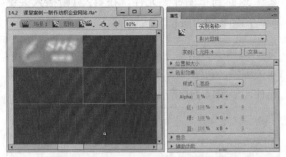

图14-101 设置"高级"选项参数

㊵ 在第30帧插入关键帧，修改"高级"选项参数，如图14-102所示。

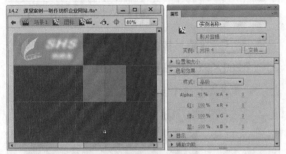

图14-102 修改"高级"选项参数

㊶ 在第31、32、33帧插入关键帧，设置"Alpha"值为42%，如图14-103所示。

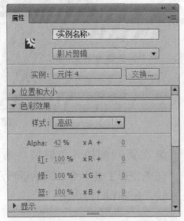

图14-103 设置"Alpha"值为42%

㊷ 在第71帧插入关键帧，选中正方形，在"属性"面板中设置"Alpha"值为2%，如图14-104所示。

图14-104 设置"Alpha"值为2%

㊸ 在第72、74帧插入关键帧，修改正方形的"Alpha"值为1%，如图14-105所示。

㊹ 在第75、76、77、118插入关键帧，修改正方形的"Alpha"值为0%。

图14-105 设置"Alpha"值为1%

㊺ 在第121帧插入关键帧，修改正方形元件的"Alpha"为28%，如图14-106所示。

图14-106 设置"Alpha"为28%

㊻ 在第124帧插入关键帧，修改正方形元件的"Alpha"值为43%，如图14-107所示。

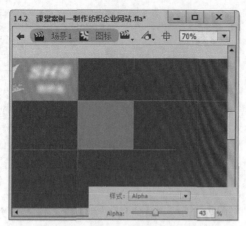

图14-107 设置"Alpha"值为43%

47 插入关键帧，适当调整矩形元件的"高级"参数，使其呈现闪光的效果，制作闪烁的传统补间动画，如图14-108所示。

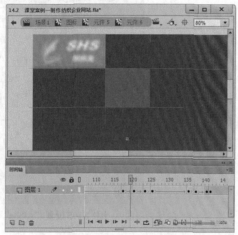

图14-108 制作矩形闪烁传统补间动画

48 使用相同的方法制作多个矩形闪烁传统补间动画，如图14-109所示。

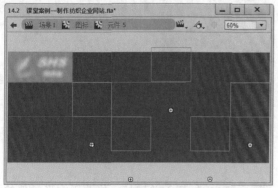

图14-109 制作多个矩形闪烁传统补间动画

49 新建一个图层，在第55帧插入关键帧，打开"动作"面板，添加代码"stop ();"。

50 返回到"图标"元件，在第221帧插入关键帧，添加代码"stop ();"。

51 返回"场景1"，新建"图层4"，在第2帧插入关键帧，新建一个名称为"介绍栏"的影片剪辑元件，如图14-110所示。

图14-110 "创建新元件"对话框

52 选中第78帧，插入关键帧，在舞台左下角绘制一个200×55的黑色矩形，如图14-111所示。

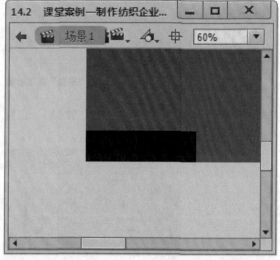

图14-111 绘制黑色矩形

53 在第99帧插入关键帧，选中第78帧，使用"任意变形工具"缩小黑色矩形，调整为一条直线形状，如图14-112所示。

54 选中第78~99帧之间的任意一帧，单击鼠标右键，在弹出的快捷菜单中选择"创建补间形状"选项，效果如图14-113所示。

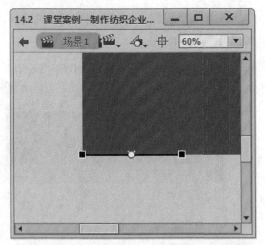

图14-112 调整直线

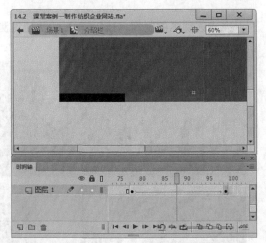

图14-113 创建补间形状

⑤⑤ 使用同样的方法制作灰色矩形的补间形状动画,如图14-114所示。

图14-114 创建补间形状

⑤⑥ 新建"图层3",在第96帧插入关键帧,在黑色矩形中输入文本,如图14-115所示。

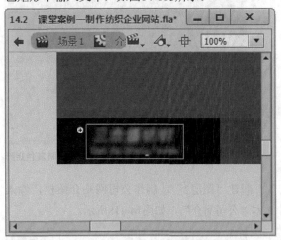

图14-115 输入文本

⑤⑦ 单击文本元件,在"属性"面板中设置"Alpha"值为0%,在第123帧插入关键帧,并修改文本元件的"Alpha"值为96%。

⑤⑧ 在第124帧插入关键帧,在"属性"面板中设置文本元件的"样式"选项为"无",在每个关键帧之间创建传统补间,如图14-116所示。

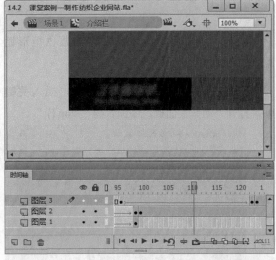

图14-116 创建传统补间

⑤⑨ 新建"图层4",在第120帧插入关键帧,在舞台底部绘制一个123×55的灰色矩形,并转换为元件,双击灰色矩形元件,进入元件编辑模式,如图14-117所示。

图14-117 绘制灰色矩形

60 新建"图层2",制作公司网站介绍栏,输入
文本"公司简介",如图14-118所示。

图14-118 输入文本

61 创建"遮罩层",制作文本的蓝色矩形遮
罩,如图14-119所示。

62 新建"活动层",选中第11帧,插入关键
帧,打开"动作"面板,添加代码"stop ();"。

图14-119 制作蓝色矩形遮罩

63 返回"介绍栏"元件,制作其他的介绍栏,如
图14-120所示。

64 新建"活动层",在第184帧插入关键帧,添
加代码"stop ();"。

65 新建"图层5",在第2帧添加代码"stop ();"。

图14-120 制作其他的介绍栏

66 完成该动画的制作,按Ctrl+Enter快捷键测试
动画效果,如图14-121所示。

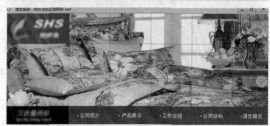

图14-121 测试动画效果

14.3 制作装饰圣诞树小游戏

本实例介绍的Flash交互动画主要是由ActionScript脚本实现的，可以用鼠标对动画播放进行控制。这种交互性为用户提供了参与和控制动画播放内容的途径，使用户由被动接受变为主动选择。

14.3.1 案例分析

本案例使用元件滤镜的功能，采用图层遮罩动画和传统补间动画的方式，结合脚本代码，制作挂圣诞彩球的交互性小游戏。用户可以点击鼠标，拖动圣诞彩球，将小球移动到圣诞树上。单击下方的箭头按钮可以浏览圣诞彩球的图案效果。

14.3.2 案例设计

许多游戏会涉及鼠标交互功能，如使用鼠标指针移动物体的游戏，如图14-122和图14-123所示。制作这类游戏时，结合脚本代码就可以实现交互动画效果。

图14-122 交互游戏效果图

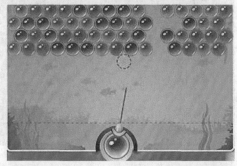

图14-123 交互游戏效果图

本游戏中，单击舞台右侧摆放的圣诞彩球就可以将其移动到左侧的圣诞树上，效果如图14-124所示。

图14-124 设计效果图

单击舞台左、右下角的箭头按钮，可以切换界面，浏览彩球的花纹图案，效果如图14-125所示。

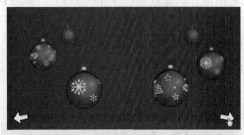

图14-125 设计效果图

14.3.3 案例制作

文件路径：素材\第14章\14.3

视频路径：视频\第14章\14.3.3案例制作.mp4

01 启动Flash CC，新建一个文档（590×300）。

02 使用"矩形工具"绘制一个与舞台大小相同的渐变矩形，填充颜色为从蓝色（#012D79）到深蓝色（#01143F）的径向渐变，如图14-126所示。

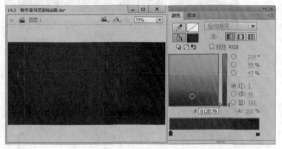

图14-126 绘制渐变矩形

03 使用绘图工具在舞台中绘制一个雪花形状的图形，填充颜色为（#000033），如图14-127所示。

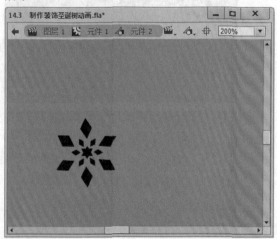

图14-127 绘制雪花形状图形

04 选中该图形，按F8键，将图形转换为元件，并绘制其他形状的图形，选中全部图形，转换为元件，双击元件，进入元件编辑模式，如图14-128所示。

05 使用"画笔工具"在图形周围绘制一些蓝色（#00FFFF）小圆点，如图14-129所示。

图14-128 绘制不同雪花形状图形

图14-129 绘制蓝色小圆点

06 返回"场景1"，此时舞台中的图形效果如图14-130所示。

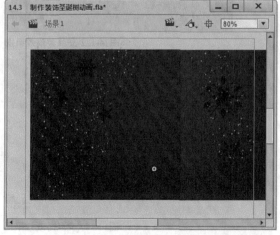

图14-130 舞台效果图

07 单击舞台中的元件，在"属性"面板中设置"Alpha"值为43%，如图14-131所示。

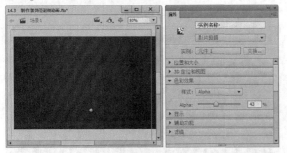

图14-131 设置"Alpha"值为43%

08 选中该元件，在"属性"面板的"滤镜"选项栏中添加"模糊"滤镜，设置"模糊"参数，如图14-132所示，效果如图14-133所示。

图14-132 设置"模糊"参数

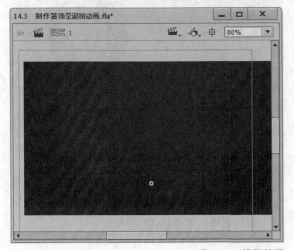

图14-133 模糊效果

09 选中第2帧，按F6键，插入关键帧，在舞台中复制相同的蓝色渐变矩形。

10 将矩形转换为元件，双击该元件，进入元件编辑模式，使用"铅笔工具"在舞台上方绘制两条直线，如图14-134所示。

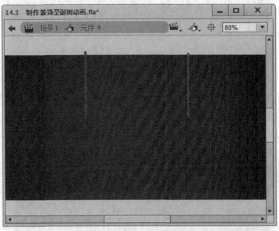

图14-134 绘制两条直线

11 在第3帧插入关键帧，并绘制红色渐变矩形，填充颜色为从（#790101）到（#3F0101）的径向渐变，同样绘制两条直线，如图14-135所示。

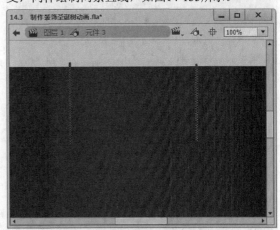

图14-135 绘制红色渐变矩形以及两条直线

12 在第4帧插入关键帧，绘制绿色渐变矩形，填充颜色为从（# 017926）到（# 013F10）的径向渐变，再次绘制两条直线，如图14-136所示。

13 新建"图层2"，使用"刷子工具"在舞台底部绘制蓝色小圆点，如图14-137所示。

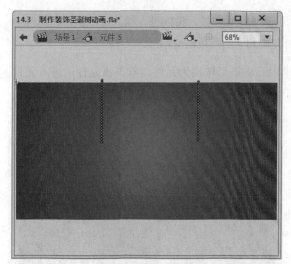

图14-136 绘制绿色渐变矩形以及两条直线

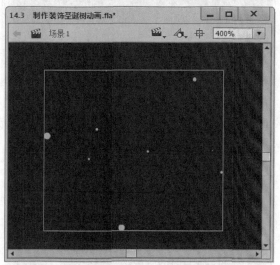

图14-137 绘制蓝色小圆点

⑭ 在"库"面板中拖入"圣诞树"元件到舞台，如图14-138所示。

图14-138 拖入"圣诞树"元件

⑮ 在第2帧插入关键帧，在"库"面板中将"蓝色彩球1"元件拖入舞台中，双击该元件，进入元件编辑模式，如图14-139所示。

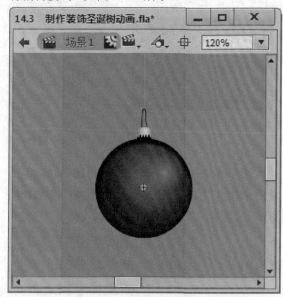

图14-139 拖入"蓝色彩球1"元件

⑯ 执行"文件"→"导入"→"导入到舞台"命令，将"雪花花纹1.png"导入到舞台，如图14-140所示。

图14-140 导入"雪花花纹1.png"素材

⑰ 新建图层，单击鼠标右键，在弹出的快捷菜单中选择"遮罩层"选项，并使用"椭圆工具"绘制一个圆形遮罩，如图14-141所示。

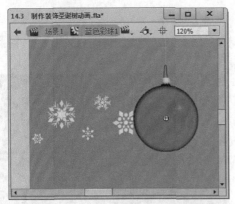

图14-141 绘制圆形遮罩

⑱ 制作黄色雪花花纹向右移动的传统补间动画，如图14-142所示。

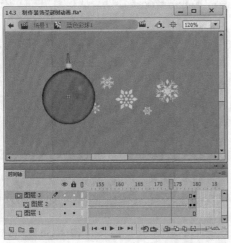

图14-142 创建传统补间

⑲ 单击"时间轴"中的"锁定或解除锁定所有图层"按钮，锁定遮罩层和被遮罩层，舞台中的效果如图14-143所示。

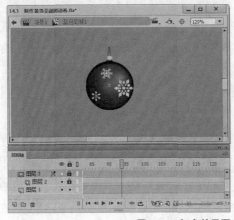

图14-143 舞台效果图

⑳ 在"库"面板中将"蓝色彩球2"元件拖入到舞台，并拖入"圣诞花纹"元件到舞台，如图14-144所示。

㉑ 创建圆形遮罩，并制作花纹移动的传统补间动画，锁定遮罩层与被遮罩层，此时舞台中的效果如图14-145所示。

图14-144 拖入"圣诞花纹"元件

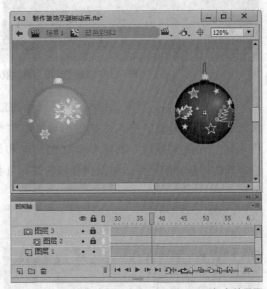

图14-145 舞台效果图

㉒ 复制一个"蓝色彩球2"元件到舞台左上角，并使用"任意变形工具"缩小该元件，单击元件，在"属性"面板的"滤镜"选项栏中添加"模糊"滤镜，设置"模糊"参数，如图14-146所示。

㉓ 复制多个蓝色彩球，调整彩球的大小，在"属性"面板中添加"模糊"滤镜，并设置"模糊"像素值为5，效果如图14-147所示。

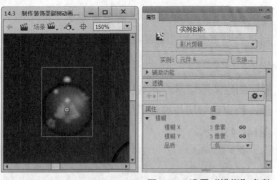

图14-146 设置"模糊"参数

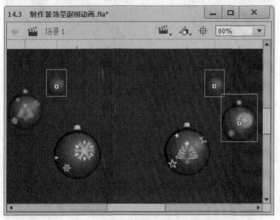

图14-147 添加"模糊"滤镜效果

㉔ 选中第3、4帧，插入关键帧，使用相同的方法，在"库"面板中拖入"红色彩球"和"绿色彩球"元件到舞台，制作多个红色彩球和绿色彩球的传统补间动画，如图14-148和图14-149所示。

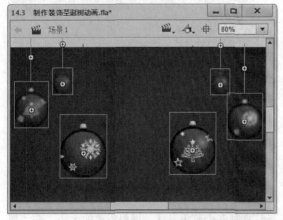

图14-148 红色彩球传统补间动画

㉕ 选中"图层1"的第1帧，在"库"面板中拖入多个制作好的圣诞彩球到舞台右侧，排列整齐，如

图14-150所示。

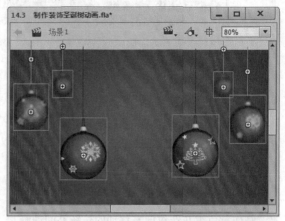

图14-149 绿色彩球传统补间动画

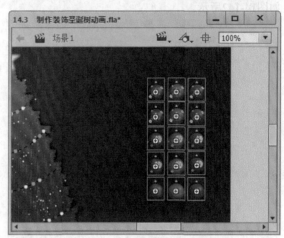

图14-150 拖入多个圣诞彩球

㉖ 使用"文本工具"在舞台右上角输入文本"装饰圣诞树"，如图14-151所示。

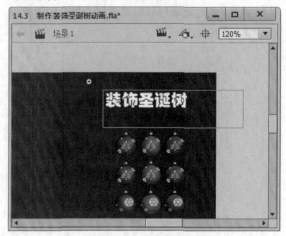

图14-151 输入文本

㉗新建"图层3",选中第4帧,按F5键,插入帧,使用"铅笔工具"在舞台左下角绘制一个箭头形状的图形,并填充白色,如图14-152所示。

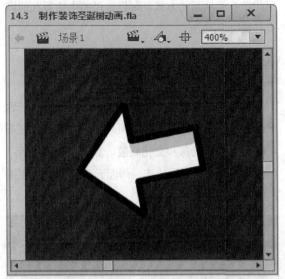

图14-152 绘制箭头形状图形

㉘选中箭头图形,按F8键,将图形转换为"按钮"元件,插入按钮关键帧,如图14-153所示。

图14-153 插入按钮关键帧

㉙在舞台右下角绘制一个箭头,同样转换为按钮元件,如图14-154所示。

㉚新建图层,选中第4帧,按F5键,插入帧。执行"窗口"→"动作"命令,打开"动作"面板,

添加代码(代码段详见素材\第14章\装饰圣诞树代码.txt文件),如图14-155所示。

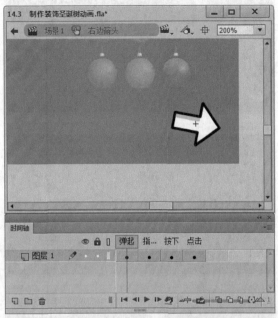

图14-154 创建右边箭头按钮元件

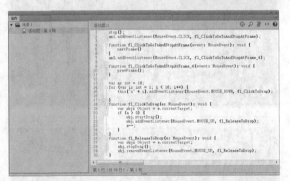

图14-155 添加代码

㉛完成该动画的制作,按Ctrl+Enter快捷键测试动画效果,如图14-156所示。

图14-156 测试动画效果

301

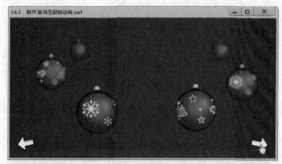

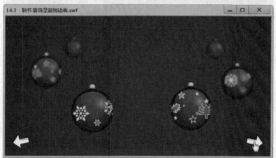

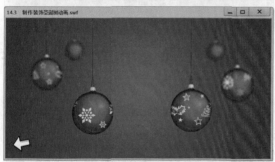

图14-156 测试动画效果（续）

14.4 人民邮电出版社的网页开场Flash效果

如今，很多企业网站在打开时都会跳出网站片头，它们大多是用Flash来制作的。

14.4.1 案例分析

本实例主要使用绘图工具和任意变形工具，采用传统补间动画的方式，制作人民邮电出版社的网页开场Flash效果。

14.4.2 案例设计

通常，企业会在网站片头展示企业宗旨、理念或形象及特色产品。例如中国风网站片头通过倒茶动画展现民族气息和文化底蕴，如图14-157所示；图14-158所示的网站片头，画面元素丰富，更注重趣味性。

图14-157 中国风网站片头效果图

图14-158 网站片头效果图

本案例制作的人民邮电出版社网页开场，采用了折纸飞机的动画效果，展现了从新闻前页到新闻尾页的播放效果。网页打开时新闻前页折叠成纸飞机，纸飞机飞过人民邮电出版社的Logo，展开后变成了新闻尾页，如图14-159所示。

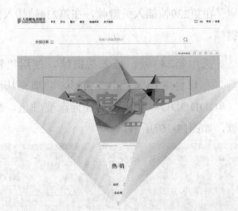

图14-159 设计效果图

14.4.3 案例制作

文件路径：素材\第14章\14.4

视频路径：视频\第14章\14.4.3案例制作.mp4

① 启动Flash CC，新建一个文档（1002×800）。

② 使用"矩形工具"绘制一个与舞台相同大小的白色矩形，转换为元件，如图14-160所示。

图14-160 绘制白色矩形

③ 选中第2帧，按F6键，插入关键帧。选中第233帧，按F5键，插入帧。再选中第234帧，单击鼠标右键，在弹出的快捷菜单中选择"插入空白关键帧"选项，如图14-161所示。

图14-161 插入空白关键帧

④ 选中第240帧，插入关键帧，使用"矩形工具"在舞台底部绘制一个1000×501的白色矩形，如图14-162所示。

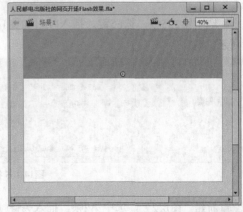

图14-162 绘制白色矩形

05 选中第252帧，插入关键帧，使用"铅笔工具"在白色矩形中绘制两条直线，如图14-163所示。

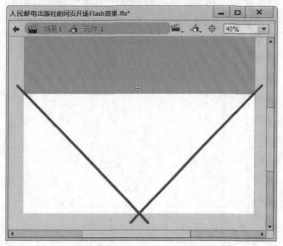

图14-163 绘制两条直线

06 使用"选择工具"选中上方的三角形形状和两条直线，按Delete键删除，如图14-164所示。

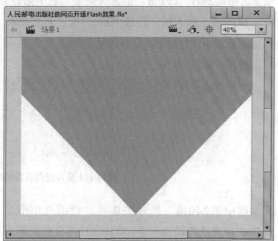

图14-164 删除三角形和两条直线

07 选中第255帧，按F5键，插入帧，如图14-165所示。

图14-165 插入帧

08 新建"图层2"，选中第2帧，插入关键帧，在

舞台中绘制一个1000×501的白色矩形，选中第228帧，插入关键帧，并在第2~228帧中的任意一帧单击鼠标右键，在弹出的快捷菜单中选择"创建传统补间"选项，如图14-166所示。

图14-166 创建传统补间

09 在第229帧插入关键帧，在第234帧插入空白关键帧。

10 选中第243帧，插入关键帧，使用"铅笔工具"在舞台中绘制一个三角形，并填充从浅灰色（#DDDDDD）到白色的径向渐变颜色，删除线框，如图14-167所示。

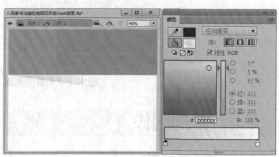

图14-167 绘制三角形

11 绘制另一边的三角形，按F8键，将两个三角形转换为一个元件，如图14-168所示。

12 选中第245帧，插入关键帧，使用"任意变形工具"移动中心点到定界框的顶部中心，如图14-169所示。

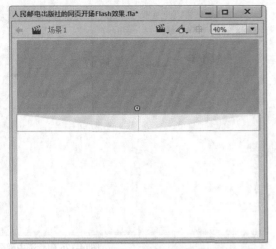

图14-168 绘制另一个三角形

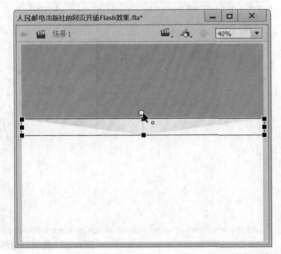

图14-169 移动中心点

⑬ 单击鼠标，拖动下方中心的定界点，拉长三角形，如图14-170所示。

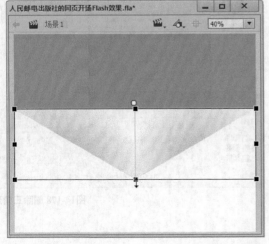

图14-170 拉长三角形

⑭ 选中第247帧，插入空白关键帧，如图14-171所示。

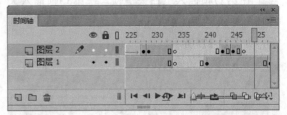

图14-171 插入空白关键帧

⑮ 新建"图层3"，选中第2帧，插入关键帧。执行"文件"→"导入"→"导入到舞台"命令，导入"新闻前页.jpg"素材到舞台，如图14-172所示。

图14-172 导入"新闻前页.jpg"素材

⑯ 选中第24帧，单击鼠标右键，在弹出的快捷菜单中选择"插入空白关键帧"选项，如图14-173所示。

图14-173 插入空白关键帧

⑰ 选中第26帧，插入关键帧，导入"新闻前页.jpg"，使用"铅笔工具"在图片下方的两个角绘制两条直线，并删除底部两个角，如图

14-174所示。

⑱ 在第27帧插入空白关键帧，在第35帧插入关键帧，导入"新闻前页.jpg"，选中图片的下半部分，如图14-175所示。

图14-174 删除底部两个角

图14-175 选中图片下半部分

⑲ 按Delete键将选中的部分删除，如图14-176所示。

⑳ 复制之前绘制的三角形元件到图片下方，并将舞台中的内容全部选中，按F8键，转换为元件，如图14-177所示。

㉑ 选中第37帧，插入关键帧，选中图片下方的三角形，按Delete键删除，如图14-178所示。

图14-176 删除选中部分

图14-177 复制三角形

图14-178 删除三角形

㉒ 选中第38帧，插入空白关键帧。选中第39帧，插入关键帧，复制第37帧的内容到舞台。

㉓ 使用"铅笔工具"绘制一个三角形，填充颜色为从浅灰色（#D0D0D0）到白色的径向渐变。

㉔ 使用"渐变变形工具"调整三角形的渐变位置，如图14-179所示。

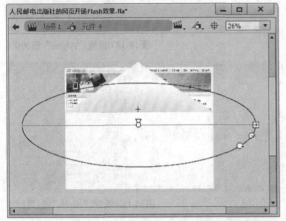

图14-179 调整渐变位置

㉕ 将舞台中的所有内容选中，并转换为元件，如图14-180所示。

㉖ 在第45帧插入空白关键帧，在第47帧插入关键帧。

图14-180 转换为元件

㉗ 使用"铅笔工具"在舞台中绘制两个对称的三角形，如图14-181所示。

㉘ 绘制两个对称的三角形，并转换为元件，如图14-182所示。

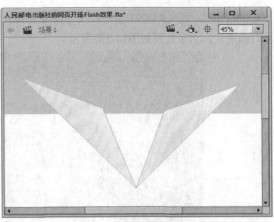

图14-181 绘制对称三角形

㉙ 选中第49帧，插入关键帧，绘制两个对称的三角形，如图14-183所示。

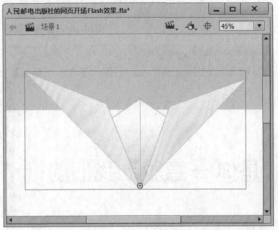

图14-182 绘制对称三角形

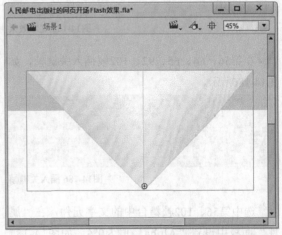

图14-183 绘制对称三角形

㉚ 选中第56帧，插入关键帧，使用"文本工具"输入文本，按Ctrl+B快捷键将文本分离，并填充从

（＃006DBC）到（＃0093E0）的线性渐变，如图14-184所示，文本效果如图14-185所示。

图14-184 "颜色"面板

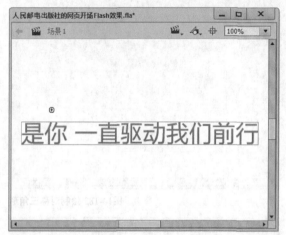

图14-185 文本效果

㉛ 在第56、64、65、92、102帧插入关键帧，如图14-186所示。

图14-186 插入关键帧

㉜ 选中第56、102帧舞台中的文字元件，在"属性"面板中设置"Alpha"值为0%，如图14-187所示。

㉝ 选中第64帧舞台中的文字元件，在"属性"

面板中设置"Alpha"值为89%，如图14-188所示。

图14-187 设置"Alpha"值为0%

图14-188 设置"Alpha"值为89%

㉞ 在第56~102帧中的每个关键帧之间创建传统补间，如图14-189所示。

图14-189 创建传统补间

㉟ 选中第209帧，插入关键帧，使用"铅笔工具"在舞台中绘制两个三角形，填充颜色为之前绘制的三角形的渐变颜色，如图14-190所示。

㊱ 绘制灰色（#999999）三角形，完成纸飞机的绘制，如图14-191所示。

㊲ 选中第210帧，插入关键帧，将纸飞机向上稍

微移动，如图14-192所示。

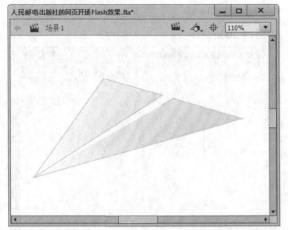

图14-190 绘制两个三角形

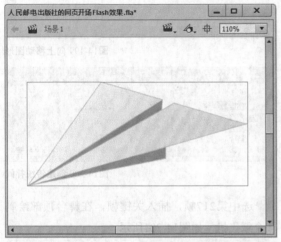

图14-191 完成纸飞机图形绘制

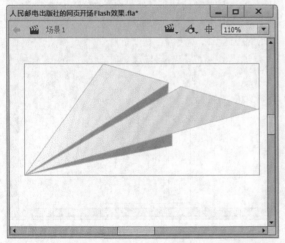

图14-192 向上移动图形

38 选中第209帧，单击鼠标右键，选择"创建传统补间"选项，如图14-193所示。

39 选中第211帧，插入关键帧，在舞台中绘制一个纸飞机图形，如图14-194所示。

图14-193 创建传统补间

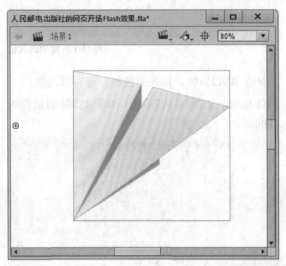

图14-194 绘制纸飞机

40 选中第212帧，插入关键帧，将纸飞机继续向右上角稍微移动，如图14-195所示。在第211帧创建传统补间。

41 选中第213帧，插入关键帧，绘制新的纸飞机，如图14-196所示。

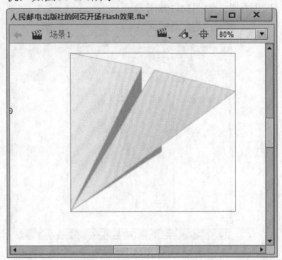

图14-195 移动图形

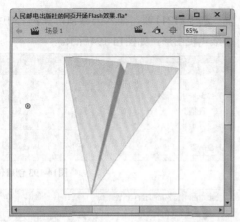

图14-196 绘制纸飞机

42 选中第214帧，插入关键帧，再将纸飞机向上稍微移动，如图14-197所示，在第213帧创建传统补间。

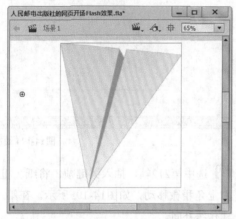

图14-197 向上移动图形

43 选中第215帧，插入关键帧，再次绘制一个纸飞机图形，如图14-198所示。

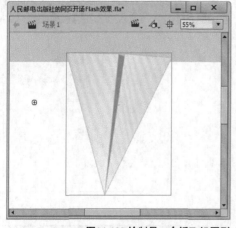

图14-198 绘制另一个纸飞机图形

44 在第216帧插入关键帧，并向上稍微移动图形，如图14-199所示，在第215帧创建传统补间，如图14-200所示。

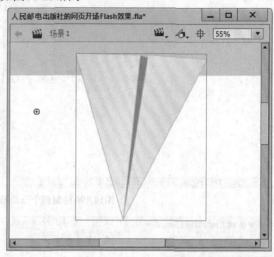

图14-199 向上移动图形

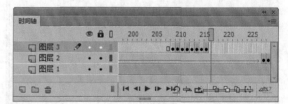

图14-200 创建传统补间

45 选中第217帧，插入关键帧，在舞台顶部绘制一个纸飞机，如图14-201所示。

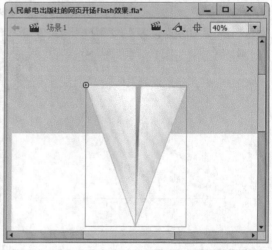

图14-201 绘制垂直纸飞机

46 选中第221帧，插入关键帧，将图形放大并向上移动，如图14-202所示。

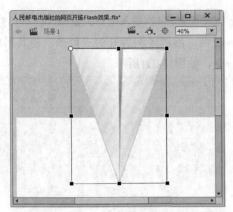

图14-202 调整图形

47 在第217~221帧创建传统补间，并选中第222帧，插入关键帧，将图形向上移动些许，如图14-203所示。

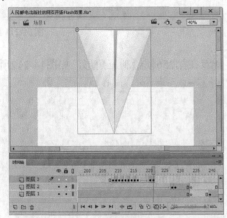

图14-203 向上移动图形

48 选中第230帧，插入关键帧，重新绘制两个三角形，并在第232帧插入空白关键帧，如图14-204所示。

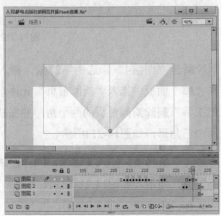

图14-204 重新绘制两个三角形

49 在第234帧插入关键帧，在舞台中绘制一个1003×831的白色矩形，并使用"铅笔工具"删除一部分图形，将图形转换为元件，并双击该元件，进入元件编辑模式，如图14-205所示。

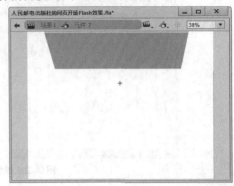

图14-205 绘制图形

50 新建"图层2"，在舞台中绘制多个三角形，如图14-206所示。

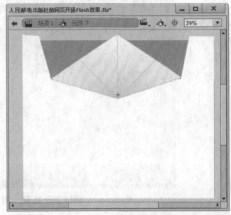

图14-206 绘制多个三角形

51 选中第239帧，插入关键帧，绘制白色矩形和三角形，如图14-207所示。

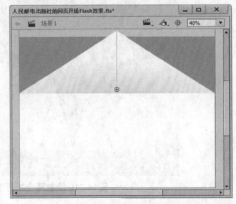

图14-207 绘制白色矩形和三角形

52 选中第240帧，插入关键帧，绘制三角形，如图14-208所示。

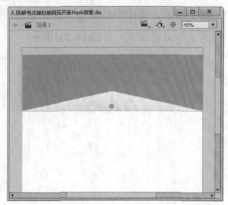

图14-208 绘制三角形

53 在第241帧插入空白关键帧，再在第247帧插入关键帧，在舞台底部绘制一对倒过来的三角形，如图14-209所示。

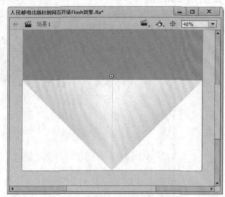

图14-209 绘制一对倒三角形

54 选中第253帧，插入关键帧，并绘制两个拆开的三角形，如图14-210所示。

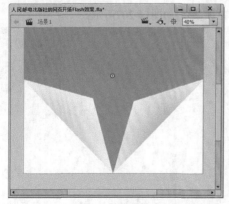

图14-210 绘制两个拆开的三角形

55 在第254帧插入空白关键帧，在第255帧插入关键帧，继续绘制拆开的三角形，使其形成逐帧动画，如图14-211所示。

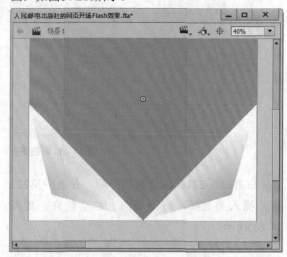

图14-211 绘制三角形

56 在第256帧绘制三角形，如图14-212所示。

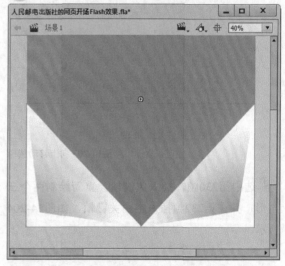

图14-212 绘制三角形

57 新建"图层4"，选中第27帧，插入关键帧，在"库"面板中拖入"新闻前页"元件，使用"铅笔工具"删除新闻前页的两个角，并在缺口处绘制两个三角形，如图14-213所示。

58 选中第28帧，插入关键帧，同样在缺口处绘制不同的三角形，如图14-214所示。

图14-213 拖入元件并绘制三角形

图14-214 绘制三角形

59 选中第33帧，插入关键帧，双击元件，进入元件编辑模式，选中两个三角形，使用"任意变形工具"缩小三角形，如图14-215所示。

图14-215 调整三角形

60 在第35帧插入空白关键帧，在第38帧插入关键帧，删除一部分"新闻前页"的内容，继续绘制三

角形，如图14-216所示。

图14-216 继续绘制三角形

61 在第39帧插入空白关键帧，在第103帧插入关键帧，执行"文件"→"导入"→"导入到舞台"命令，导入"人邮logo.jpg"素材到舞台中心，如图14-217所示。

图14-217 导入"人邮logo.jpg"素材

62 在第114、115、149、162帧插入关键帧，选中第103、162帧，单击舞台中的图标元件，在"属性"面板设置"Alpha"值为0%，如图14-218所示。

图14-218 设置"Alpha"值为0%

313

63 选中第114帧，单击舞台中的图标元件，在"属性"面板设置"Alpha"值为92%，如图14-219所示。

图14-219 设置"Alpha"值为92%

64 在第103~162帧之间创建传统补间，如图14-220所示。

图14-220 创建传统补间

65 新建"图层5"，选中第24帧，插入关键帧，在舞台中拖入"新闻前页"元件，双击该元件，进入元件编辑模式，使用"铅笔工具"将图片两个角隔开，如图14-221所示。

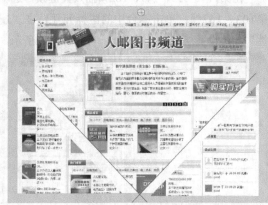

图14-221 隔开两个角

66 鼠标双击直线条，按Delete键，将直线删除，将左边的角复制到新建图层中，并隐藏该图层，选中右边的角，使用"任意变形工具"扭曲变形右边的角，如图14-222所示。

图14-222 扭曲变形右边的角

67 使用同样的方法，扭曲变形左边的角，使其呈现折纸的效果，如图14-223所示。

图14-223 扭曲变形左边的角

68 选中第25帧，插入关键帧，继续扭曲变形两个角，如图14-224所示。

69 在第26帧插入空白关键帧，在第45帧插入关键帧，使用"铅笔工具"裁剪出图片的两个角，删除其他部分，并继续扭曲变形上面的两个角，如图14-225所示。

70 使用"铅笔工具"在两个角的中间绘制图形，并填充颜色，如图14-226所示。

图14-224 继续扭曲变形两个角

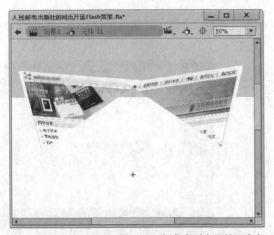

图14-225 扭曲变形上面的两个角

71 选中第56帧，插入关键帧，在舞台顶部绘制一个垂直的纸飞机图形。

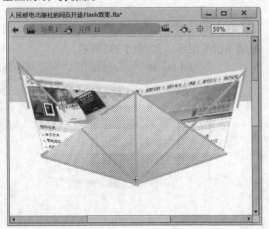

图14-226 绘制图形

72 选中第59帧，插入关键帧，使用"任意变形工具"旋转图形，并向下移动图形，如图14-227所示。

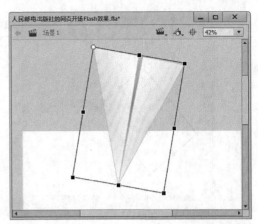

图14-227 旋转调整图形

73 选中第62帧，插入关键帧，继续旋转调整图形，如图14-228所示。在第65帧插入关键帧，调整图形，如图14-229所示。

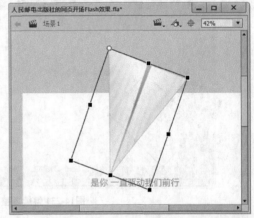

图14-228 旋转调整图形

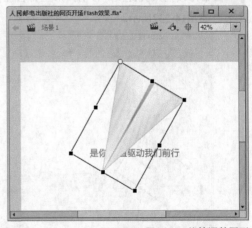

图14-229 旋转调整图形

74 选中第68帧，插入关键帧，调整图形，并向左下角移动，如图14-230所示。

315

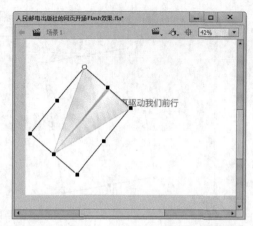

图14-230 调整图形

75 选中第70帧，插入关键帧，继续调整图形，如图14-231所示。

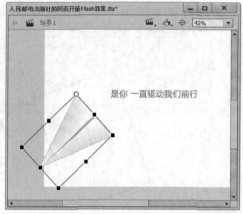

图14-231 继续调整图形

76 在第73帧插入关键帧，移动图形至舞台左下角底部，如图14-232所示。

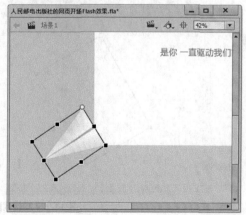

图14-232 移动图形

77 在第74帧插入关键帧，移动图形至舞台外部，

如图14-233所示。

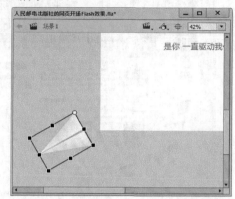

图14-233 移动图形

78 在第56~74帧之间创建传统补间，如图14-234所示。

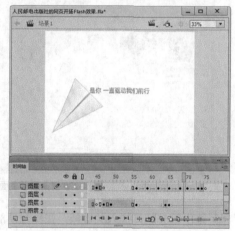

图14-234 创建传统补间

79 选中第103帧，插入关键帧，在舞台中绘制一个纸飞机的图形，如图14-235所示。

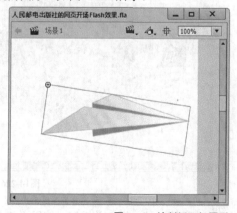

图14-235 绘制纸飞机图形

80 使用"任意变形工具"将纸飞机图形缩小，并

移动至舞台外部左侧，如图14-236所示。

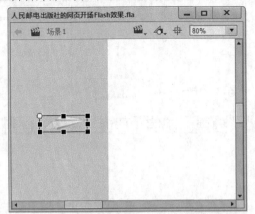

图14-236 缩小并移动图形

⑧ 选中第105帧，插入关键帧，稍微扩大图形，并向右移动，如图14-237所示。

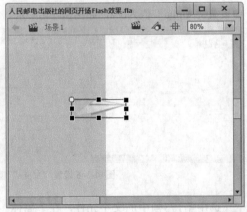

图14-237 扩大并移动图形

⑧ 选中第127帧，插入关键帧，继续扩大图形，移动图形至舞台右侧，如图14-238所示。

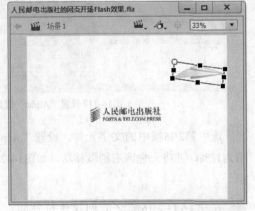

图14-238 扩大并移动图形

⑧ 选中第128帧，插入关键帧，向右稍微移动，如图14-239所示。

图14-239 向右稍微移动

⑧ 选中第134帧，插入关键帧，移动图形至舞台右侧外部，如图14-240所示。

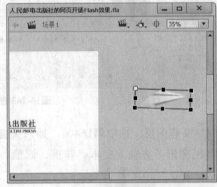

图14-240 移动图形至舞台外部

⑧ 选中第135帧，插入关键帧，单击纸飞机图形，执行"修改"→"变形"→"水平翻转"命令，将图形进行水平翻转，将图形稍微扩大，如图14-241所示。

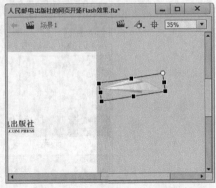

图14-241 水平翻转图形

86 每隔两帧插入一个关键帧，分别选中每个关键帧逐渐将图形向左移动，一直移动到舞台中心图标的位置，如图14-242所示，并在每个关键帧之间创建传统补间，时间轴如图14-243所示。

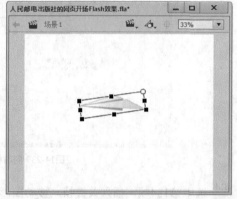

图14-242 移动图形至舞台中心

图14-243 创建传统补间

87 新建图层，选中第164帧，插入关键帧，在纸飞机图形下方输入文本"尊重、诚信、严谨、高效、创新"。

88 选中文本，按Ctrl+B快捷键，将文本分离，执行"窗口"→"颜色"命令，打开"颜色"面板，设置渐变条为从（# 006FBE）到（# 008EDB）的线性渐变，如图14-244所示，文字效果如图14-245所示。

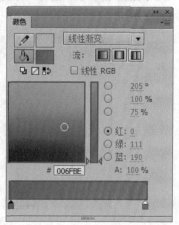

图14-244 "颜色"面板

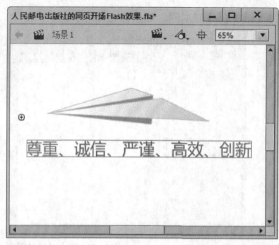

图14-245 文字效果

89 在第173、174、198、206、207帧插入关键帧，选中第164帧中的文字元件，在"属性"面板中设置"Alpha"值为0%，如图14-246所示。

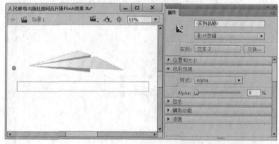

图14-246 设置"Alpha"值为0%

90 选中第173帧中的文字元件，在"属性"面板中设置"Alpha"值为90%，如图14-247所示。

图14-247 设置"Alpha"值为90%

91 选中第206帧中的文字元件，设置"Alpha"值为11%，并将元件向右稍微移动，如图14-248所示。

92 在第164~206帧之间创建传统补间，如图14-249所示。

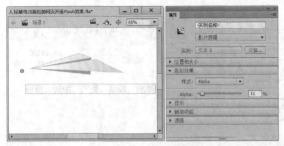

图14-248 设置"Alpha"值为11%

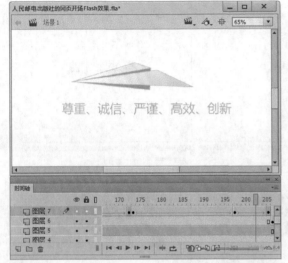

图14-249 创建传统补间

⑨③ 在第207帧插入关键帧，设置文字元件的
"Alpha"值为0%，继续将元件向右稍微移动，如
图14-250所示。

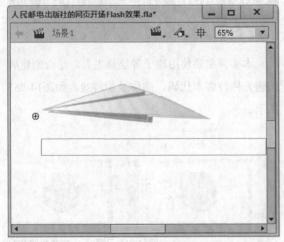

图14-250 设置"Alpha"值为0%

⑨④ 新建"图层8"，在"库"面板中将"邮电图
标"元件拖入到舞台中心偏上的位置，如图14-251
所示。

图14-251 拖入"邮电图标"元件

⑨⑤ 新建"图层9"，在第234帧插入关键帧，执行
"文件"→"导入"→"导入到舞台"命令，将
"新闻尾页.png"素材导入到舞台，如图14-252所
示。

⑨⑥ 选中第300帧，按F5键，插入帧。

图14-252 导入"新闻尾页.png"素材

⑨⑦ 完成该动画的制作，按Ctrl+Enter快捷键测试
动画效果，如图14-253所示。

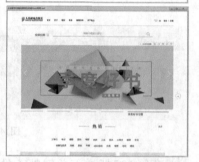

图14-253 测试动画效果

14.5 课后习题——制作卡通设计公司片头

本实例主要采用创建传统补间和遮罩层的方式，并结合脚本代码，制作卡通设计公司片头，如图14-254所示。

文件路径：素材\第14章\14.5

视频路径：视频\第14章\14.5课后练习——制作卡通设计公司片头.mp4

图14-254 习题1——制作卡通设计公司片头

14.6 课后习题——制作换脸游戏

本实例主要使用刷子等绘画工具，结合创建的按钮元件与脚本代码，制作换脸游戏，如图14-255所示。

文件路径：素材\第14章\14.6

视频路径：视频\第14章\14.6课后练习——制作换脸游戏.mp4

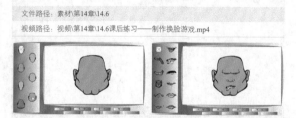

图14-255 习题2——制作换脸游戏